U0158434

建筑学

一年级建筑设计教程

王　昀　张文波　著

广西师范大学出版社
·桂林·

图书在版编目(CIP)数据

建筑学一年级建筑设计教程 / 王昀，张文波著 .—桂林：广西师范大学出版社，2022.1

ISBN 978-7-5598-4466-8

Ⅰ. ①建… Ⅱ. ①王… ②张… Ⅲ. ①建筑设计–高等学校–教材 Ⅳ. ① TU2

中国版本图书馆 CIP 数据核字 (2021) 第 237653 号

建筑学一年级建筑设计教程
JIANZHUXUE YINIANJI JIANZHU SHEJI JIAOCHENG

策划编辑：高　巍
责任编辑：冯晓旭
助理编辑：马竹音
装帧设计：六　元

广西师范大学出版社出版发行
（广西桂林市五里店路 9 号　　邮政编码：541004
网址：http://www.bbtpress.com）
出版人：黄轩庄
全国新华书店经销
销售热线：021-65200318　021-31260822-898
恒美印务（广州）有限公司印刷
（广州市南沙区环市大道南路 334 号　邮政编码：511458）
开本：787mm × 1092mm　1/16
印张：16.5　　字数：11 千字
2022 年 1 月第 1 版　　2022 年 1 月第 1 次印刷
定价：88.00 元

前言

FOREWORD

本教程以建筑学一年级整个学年为单位，以目前国内高校实际采用的教学时间安排为层级，根据每一天的设计课程，安排教学内容，提出进度要求。教程将每个单元、每个课题、每一节课的实际安排和要求，以及教学方法的重点和难点以图文并茂的方式进行详细的展示，使一直以来被视为“黑箱”的、“从无到有”的设计操作过程可视化，并将这个操作过程通过量化的方式分步骤地详细讲解，将建筑设计学习过程中的难点，即建筑形态生成方式，加以“解密”，并系统地将如何使建筑学“门外汉”通过按部就班的操作成为“有设计能力”的设计师的成长过程加以呈现，力图为广大的大专院校师生以及建筑爱好者提供一本按天学习、按周进步的，具体且实用易学的设计课教材。

本教程内所涉及的案例均为山东建筑大学建筑学一年级建筑设计的基础教学的研究和实践成果。目前，这种围绕低年级的建筑设计教学研究和实践在国内外应为首次。经过完整的一学年的训练，同学们在学习过程中的状态以及最终呈现的设计成果，证明了这是一条不同于当下普遍采用的教学方法的新途径。

这一建筑设计基础课程教学方法之所以能够顺利实施，得益于山东建筑大学建筑城规学院的仝晖院长、任震副院长、赵斌副院长，建筑设计教研室的江海涛、慕启鹏、门艳红、王远方、侯世荣刘伟波、贾颖颖、刘文、周琮等诸位老师从多方面给予的大力支持。同时，参与本次实验教学的"ADA 建筑实验班"的学生姜恬恬、黄俊峰、张树鑫、马司琪、王建翔、刘哲琪、张琦、崔薰尹、谢安童、初馨蓓、董嘉琪、金奕天、李凡、梁润轩、宁思源、刘昱廷、刘源、徐维真、石丰硕、崔晓涵、杨玲珺、张皓月、于爽、郑泽皓等在一年级阶段积极参与、配合了教学工作的展开，并在本教程写作的过程中参与了图纸整理等多项基础工作，在本教程即将付梓之际，谨向诸位老师和同学致以深深的谢意！

王 昀 张文波

目录

CONTENTS

SEMESTER ONE

SEMESTER TWO

101 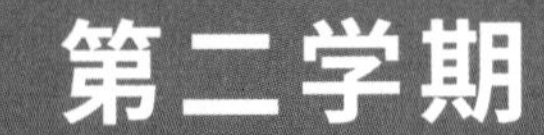

建　筑　学
一　年　级

▼▼▼

第一学期

I
SEMESTER ONE

课前预备单元
学前设计经验的表达

▼▼▼

学前设计经验表达课程的主要目的是检验同学们在未接受任何建筑专业系统教学的前提下的建筑空间的表现能力，包括空间创造、制图、模型制作等方面，进而为接受系统建筑学教育做铺垫。该课程可以让同学们初步认识建筑学范畴下的空间范式与普通大众经验感知的空间之间存在哪些不同之处。这一课程训练要求无任何老师指导，而且严禁任何抄袭行为。

第1周 1-1 布置课题

教学目标

“自由之家”是建筑学一年级新生第一学期接触的首个建筑设计任务，是在同学们从未接受过系统建筑学教育的情况下开展的自由设计。

这一设计课题旨在激发同学们的想象力，将自己向往的“自由之家”呈现出来。通过这一设计任务，发掘同学们对建筑、空间的“元认知力”，发现同学们对图形世界的表现力，为接下来的建筑设计基础教学提供较为客观的训练方向。

授课内容

布置“自由之家”建筑设计任务，但不讲授与建筑设计有关的专业知识。

设计任务

每位同学心中都有一个无比向往但在现实中又可能并不存在的“自由之家”，该设计任务正是为同学们提供实现这一愿望的机会。一座存在于内心的房子，可能是自己的居家之所，同时又可能包含游戏、运动（如游泳、台球、足球、篮球、冰球等）、绘画、机械修理、手工制作、歌唱、表演等功能空间。这座房子可能位于地球上的某个角落（如城市、乡村、海边、森林、山地等），也可能坐落于其他星球之上，如月球、火星，甚至人类并不知晓的某个星球。

在本设计任务中，建筑功能不限、形式不限，但空间必须富有想象力。

设计成果要求

1.设计成果必须包括表现模型和图纸两部分。

2.模型：建筑模型材料自定，比例为1∶50～1∶100。

3.绘制图纸尺寸为A1图纸（841mm×594mm），图纸数量为1～2张。

4.图纸包括：建筑总平面图1∶200～1∶500、各层建筑平面图1∶100、建筑立面图1∶100、剖面图1∶100；建筑室外透视图（或建筑轴测图）、室内透视图、设计分析图。

5.要有完整的设计说明，包括设计理念、建筑选址、建筑层数、总建筑面积、建筑功能等。

6.图纸表达：手绘尺规制图。

注意事项

1. 要求同学们创造出自己内心向往的、现实不存在的“自由之家”。

2. 鼓励同学们突破现实世界的局限性，充分发掘内心，创造最打动自己的建筑空间。

3. 授课教师对同学们的创作设计过程不得进行任何干预。

4. 设计者的创作必须是自己的原创成果，不得有任何抄袭行为。

第 1 周 1-2 >>>> 讲评方案，本单元结课

教学目标

通过评图掌握同学们对建筑与空间的最初认知状态和设计能力。

授课内容

每位同学逐一介绍自己的“自由之家”设计成果，包括相关地理与环境信息、设计理念、建筑功能等。然后，任课老师对每位同学的设计成果进行讲评，并与同学们交流互动，了解同学们对建筑设计专业知识的掌握情况。

注意事项

1. 尽可能让每位同学将设计方案介绍完整。

2. 全面了解同学们对建筑设计专业的最初的认知和设计能力。

3. 将每位同学的设计图纸存档，并保存电子文件，在一年级“建筑设计基础课程”结束后，再将这些设计成果展示出来，比较每位同学在建筑设计方面的变化。

方案讲评

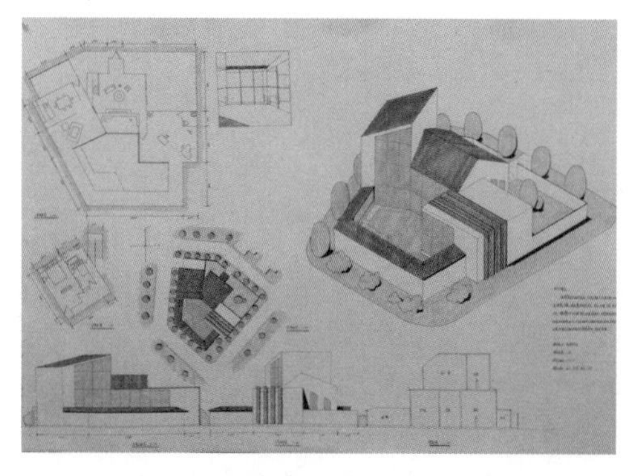

设计：宁思源

设计：宁思源

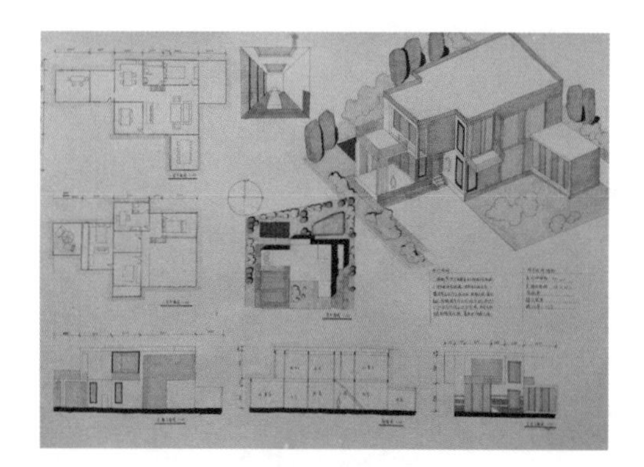

设计：刘昱廷

设计：刘昱廷

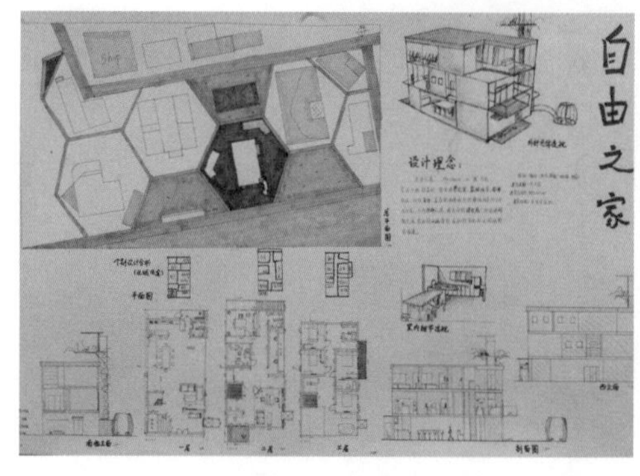

设计：杨琀珺

设计：杨琀珺

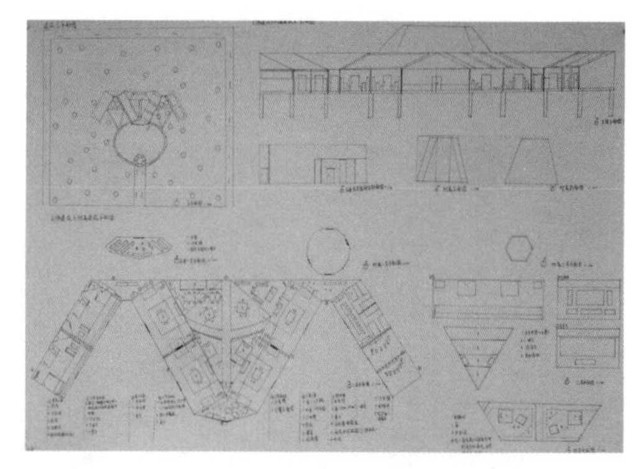

设计：石丰硕

设计：石丰硕

▼▼▼

第一单元

空间与观念赋予设计法

空间与观念赋予设计法，是建筑学一年级建筑设计基础教学课程的开端，其训练目的是让同学们在无任何限制条件下初步认识空间，并掌握获取自由空间形态的方法，进而转化为建筑空间。该方法下的空间形态范畴主要是指内部自由空间。为了让同学们分阶段掌握自由空间形态的创造方法，本单元教学将内部空间形态与外部空间形态分成两个阶段进行训练，进而让同学们可以以更轻松、自由的状态进行建筑空间形态的设计练习。

1

第 2 周 2-1

专题讲课，课后制作空间模型

教学目标

通过课堂讲授，启发同学们的空间想象力，打破他们对空间的现实认知范畴，并使其初步掌握空间与建筑空间的概念，以及两者之间的辩证关系；在此基础之上，传授同学们捕捉具有丰富、自由形态的空间的方法。

授课内容

1. 空间概念[1]。

空间是客观存在的、无形的，并且无处不在（参见 009 页内容）。

2. 建筑空间概念。

建筑空间是宇宙空间的局部，具有明确的空间边界，可被概括为空间形态和使用观念两部分（参见 010 页内容）。

3. 空间与建筑空间的辩证关系。

空间不是人类创造出来的，是先于人类而存在的，建筑空间是人类从宇宙空间中获取的具有明确形态的一小部分。

4. 空间形态的获取方法。

可以利用“空间口袋”从无形的宇宙空间中捕捉具有丰富、自由形态的空间，而其关键在于如何制作这一“空间口袋”。在此采用的方法是利用三维空间在二维空间的投射原理，从二维图像中获取“空间口袋”的投影，并在此基础之上获取它（见 010 页图）。

1. 详见广西师范大学出版社《空间的唤醒》第一章内容。

a. 周围充满的“粒子”是空间的构成要素

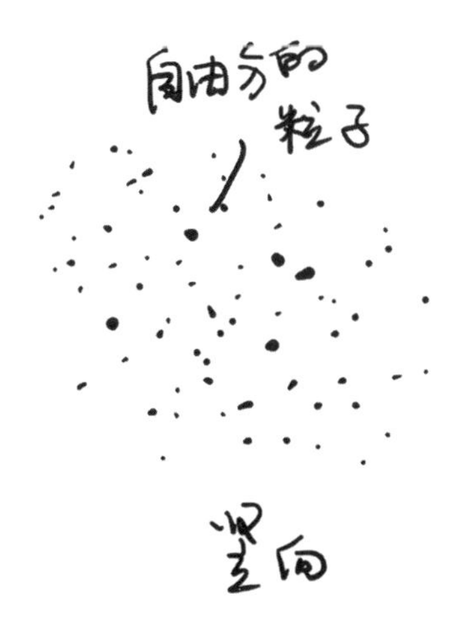

b. 由于简单地将“空间”解读为“粒子”，因此获得这些“粒子”的过程就是获得空间的过程

c. 建筑空间就是建筑内部包裹的“粒子”以及由于建筑体块的存在而造成的其周边的“粒子”的变化

d. 我们外出春游时经常会带一块塑料布

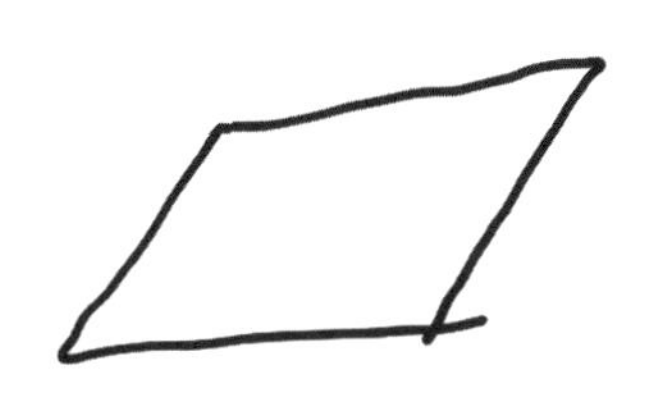

e. 获得了空间的“异质”的面，造成了“粒子”的变化

f. 将这块塑料布抬到离地面有一定的高度，成为客观上的一个屋顶

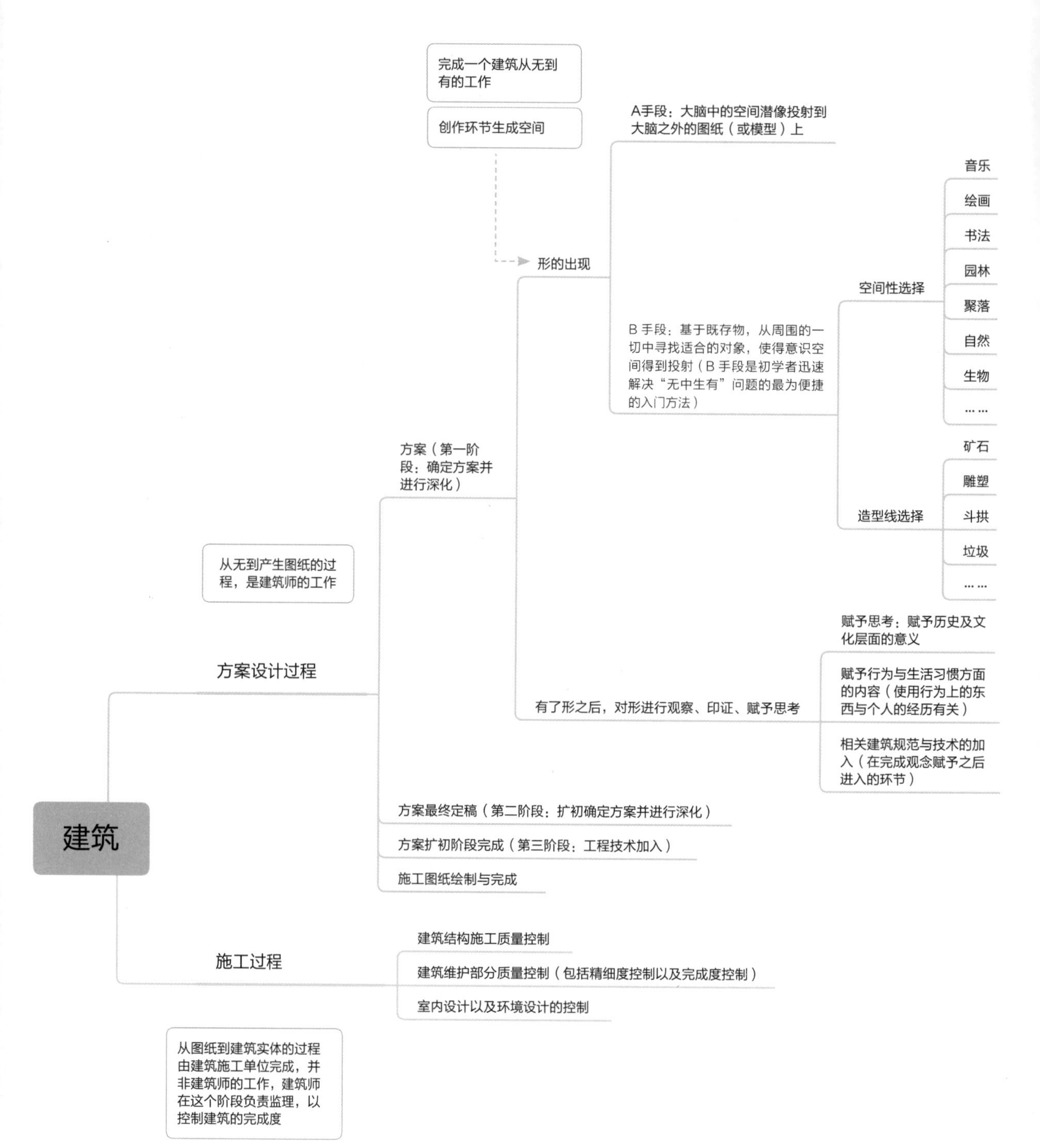
建筑
方案设计过程
从无到产生图纸的过程，是建筑师的工作
方案（第一阶段：确定方案并进行深化）
完成一个建筑从无到有的工作
创作环节生成空间
形的出现
A手段：大脑中的空间潜像投射到大脑之外的图纸（或模型）上
B手段：基于既存物，从周围的一切中寻找适合的对象，使得意识空间得到投射（B手段是初学者迅速解决“无中生有”问题的最为便捷的入门方法）
空间性选择
音乐
绘画
书法
园林
聚落
自然
生物
……
造型线选择
矿石
雕塑
斗拱
垃圾
……
有了形之后，对形进行观察、印证、赋予思考
赋予思考：赋予历史及文化层面的意义
赋予行为与生活习惯方面的内容（使用行为上的东西与个人的经历有关）
相关建筑规范与技术的加入（在完成观念赋予之后进入的环节）
方案最终定稿（第二阶段：扩初确定方案并进行深化）
方案扩初阶段完成（第三阶段：工程技术加入）
施工图纸绘制与完成
施工过程
建筑结构施工质量控制
建筑维护部分质量控制（包括精细度控制以及完成度控制）
室内设计以及环境设计的控制
从图纸到建筑实体的过程由建筑施工单位完成，并非建筑师的工作，建筑师在这个阶段负责监理，以控制建筑的完成度

课后练习

每位同学从现实世界中获取并制作 15 个空间模型，用于下节课讲评。

练习操作步骤

1. 学生选取绘画作品、生活照片等各类图片（建议选取的种类尽量全面）。

步骤 1：选取图片

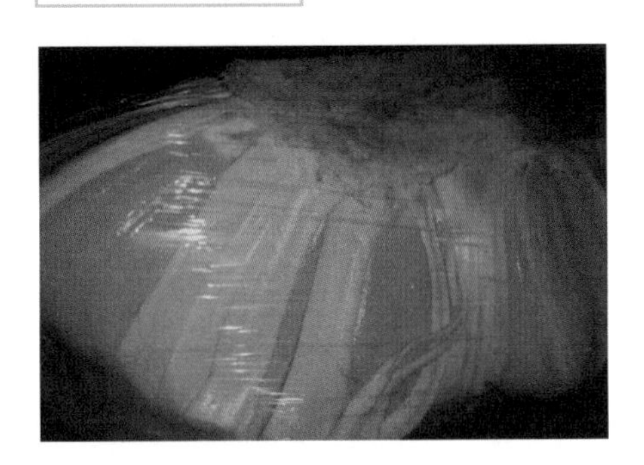

2. 在 CAD 软件（或天正软件）中导入选取的图片，用该软件中的“多段线”功能将这些图片内的图像边线勾勒出来。

3. 将勾勒出来的图像边线打印在 A3 纸上，同时将原图像也打印在 A3 纸上。

步骤 2、步骤 3：将图片导入 CAD 软件，沿图像边缘描线

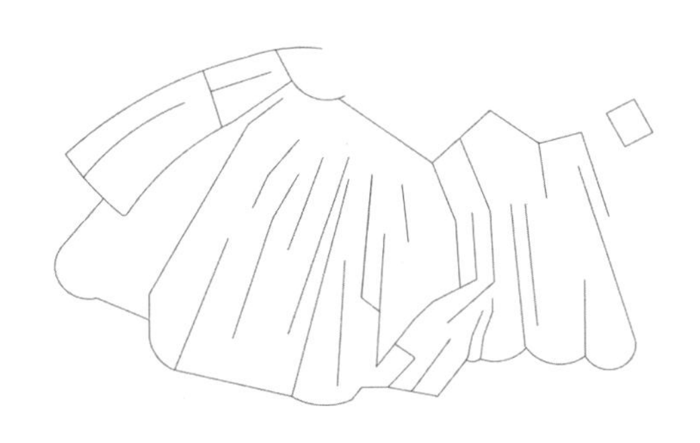

4. 将带有勾勒线的硫酸纸或拷贝纸粘贴在 A3 大小的白色 KT 板上，在板背面粘贴打印好的图像，用于下节课对照讲评。

5. 用宽度约 30mm 的白色硬卡纸条沿着这些勾勒出来的轮廓线进行竖向黏接，围合出丰富的空间形态。

步骤 4、步骤 5：制作模型线

工具材料

CAD（或天正软件）、裁纸刀、U 胶、双面胶、KT 板、铅笔、尺子、A3 纸、硫酸纸或拷贝纸、白色硬卡纸。

注意事项

1. 每位同学选取的图片类型应尽量丰富。

2. 学生在对图像边线进行勾勒时，尽量凭感觉操作，减少理性思考。

3. 本节课的详细授课内容请参照《空间与观念赋予》（王昀著）、《空间的唤醒》（张文波编著）。

第 2 周 2-2 >>>> 讲评模型，课后制作空间模型

教学目标

通过讲评模型，发现每位同学对空间的原有认知问题，并通过讲解，拓展学生的空间认知范畴，进而激发其捕捉丰富、自由空间形态的兴趣。

授课内容

针对每位同学完成的 15 个“空间口袋”模型进行讲评。[1]

注意事项

1. 尽量将所有同学的模型放在一起讲评。

2. 建议老师先让每位同学选出自己喜欢的“空间口袋”模型，并通过交流了解其选择的依据。

3. 老师通过讲评，选出具有丰富、自由形态的“空间口袋”模型，其依据主要是空间形态的丰富性（见本节课中作业讲评部分的案例）。

4. 鼓励学生通过丰富的图像获取更加自由、生动的“空间口袋”模型。

5. 需要提醒学生在做空间模型的时候尽量凭感觉去做，减少思考。

课后练习

每位同学课后再完成 10 个“空间口袋”模型，强化其关于丰富、自由空间形态的认知。

1. 详见广西师范大学出版社《空间的唤醒》第二章内容。

作业讲评

◆**问题案例 1：**模型中封闭的外边缘使得内部丰富的空间无法与周围发散性空间产生互动关系

◆**问题案例 2：**内部空间重复，缺少变化，不够丰富

➡**优秀案例：**模型内部空间形式较为统一，但同时富有节奏和对比变化；空间与空间之间具有连续性；模型外边缘与周围的开放性空间具有较好的过渡性

第3周
3-1

专题讲课，布置题目，课后制作空间模型

教学目标

通过课堂讲授，让同学们理解一般空间与建筑空间的区别，并掌握将前者转化为后者的方法。

授课内容

首先，老师讲评上节课布置的10个“空间口袋”模型，通过与学生交流，让学生自己选出喜欢的具有丰富、自由空间形态的模型;然后，针对每位学生累计制作的25个“空间口袋”模型，让其选出自己喜欢的3个“空间口袋”模型；接着，向同学们统一讲解将“空间口袋”转换成建筑空间模型的方法：赋予“空间口袋”以建筑尺度；最后，分别在三个建筑模型中为其赋予美术馆、博物馆、商场、展览馆等建筑功能。[1]

课后练习

针对这一训练课题，要求每位同学课后完成3个单层的、具有建筑尺度的空间模型。

“空间口袋”模型1

1. 具体建筑功能需根据《建筑设计资料集》（中国建筑工业出版社）中的相关功能布置进行功能赋予。

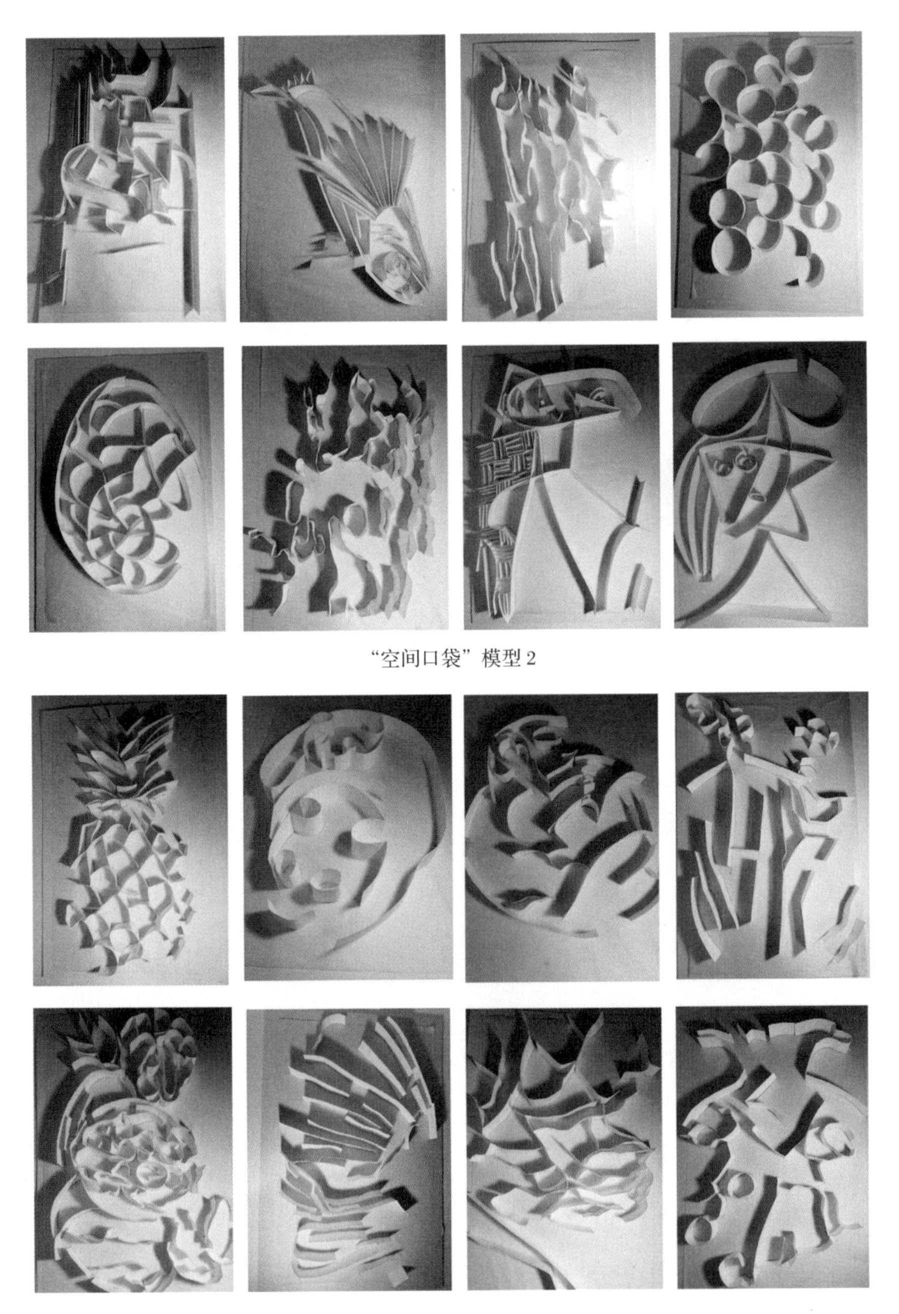

“空间口袋”模型 2

“空间口袋”模型 3

练习步骤

1. 每位同学选取“空间口袋”模型中最为狭长的空间作为“基本空间”。

2. 在 CAD 软件中，将对应“空间口袋”的平面图在 CAD 图中进行尺寸缩放，以选定的“基本空间”为参照，使其缩放后的宽度约为 1200mm，此时“空间口袋”平面图成为具有实际尺寸的“建筑平面图”。

3. 将得到的“建筑平面图”的墙线由单线改为双线，统一外墙宽为 200mm，内墙宽为 120mm，然后保存。

4. 打开 SketchUp(SU)软件，导入以上 CAD 文件，将墙体竖向拉伸，根据现实中常见的展览馆、商场建筑层高，将墙体高度设置为 4500mm 左右，从而得到“建筑”的三维模型。

5. 在《建筑设计资料集》中找到关于博物馆、美术馆、商场的功能平面图案例，将这些案例中的相应建筑功能布置到三维模型当中。

6. 根据参考案例，在模型的墙体上开门洞，将各个空间连通起来。

7. 根据每个房间的功能在相应的墙体上设置玻璃墙，包括将实墙替换为玻璃墙，或者增加玻璃墙。

步骤 1

步骤 2

步骤 3

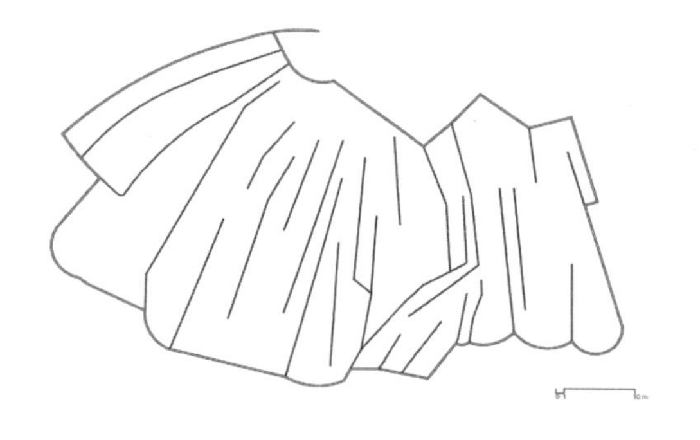

步骤 4

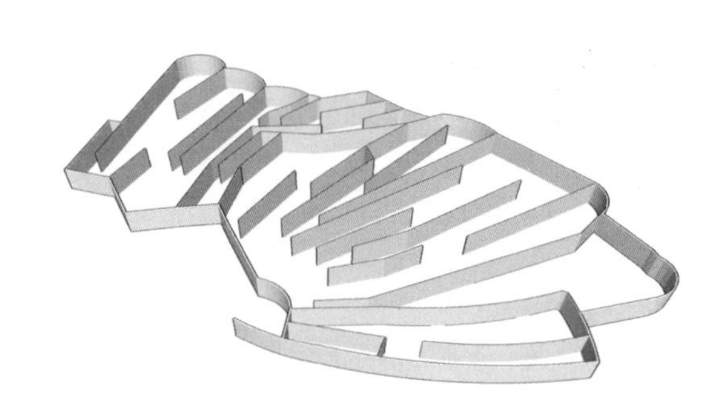

步骤 6、步骤 7

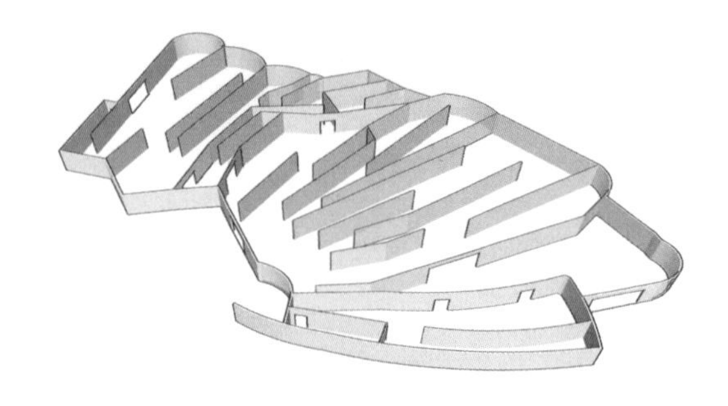

练习成果要求

1. 所有设计成果均以 SU 模型呈现。

2. 不要给建筑模型中的墙体、地面等赋予任何材质，保持 SU 模型中默认的白色。

3. 在这一阶段的模型中，墙体不要开“窗”，遇到采光问题将对应“房间”的墙体设计成透明墙体。

4. 门洞以矩形形式设置。

5. 模型中要有表达地面部分。

6. 需要在 A2 图纸上将建筑平面图、剖面图、轴测图、立面图打印出来。

注意事项

1. 如果模型中所有空间都是密集的小空间，可以通过把墙体打通的方式将小空间连通为大空间，但要保留打通墙体的上部“过梁”部分（见步骤 6、步骤 7 插图）。

2. 每位同学课下都需要搜集相关的博物馆、美术馆、商场建筑的设计案例（通过书籍、期刊、网络资源等）。

3. 这一阶段的训练仍然以空间形态训练为主，对建筑功能流线暂且不做严格要求。

第 3 周
3-2

>>>>

讲评空间模型，课后制作实体空间模型

教学目标

通过对同学们完成的 SU 模型进行讲评，发现存在的设计问题，如建筑尺度、空间丰富性、采光、门洞等，并提出有针对性的优化建议，让同学们理解问题的所在，为接下来手工建筑模型的制作奠定基础。

授课内容

首先，每位同学讲评课前完成的 3 个 SU 模型；接着，老师对方案进行逐一讲评，并提出有针对性的优化建议；最后，老师总结，布置课后练习。[1]

课后练习

1. 每位同学根据老师课上提出的修改建议完善 SU 模型。

2. 完成 3 个建筑方案的手工建筑模型。

3. 要求将建筑平面图、屋顶平面图分别在 A2 图纸上打印出来。

练习成果要求

1. 每个建筑方案模型在 A1 大小的 PVC 板（或 KT 板）上制作。

2. 所有材料颜色均为白色（玻璃墙模型材料为无色透明材料）。

3. 建筑模型包括屋顶模型的制作（在制作屋顶模型时需要做出女儿墙，示意即可）。

注意事项

1. 老师课上讲评同学们的方案时，将关注的重点放在建筑空间的丰富性上，对建筑功能流线可以适当放低要求。

2. 每个建筑方案的平面尺度都不宜太小，应当具备一定规模，这样建筑空间的丰富性才能更好地呈现。

---

1. 具体建筑功能需根据《建筑设计资料集》（中国建筑工业出版社）中的相关功能布置进行功能赋予。

3. 老师讲评方案时应鼓励学生去发掘空间丰富的可能性，尽量不要给学生改方案，只提出具有启发性、针对性的修改建议即可。

方案讲评

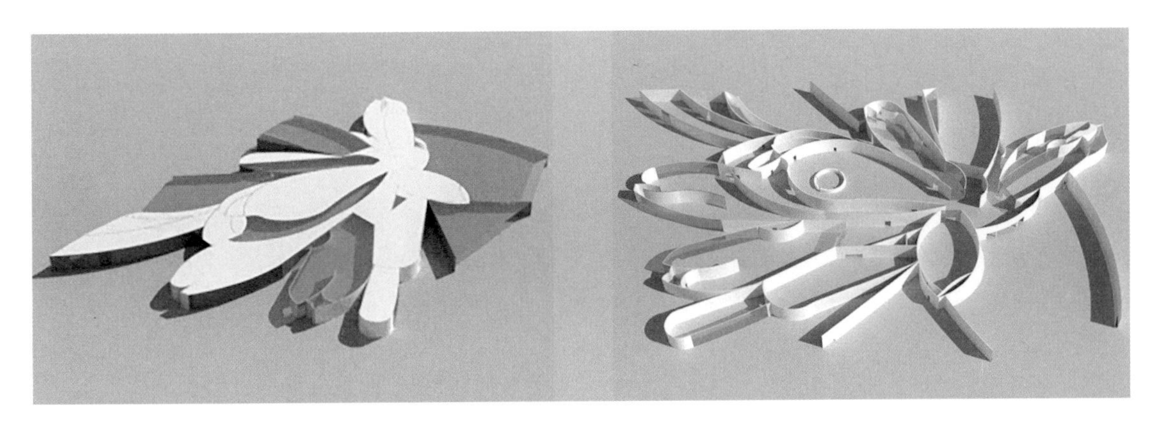

方案 1 讲评： 这一建筑空间虽然形式丰富，但整体形式过于具象，抽象度不够，练习者在学习过程中须注意这一问题

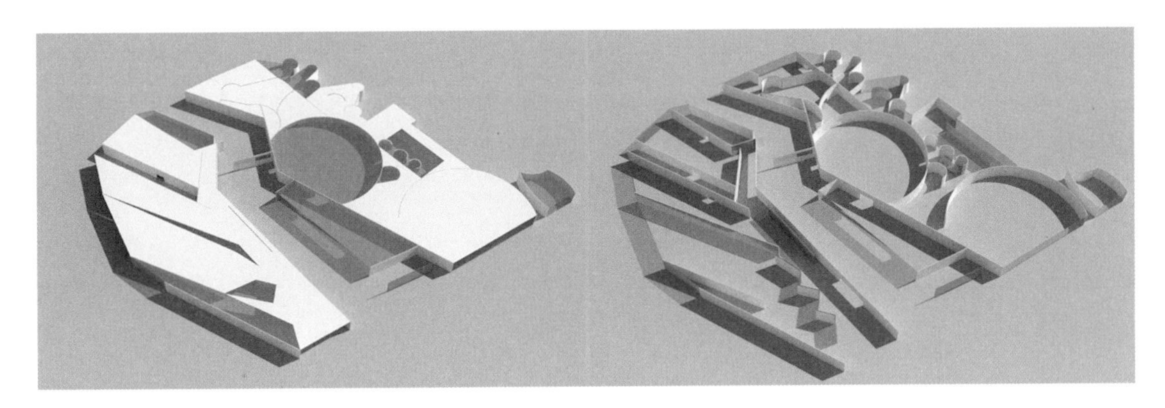

方案 2 讲评： 建筑尺度适中，位于建筑中部的室外街道将建筑与周围空间较好地联系了起来，室内空间形态丰富多样，且互相连续性较好

第 4 周
4-1

模型讲评，课后修改模型，练习图纸表达

教学目标

一方面，通过实体模型的制作进一步强化同学们对丰富的建筑空间的理解和心理层面的自由空间观念；另一方面，通过对手工建筑模型的讲评，发现同学们对建筑空间的理解存在的问题，如空间尺度、采光、空间丰富性等；另外，通过讲授建筑功能赋予，让同学们理解单纯形式的空间到建筑空间转化的过程。

授课内容

1. 每位同学展示自己的手工建筑模型。

2. 老师针对每位同学的模型提出有针对性的问题，如空间尺度、采光、空间的连通、室内外空间的连续性等。

3. 讲授建筑功能赋予的方法及要求。

课后练习

1. 根据课上老师的讲评将模型进行修改、完善。

2. 将建筑平面图、屋顶平面图、建筑轴测图、分层轴测图、立面图、剖面图分别在 A2 图纸上打印出来。

3. 将模型拍照，并在 A2 图纸上排版。

4. 分别为 3 个空间平面图赋予对应的建筑功能，如青少年活动中心、博物馆、展览馆等。

练习成果要求

1. 修改后，手工建筑模型依然在 A1 大小的 PVC 板或 KT 板上完成，修改原则仍然是以空间丰富性为主。

2. 建筑平面图、屋顶平面图、立面图、剖面图要采用黑白线稿打印（并注意区分线型），建筑轴测图、分层轴测图需要渲染后出图。

3. 为模型拍照时要能表现建筑空间的整体和局部形态，注意拍摄背景应为黑色，并打光拍摄。

4. 在空间平面内赋予建筑功能时，应参考《建筑设计资料集Ⅲ》或建筑期刊上的建筑平面图案例。

5. 进行建筑功能赋予时，保持建筑空间形式不变，让建筑功能适应空间形式，但可以改变空间的开敞、封闭关系。

注意事项

1. 模型讲评时，老师应注意向学生了解建筑的相关尺寸，如整体建筑的平面尺寸、墙体高度、门的宽度等。

2. 通过讲评，老师应主要鼓励学生去拓展自由、丰富的建筑空间形态的可能性。

方案讲评

方案 1 讲评： 建筑模型的屋顶部分同样未表达女儿墙，但室内空间形式丰富，且具有一定的连续性

方案 2 讲评： 建筑屋顶部分表达出了女儿墙，内部空间丰富且连续性较好

第4周
4-2

结合模型评图，课后修改图纸，为建筑选择场地环境

教学目标

第一，检验同学们的模型修改情况，看建筑空间是否更加自由、丰富，上节课模型制作中的问题是否已经解决；第二，结合手工建筑模型，训练同学们在图纸上表达建筑空间的能力；第三，检验同学们对建筑功能赋予方法的掌握程度。

授课内容[1]

1. 每位同学介绍建筑功能的赋予情况，老师对其进行讲评，并注意建筑功能流线、交通流线等问题。

2. 老师对每位同学的模型和图纸进行讲评，并对模型和图纸中出现的问题提出修改建议。

3. 老师讲授为建筑选择基地环境的方法。

方案讲评

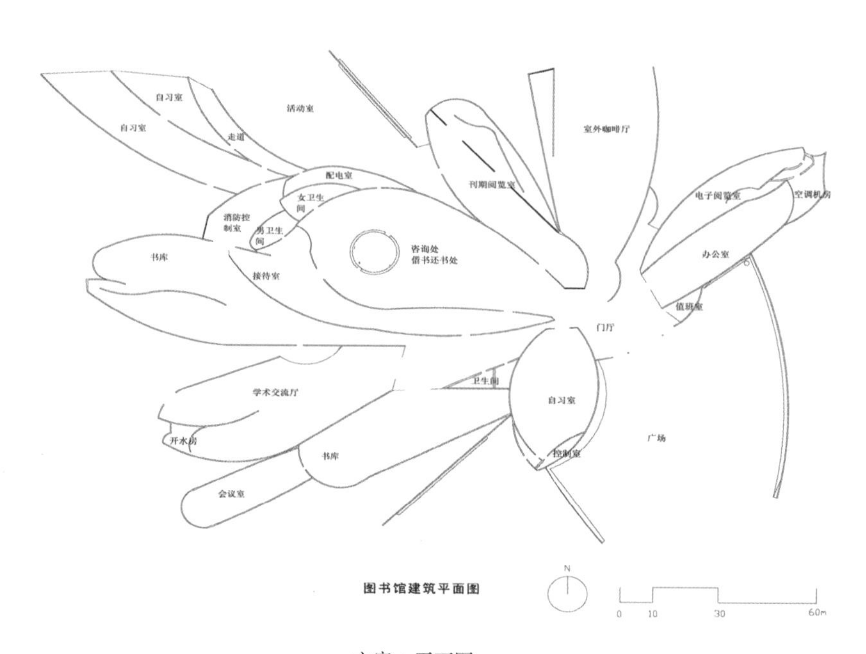

方案1平面图

1. 详见广西师范大学出版社《空间的唤醒》第四章内容。

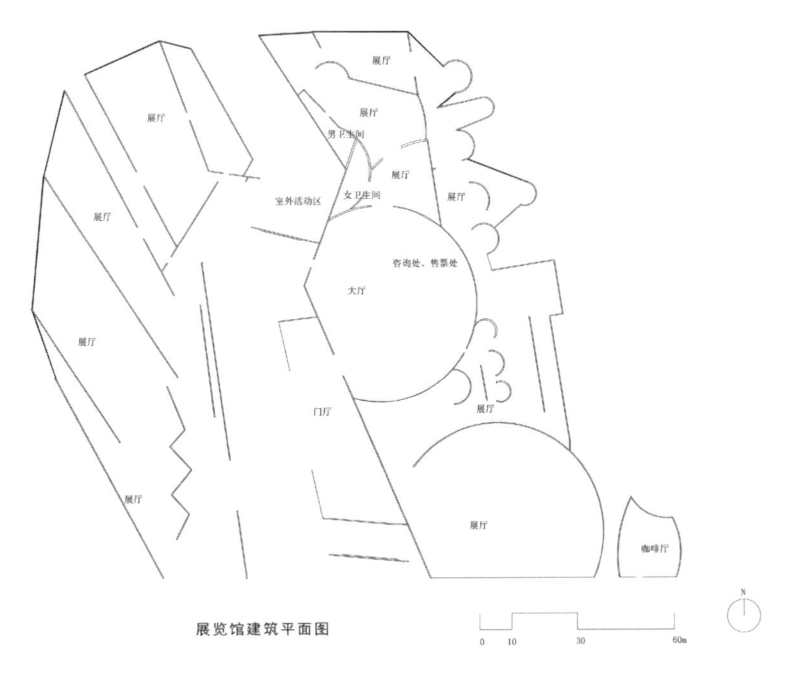

方案 2 平面图

功能赋予讲评：同学们参照《建筑设计资料集》，将建筑功能置入平面图中的相应空间当中，这一阶段暂不要求在具体空间中布置家具、设施等，只需将具体空间的功能名称在图上标注即可。功能赋予需要遵照功能流线的要求，平面图中的门、窗在这一阶段暂不需要设置

课后练习

1. 根据老师课上对图纸的讲评，修改图纸，并在A2 图纸上打印出来。

2. 在建筑平面图内增加家具布置。

3. 根据课上讲评，对建筑功能流线、交通流线中存在的问题进行修改。

4. 利用电子地图，为设计的建筑选择合适的基地环境，并将建筑放入该环境中，在 A2 图纸上画出建筑总平面图。

练习成果要求

1. 通过电子地图选定建筑基地环境后，利用 CAD 软件描绘出该基地环境的线描图。

2. 做图纸表达练习时应注意 CAD 图中线型、线宽的设置，以及建筑投影线的不同对应表达方式。

注意事项

1. 老师在讲评建筑功能流线、交通流线时，注意主要功能合理即可。

2. 学生在为建筑选择基地环境时，应尽量选择自己熟悉或去过的地方，尽可能亲身到实际环境中通过脚步丈量基地平面的尺度，进而优化对建筑的实际尺度的心理认知。

第 5 周
5-1

讲评图纸，课后制作二层空间实体模型

教学目标

进一步训练同学们的图纸表达能力，检查同学们上节课图纸表达中的问题修改情况，检查建筑总平面图的图纸表达情况。

授课内容[1]

1. 老师逐一对每个建筑方案图纸进行讲评并修改。

2. 讲授室内家具的布置方法。

3. 对建筑总平面图进行讲评并修改。

4. 讲授二层建筑空间模型的制作方法。

课后练习

1. 每位同学根据课上讲评情况对图纸进行修改、完善。

2. 将图纸打印，装订成册上交，作为阶段性练习成果。

3. 完成 2 个二层建筑空间模型（包括地下一层、地上二层）。

练习成果要求

1. 每位同学按照课上讲授建筑平面图中的家具布置方法进行布置。

2. 建筑总平面图中要注意建筑入口广场、停车场、周边道路、景观等信息的表达。

3. 二层建筑空间模型在 A1 大小的白色 PVC 板或 KT 板上完成；空间要上下连通，鼓励学生拓展上、下层竖向空间的丰富性。

1. 详见广西师范大学出版社《空间的唤醒》第五章内容。

注意事项

1. 建筑平面图中的家具应按照“平行”布置法布置。

2. 二层空间模型应以这节课讲评的 3 个单层建筑空间模型为基础制作。

3. 二层建筑空间模型的制作方法是将已有单层建筑空间模型复制 3 份，竖向累加完成二层建筑空间基础模型，然后进行空间操作。

二层建筑空间模型操作事项：选择一个单层建筑空间模型，然后复制 3 份，分别表示地下一层、一层、二层空间，然后在这 3 个楼层空间当中进行空间操作

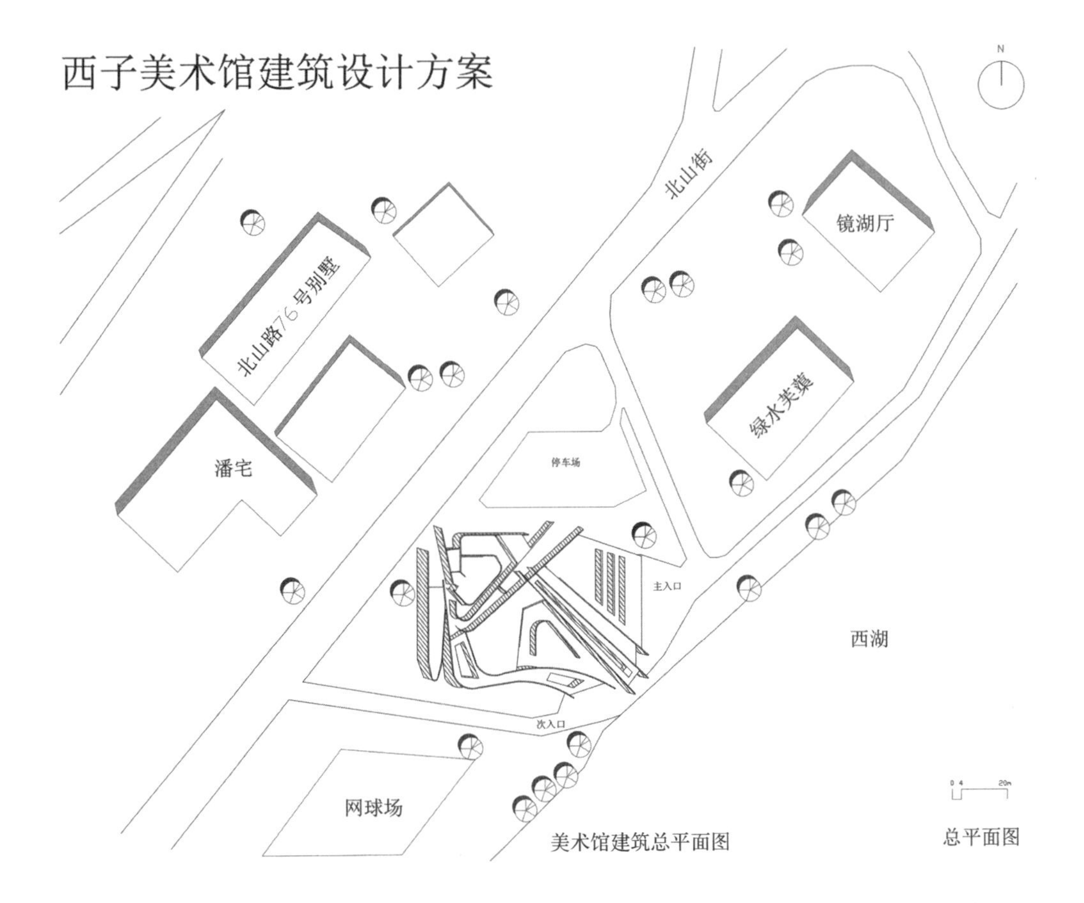

第一单元第一阶段练习成果图

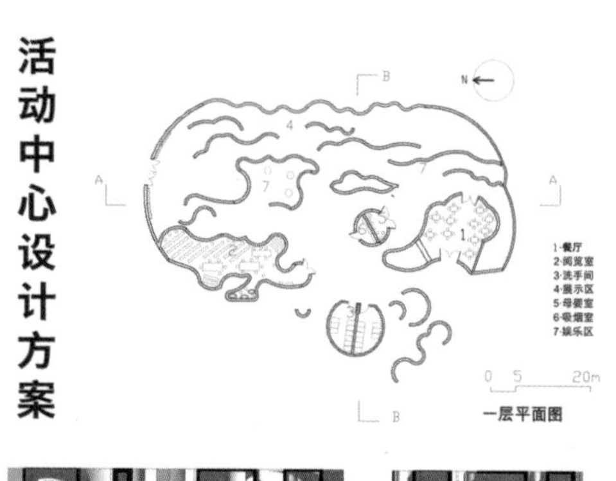

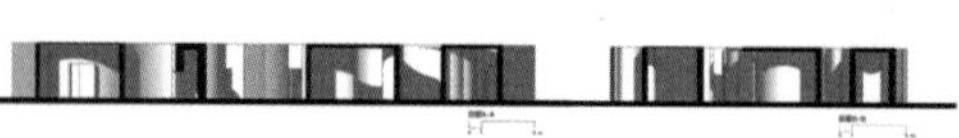

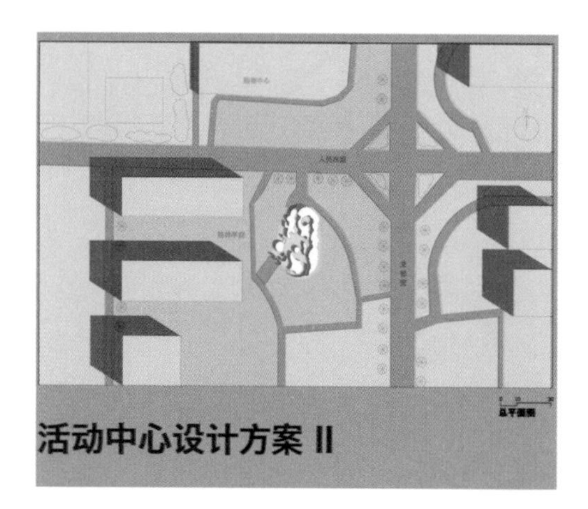

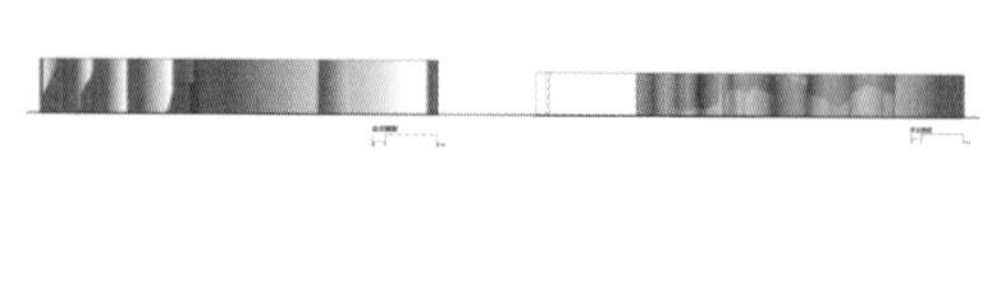

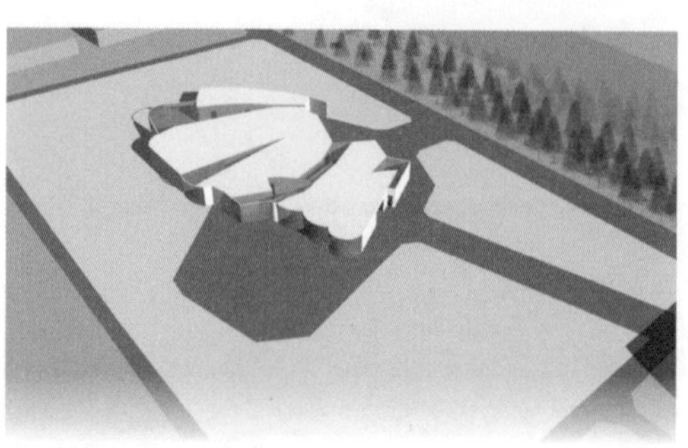

美术馆设计方案 I

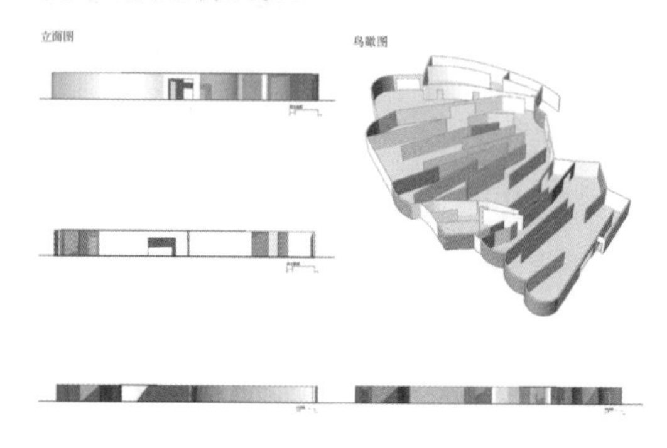

美术馆设计方案 I

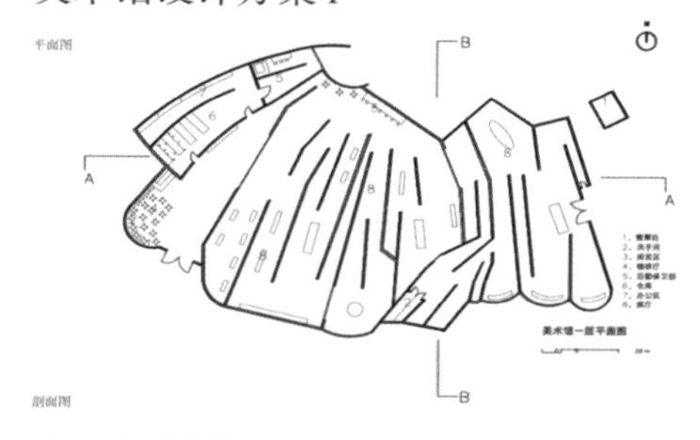

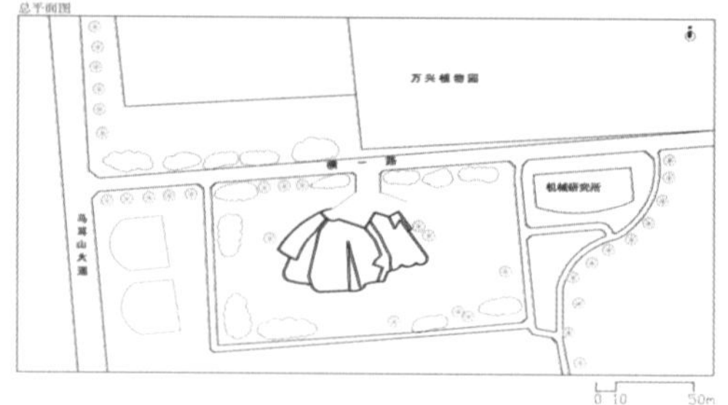

设计：张皓月

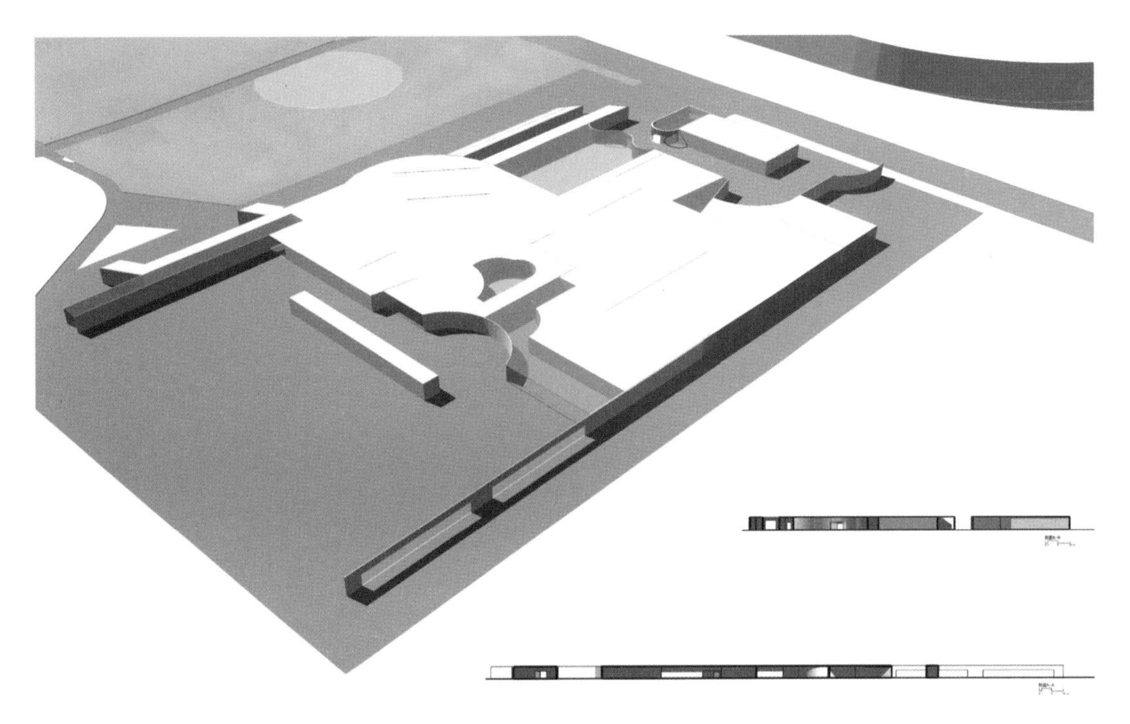

博物馆方案设计 I

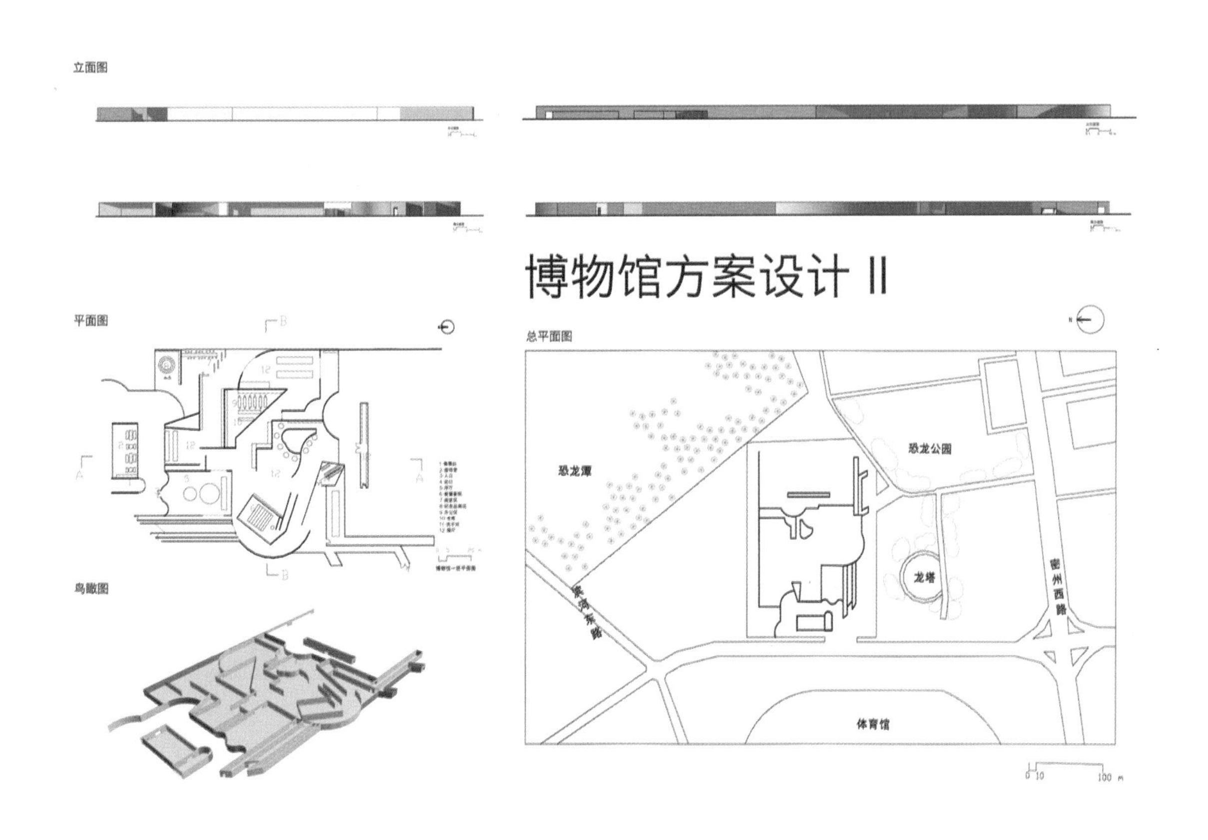

博物馆方案设计 II

设计：张皓月

第 5 周
5-2

模型讲评，课后模型修改

教学目标

拓展同学们在表现竖向建筑空间丰富性上的设计能力，并掌握获得丰富、自由的竖向空间的方法。

授课内容[1]

1. 老师针对同学们课下完成的 2 个二层建筑空间模型进行讲评，并修改模型。

2. 讲授丰富竖向建筑空间的“三要素”：楼梯（直跑楼梯和旋转楼梯）、坡道、共享空间，并在模型中演示。

3. 讲授建筑场地与地下一层空间连通的方法。

所有同学模型集中讲评

1. 详见广西师范大学出版社《空间的唤醒》第六章内容。

共享空间讲评

步骤 1：选择模型中平面较为开敞的空间，将楼板层剪开，去掉多余部分

步骤 2：剪掉的楼板使此处的建筑空间形成贯通上下层的共享空间

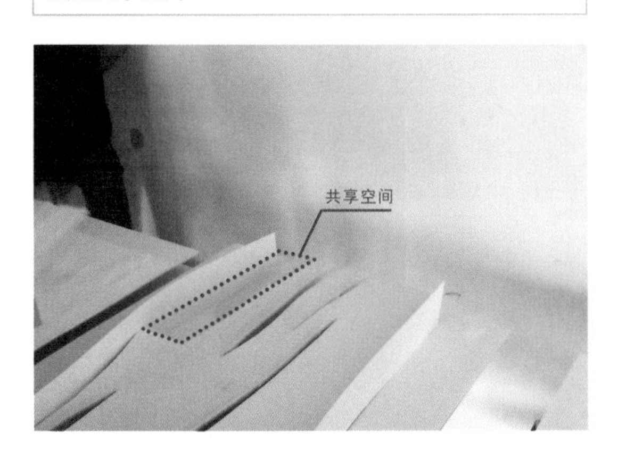

步骤 3：在共享空间内增加连通上下层的直跑楼梯

室外下沉广场讲评

步骤 1：在模型中选择与建筑相适应的室外场地，将其与地下空间连通

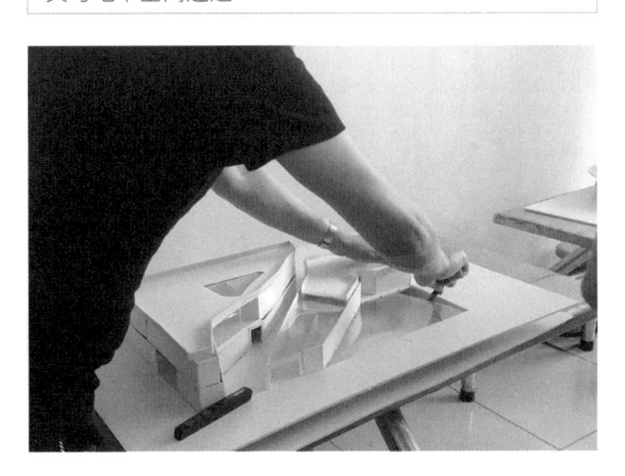

步骤 2：利用剪开的地面层作为通往地下空间的室外台阶，形成的下沉广场应当与建筑地下一层空间连通

步骤 3：还可以在下沉广场内设置坡道和旋转楼梯

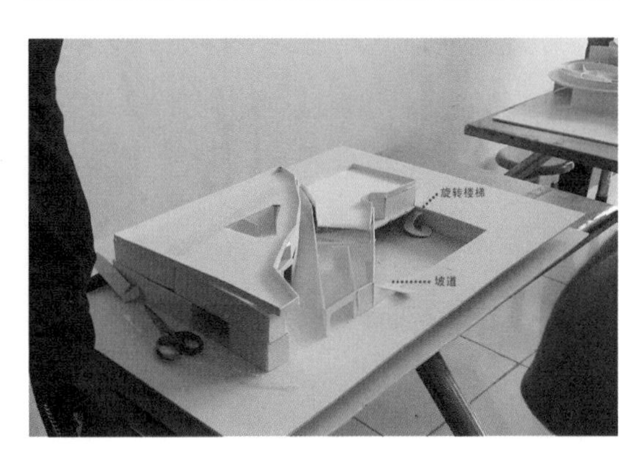

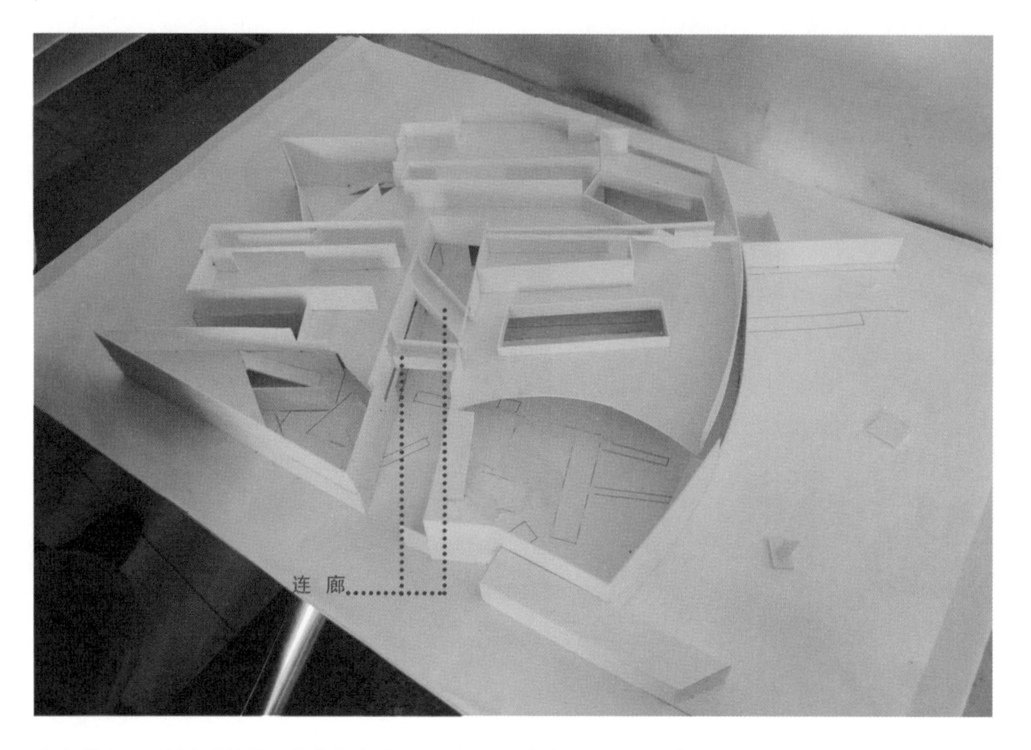

连廊讲评：可以在建筑模型中将各自独立的空间利用连廊连通，形成丰富的连续性空间

室外场地与二层空间讲评：在室外场地设置通往二层空间的旋转楼梯、坡道、直跑楼梯

课后练习

1. 根据课上老师讲评，课后完成 2 个模型的修改。

2. 在模型中增加“三要素”（楼梯、坡道、共享空间）。

3. 将建筑场地与地下一层空间连通起来。

练习成果要求

1. 强调模型制作的精细度。

2. 在制作模型过程中，要求有表现整体和局部空间形态的模型照片。

3. 楼梯、坡道两侧护栏统一用模型板片材料表现。

注意事项

1. 在模型制作过程中，注意对空间形态的观察，以加深空间感受。

2. 模型外墙边缘上下各层应对齐。

第6周
6-1

模型讲评，课后建模、制图

教学目标

1. 检验上节课讲评模型后的修改情况。

2. 进一步强化同学们在建筑竖向空间丰富性方面的训练。

授课内容

老师对每位同学的模型修改情况进行讲评，讲评时尤其注意建筑空间的丰富性、“三要素”的制作、地下空间的连通等问题，并提出有针对性的修改建议。[1]

方案讲评

地面下沉广场讲评： 在进行模型制作时，下沉广场侧边沿应有栏板做护栏

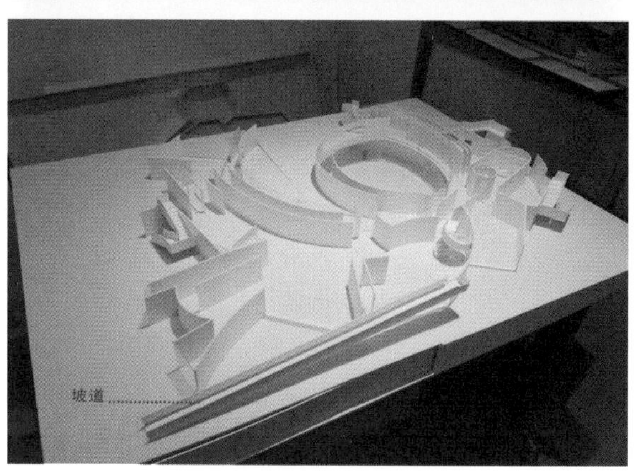

坡道讲评： 在制作模型坡道时，人行坡道斜率应达到1/12，坡道两侧应制作栏板作为护栏

1. 详见广西师范大学出版社《空间的唤醒》第七章内容。

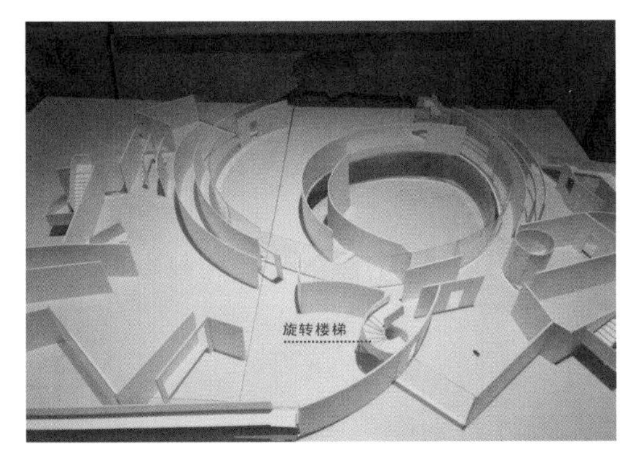

旋转楼梯讲评：在制作模型时，旋转楼梯两侧应制作栏板作为护栏

连廊讲评：在制作模型时，连廊两侧应制作栏板作为护栏

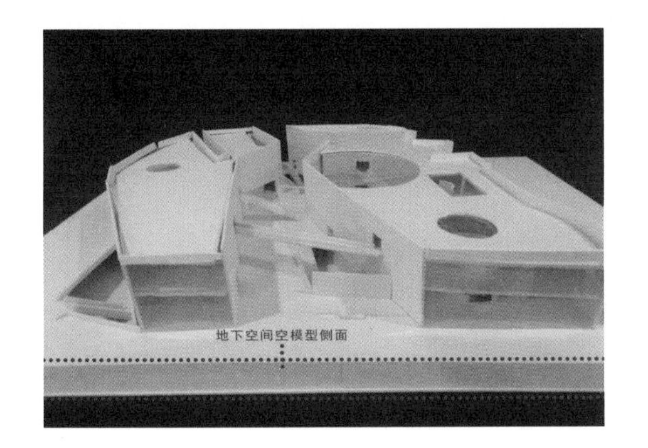

地下空间模型讲评：地下空间模型侧面应用板材在周围围合

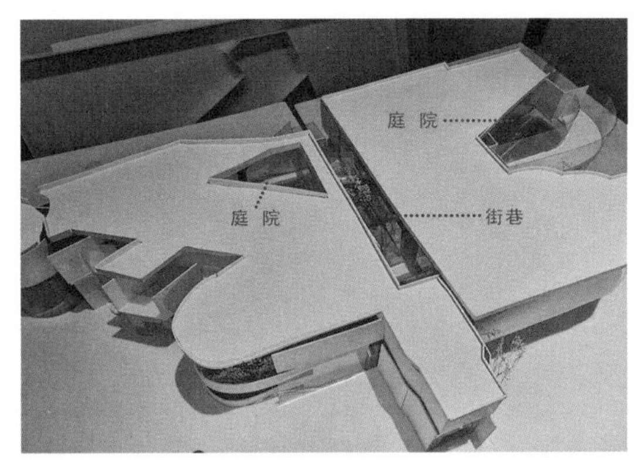

庭院讲评：在建筑内部设置庭院、街巷，可以形成丰富且有戏剧性效果的空间

课后练习

1. 根据手工模型，完成 SU 模型和 CAD 图的绘制，并打印到图纸上。

2. 在平面图中赋予建筑相应的功能，如青少年活动中心、展览馆、商场、美术馆等。

3. 为模型拍照，照片要能够表达建筑的整体形态和内部空间的丰富性。

练习要求

1. 各层建筑平面图、屋顶平面图、立面图、剖面图、分层轴测图、轴测图等分别打印到 A2 图纸上。

2. 建筑平面图、屋顶平面图要用黑白线描表达。

3. 建筑立面图、剖面图、轴测图要渲染后出图。

4. 建筑平面图、屋顶平面图、立面图、剖面图要有相应的比例尺。

注意事项

1. 老师在讲评模型时，应鼓励同学们大胆使用“三要素”。

2. 要求同学们对建筑室外场地与地下空间进行连续性设计。

3. 打破同学们对地下空间具有“封闭性”的固有观念。

第 6 周
6-2

讲评模型和图纸，课后修改图纸，为建筑选择场地环境

授课形式

线下、线上两种授课方式均可。

教学目标

通过图纸表达，进一步强化同学们心理层面的空间观念，同时训练同学们的建筑模型和图纸的表达能力。

授课内容

1. 学生介绍每个方案的建筑功能赋予情况。

2. 老师结合手工建筑模型对图纸逐一进行讲评。

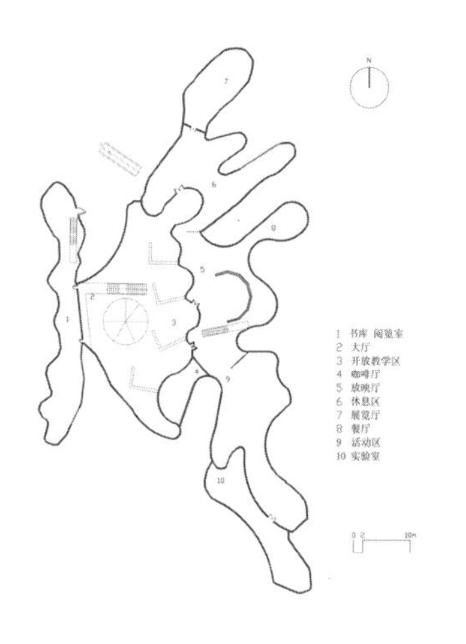

青少年活动中心：
地下一层空间功能赋予

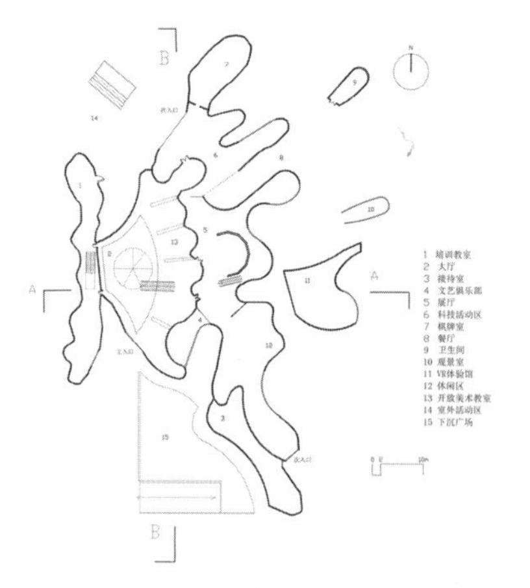

青少年活动中心：
一层空间功能赋予

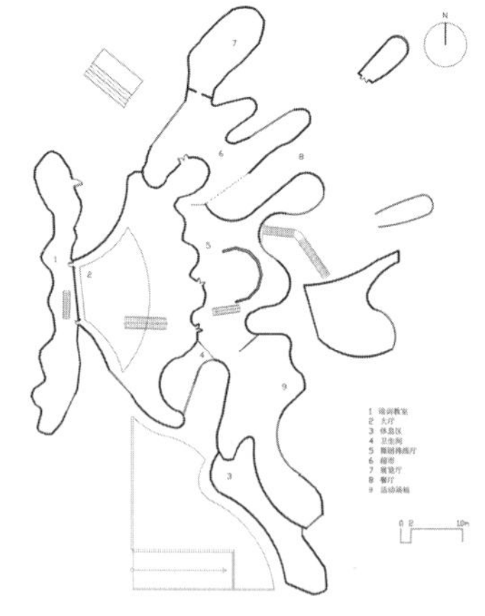

青少年活动中心：
二层空间功能赋予

青少年活动中心：立面图、剖面图

课后练习

1. 学生根据课上图纸讲评进行修改。

2. 增加室内效果图渲染训练。

3. 每个建筑图仍打印在 A2 图纸上。

4. 利用电子地图，为设计的建筑选择合适的基地环境，并将建筑放入该环境，在 A2 图纸上画出建筑总平面图。

练习要求

1. 将各层建筑平面图、屋顶平面图、立面图、剖面图、分层轴测图、轴测图等分别打印到 A2 图纸上。

2. 建筑平面图、屋顶平面图要用黑白线描表达。

3. 建筑立面图、剖面图、轴测图要渲染后出图。

4. 建筑总平面图、建筑平面图、屋顶平面图、立面图、剖面图要有相应的比例尺。

5. 建筑总平面内的建筑入口广场、道路、周边道路、景观环境等应表达全面，建筑总平面图以黑白线描方式表达。

注意事项

1. 在讲评建筑功能的赋予时应注意整体功能流线合理即可，避免过分强调功能性而破坏建筑空间的丰富性。

2. 学生在为建筑选择基地环境时，应尽量选择学生熟悉或去过的地方，尽可能亲身到实际环境中通过脚步丈量基地平面的实际尺度，进而优化对建筑实际尺度的心理认知。

第7周
7-1

讲评图纸，课后图纸排版

教学目标

一方面检验上节课图纸的修改情况，进一步提高同学们对建筑空间的图纸表达能力；另一方面通过图纸讲评，梳理建筑空间内部的交通组织，尤其是上下层空间的交通组织。

授课内容

老师逐一讲评每位同学的建筑图纸，并指出图纸表达和建筑空间的交通组织问题[1]。

美术馆：总平面图

1. 详见广西师范大学出版社《空间的唤醒》第八章内容。

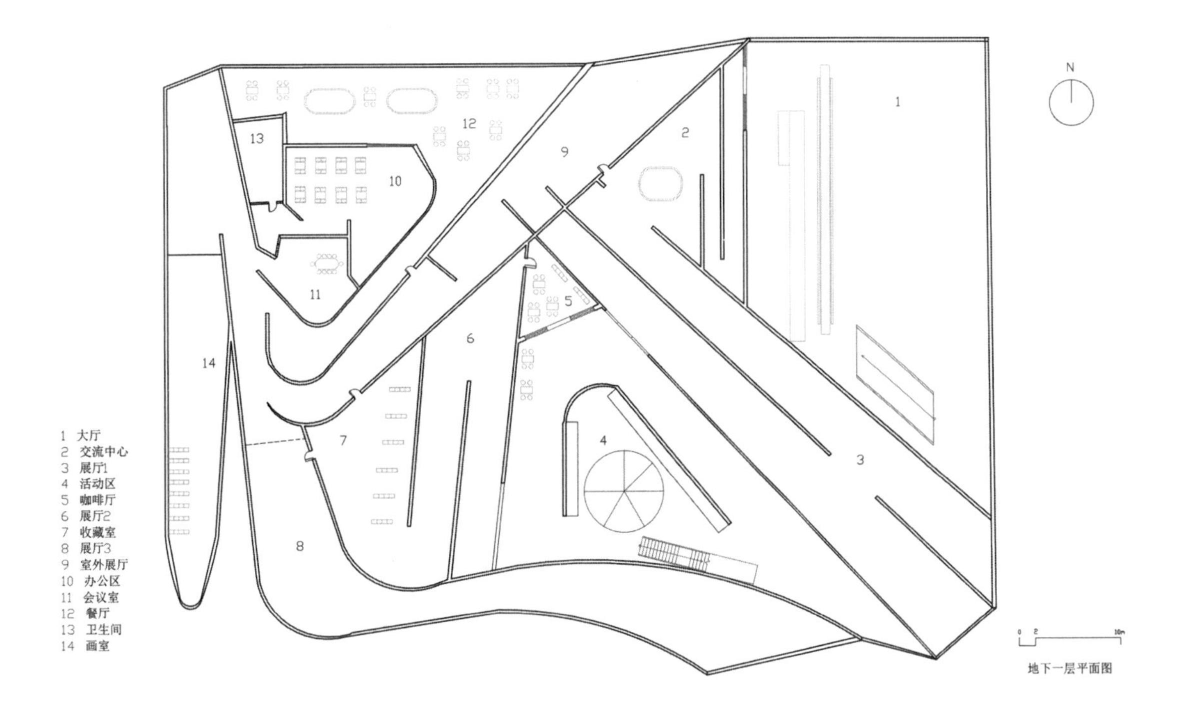

美术馆：地下一层空间家具、陈设布置

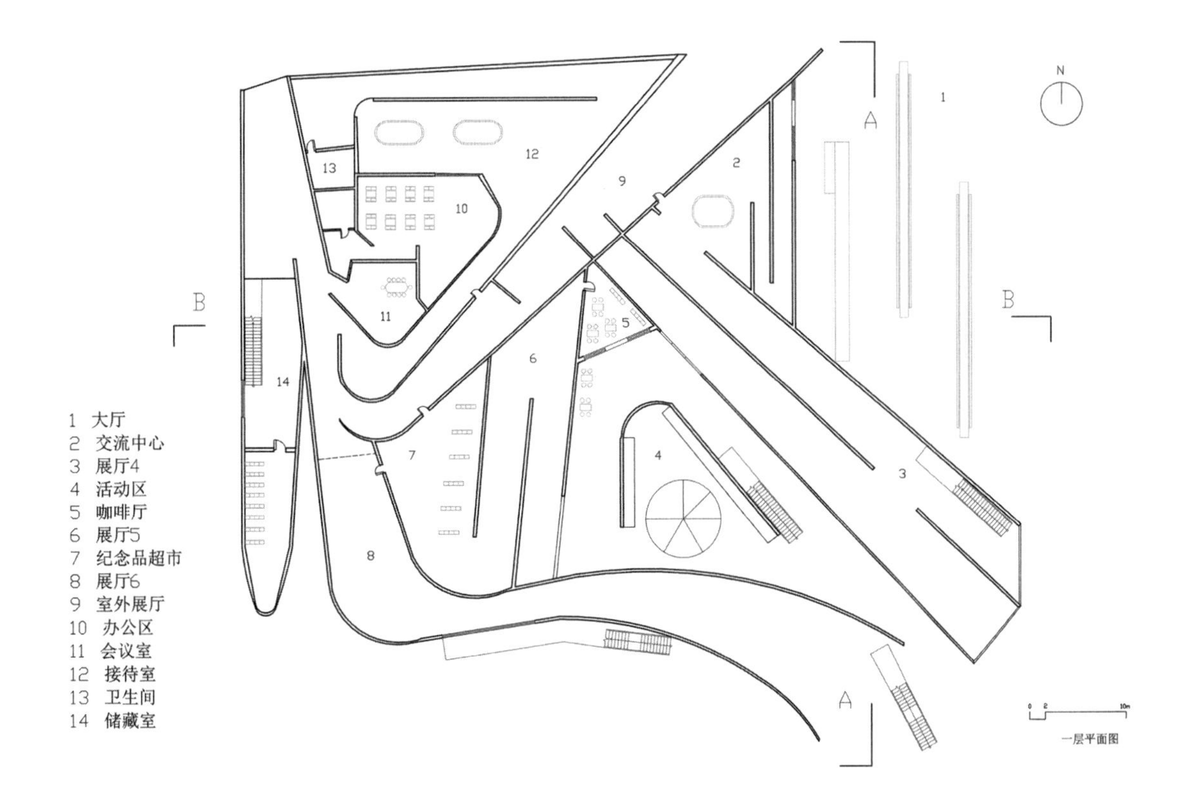

美术馆：一层空间家具、陈设布置

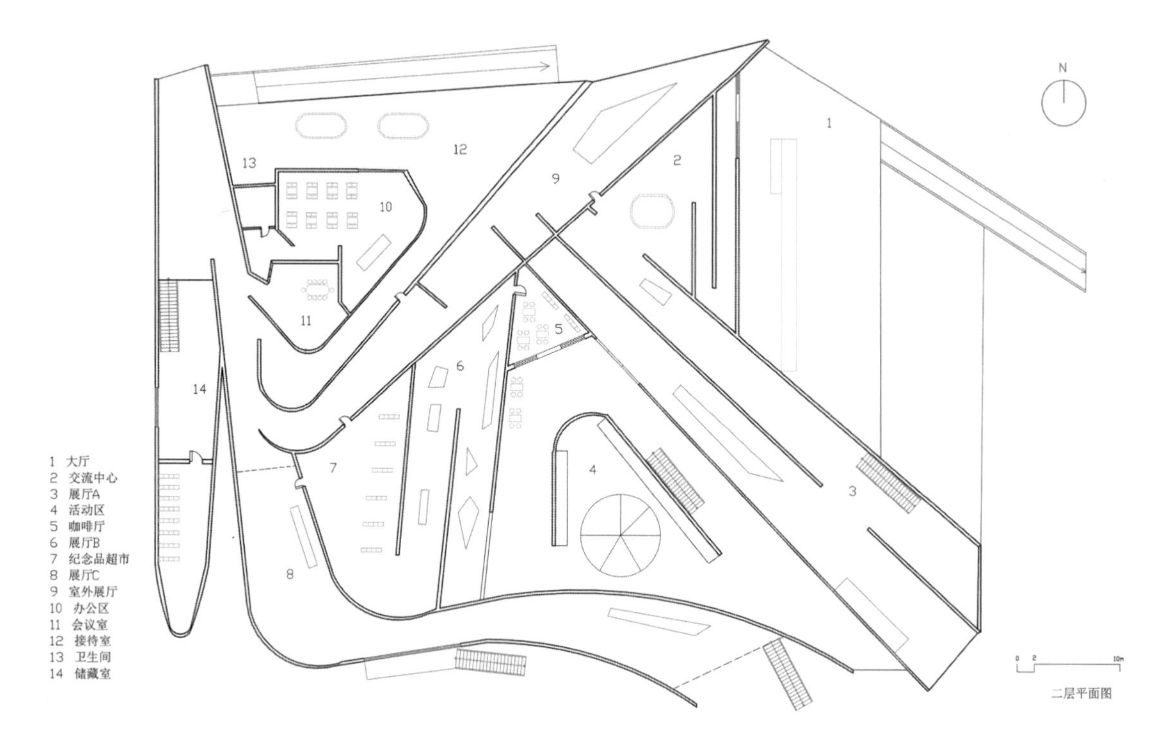

美术馆：二层空间家具、陈设布置

方案讲评

这节课要求同学们在每个建筑方案的平面图中将家具、设施参照《建筑设计资料集》中的使用尺度要求进行布置，各层空间要表达准确，总平面图要能表达建筑周边道路与主体建筑之间的衔接关系。

课后练习

1. 根据课上讲评，进一步修改图纸。

2. 在建筑平面图内布置家具。

3. 将各个建筑方案图在 A1 图纸上排版。

练习要求

1. 图纸要求用 AI 软件排版。

2. 每个方案不少于 3 张 A1 图纸。

3. A1 图纸中应包括建筑模型照片。

注意事项

在 A1 图纸上排版时，应按照版面比例网格进行操作，将每个建筑方案图排在对应网格内，各个建筑方案图之间应注意上边和下边、左边和右边的对位关系。

第 7 周 7-2

>>>> 讲评图纸排版，课后图纸修改

教学目标

进一步优化建筑空间的交通组织和平面图中的家具布置等问题，并指出图纸排版中出现的问题。

授课内容

1. 检验建筑空间交通组织和平面图中的家具布置情况。

2. 针对图纸排版进行讲评。

拾贝青年活动中心建筑设计方案 · 壹

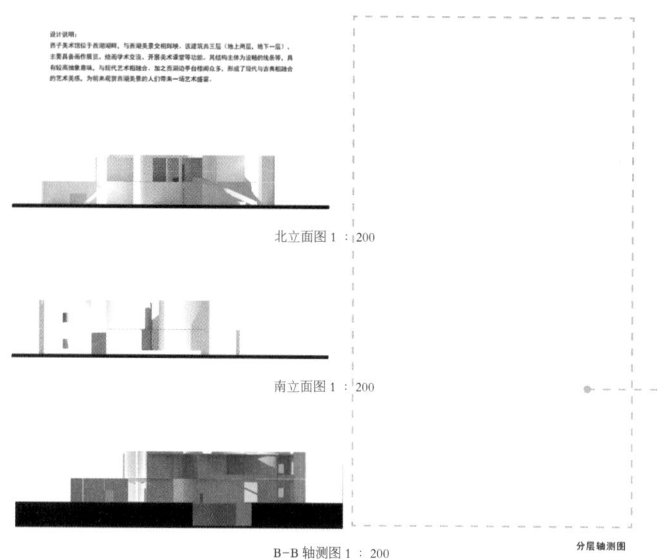

图纸排版讲评： 图纸排版要用 InDesign 软件操作，排版时需要在图纸上按比例划分网格，将建筑方案图置入相应网格，未完成的建筑方案图可以暂时空缺，课后补充完整

拾贝青年活动中心建筑设计方案・贰

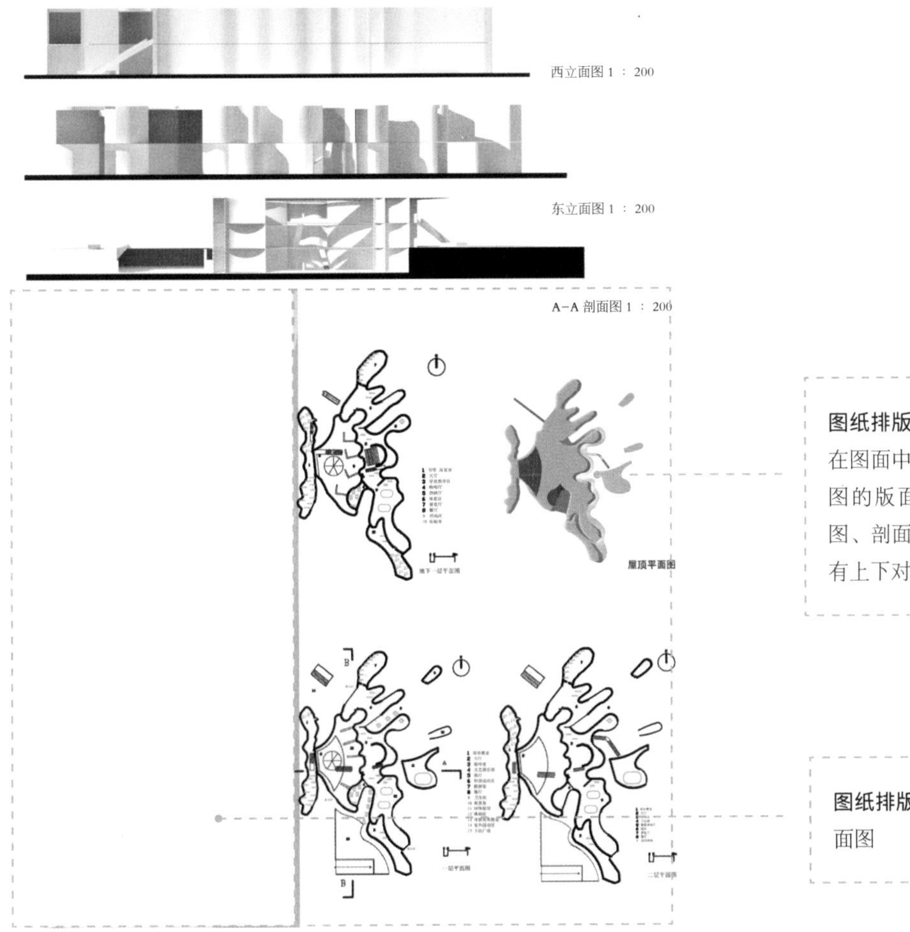

图纸排版讲评：四个平面图在图面中过于拥挤，且平面图的版面与图纸上部立面图、剖面图版面的右边缘没有上下对齐

图纸排版讲评：缺建筑总平面图

课后练习

1. 课后图纸修改。

2. 提升建筑整体效果图、剖透视图、室内透视图的渲染效果。

3. 优化图纸排版。

练习要求

继续在 A1 图纸上排版。

注意事项

老师对图纸进行讲评时，应注意图纸表达的规范性和各个图在排版时的对位关系。

第8周
8-1

检查图纸排版，课后模型制作，图纸完善

教学目标

检验图纸排版修改后的效果，进一步优化图纸表达中的琐碎问题，为最终出图做准备。

授课内容

针对上节课图纸的修改情况，继续讲评。

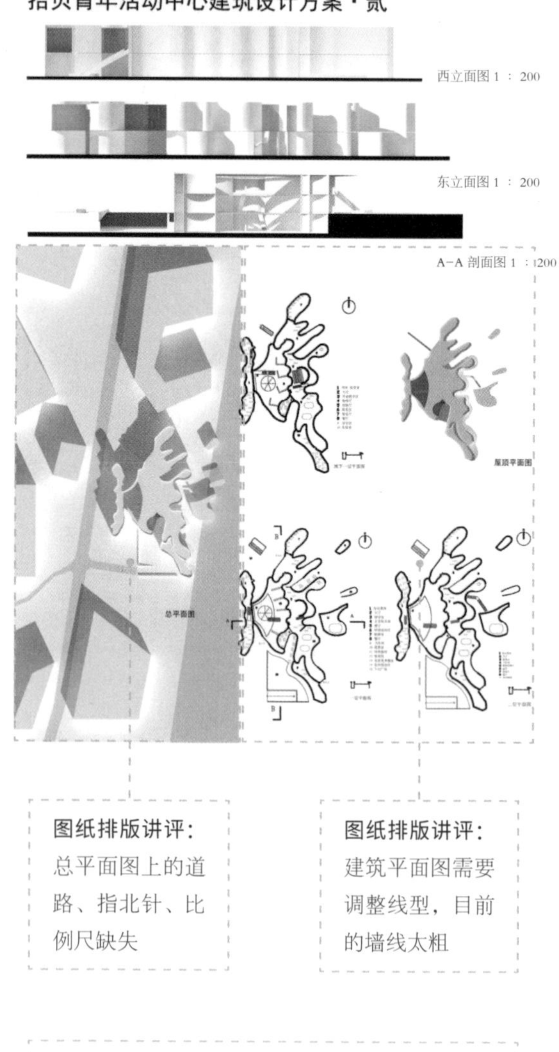

图纸排版讲评：总平面图上的道路、指北针、比例尺缺失

图纸排版讲评：建筑平面图需要调整线型，目前的墙线太粗

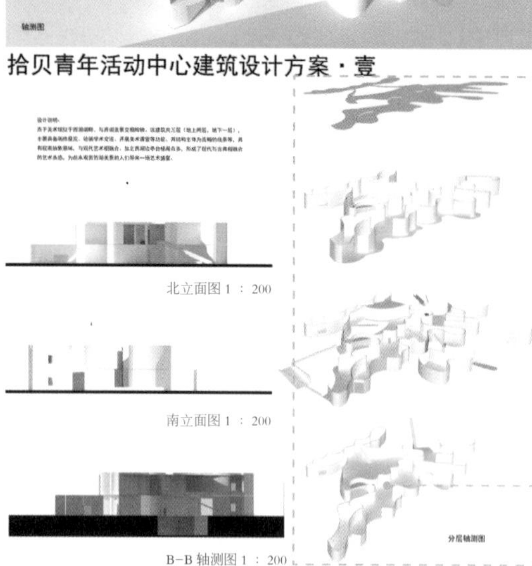

图纸排版讲评：当绘制分层轴测图时，应在各层轮廓的关键位置上用点虚线上下连接，以便于空间的读解，各层空间应标明层数

西子美术馆建筑设计方案・贰

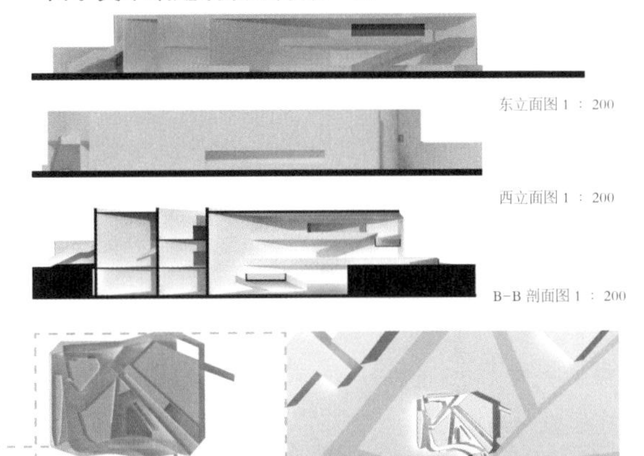

东立面图 1 ∶ 200

西立面图 1 ∶ 200

B-B 剖面图 1 ∶ 200

图纸排版讲评：建筑屋顶平面图应标注比例尺，所有建筑正视图都应标注比例尺

屋顶平面图

总平面图

A-A 剖面图 1 ∶ 200

南立面图 1 ∶ 200

北立面图 1 ∶ 200

图纸排版讲评：分层轴测图中的屋顶与下部各层应在一个板块中，不应被文字隔开

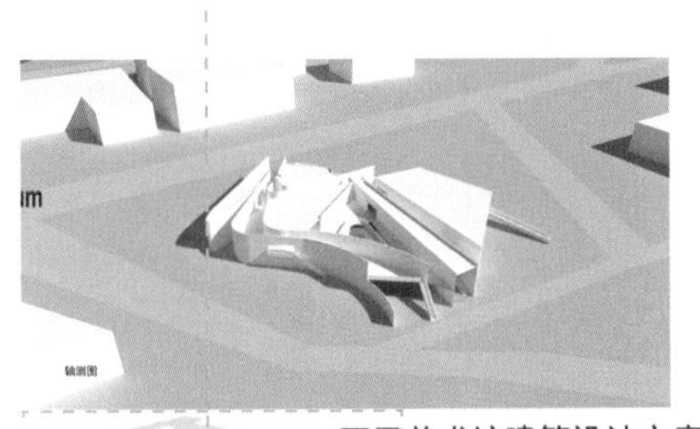

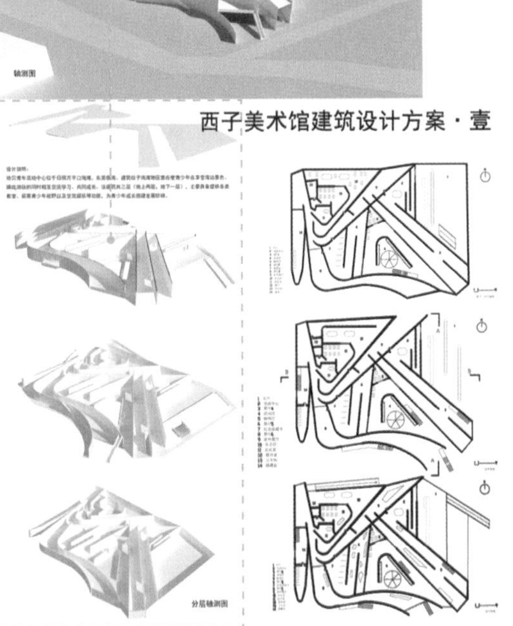

课后练习

1. 图纸修改。

2. 完善模型制作。

练习要求

1. 在模型制作完毕后，要为模型的整体形态和丰富的内部空间拍照，并将这些照片单独在一张 A1 图纸上排版。

2. 模型依然在 A1 大小的 PVC 板或 KT 板上完成。

注意事项

老师课上讲评时，除关注图纸排版、平面图中的家具布置等问题外，还应关注图纸表达的其他琐碎问题，如图名、比例尺、指北针等。

第 8 周 8-2 >>>> 最终评图，本单元结课

教学目标

通过图纸讲评，对每位同学在这一阶段性的训练成果进行总结。

授课内容

图纸讲评。

注意事项

老师在讲评过程中应注意评述每个方案的优、缺点，包括空间捕捉、“空间口袋”的制作、建筑空间模型制作、建筑功能赋予、图纸表达全过程的总结，帮助同学们建立自由、丰富的建筑空间形态观念。

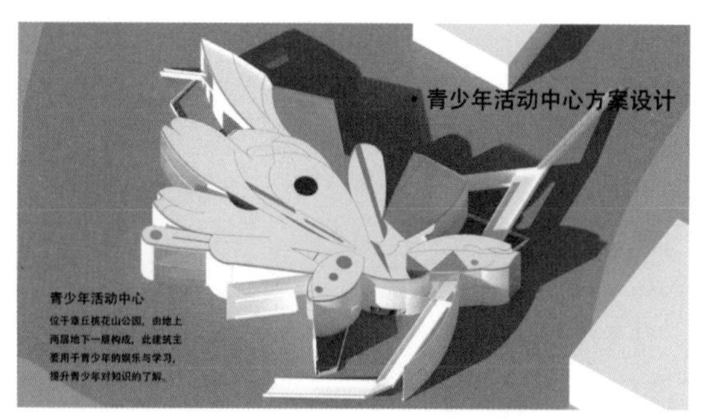

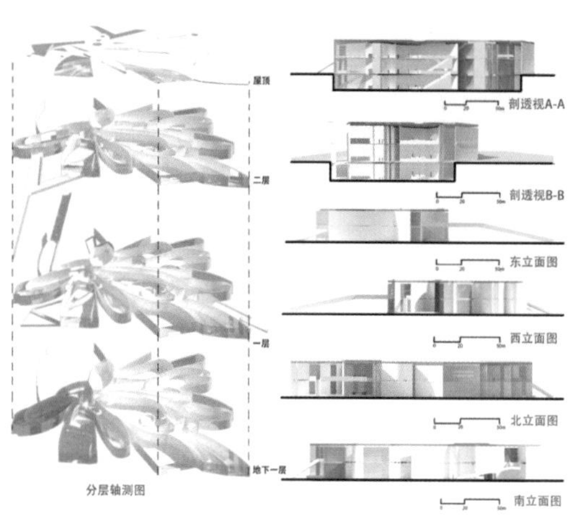

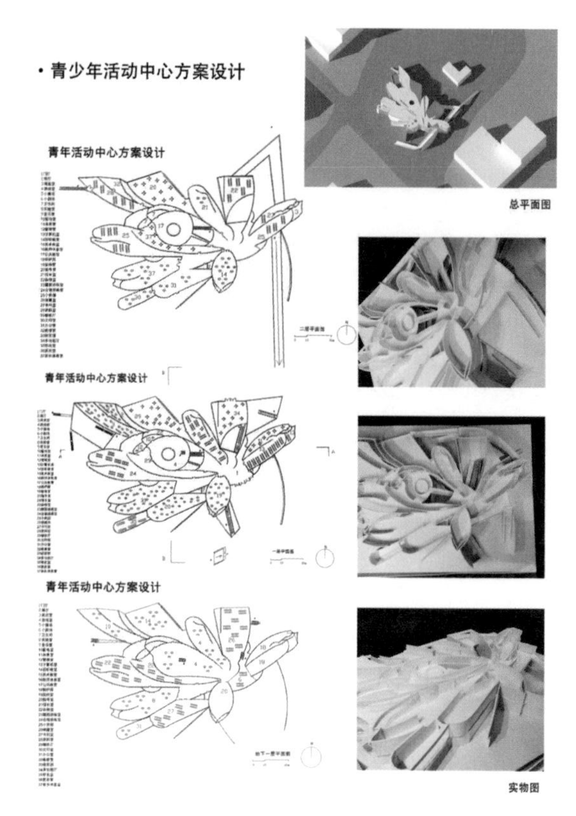

设计：李凡

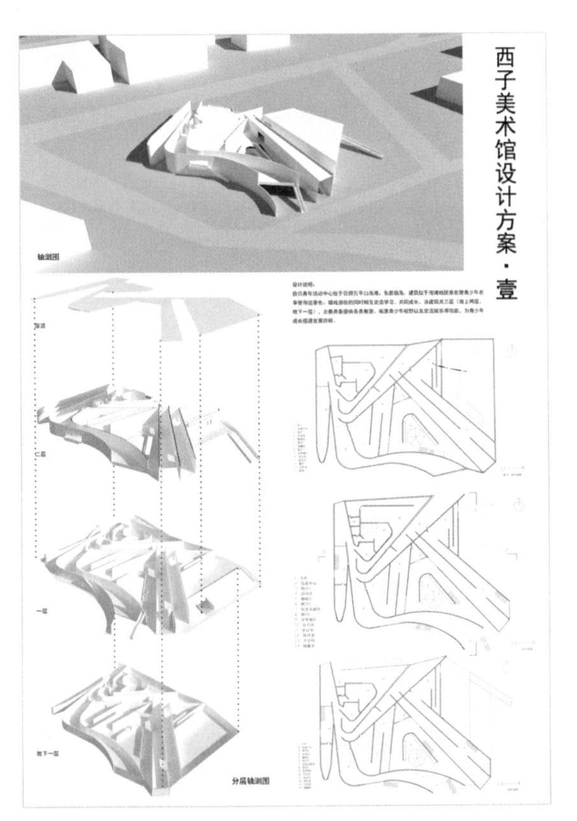
西子美术馆设计方案·壹
轴测图
分层轴测图

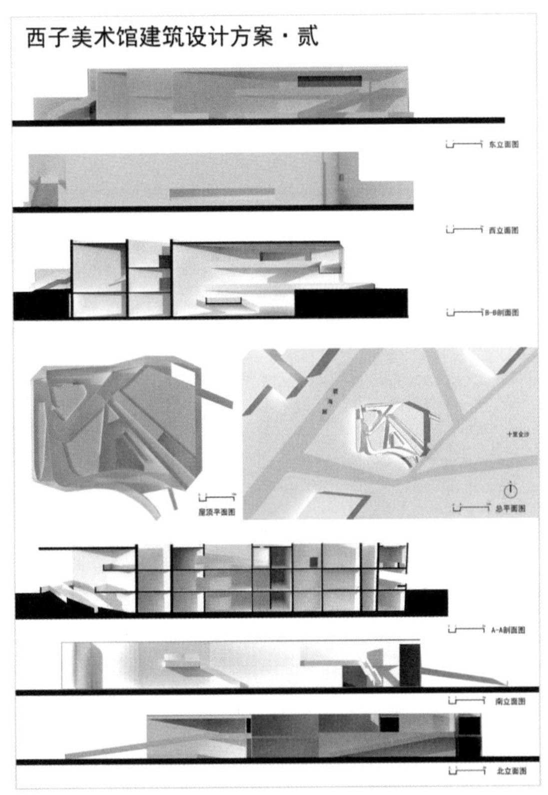
西子美术馆建筑设计方案·贰
东立面图
西立面图
B-B剖面图
屋顶平面图
总平面图
A-A剖面图
南立面图
北立面图

设计：董嘉琪

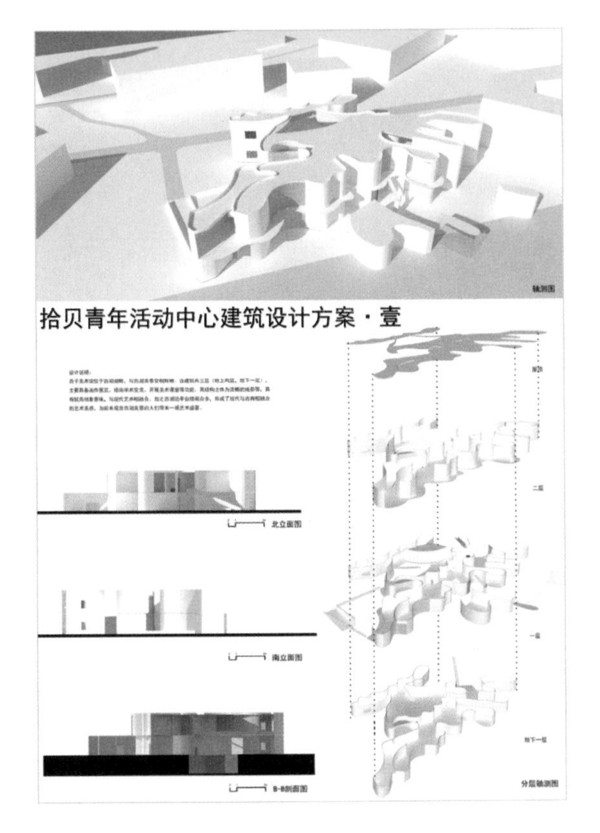
轴测图
拾贝青年活动中心建筑设计方案·壹
北立面图
南立面图
B-B剖面图
分层轴测图

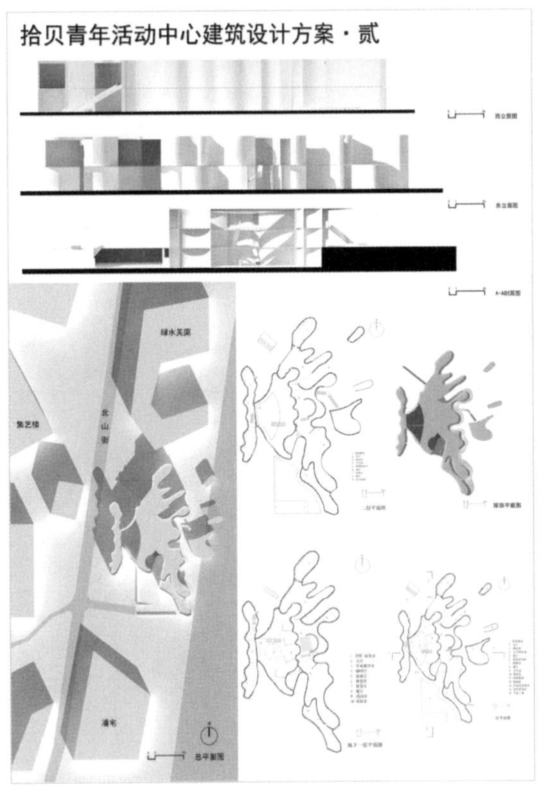
拾贝青年活动中心建筑设计方案·贰
绿水芙蕖
集艺楼
北山街
清宅
总平面图

设计：董嘉琪

第一单元第二阶段方案设计展示

讲评现场 1

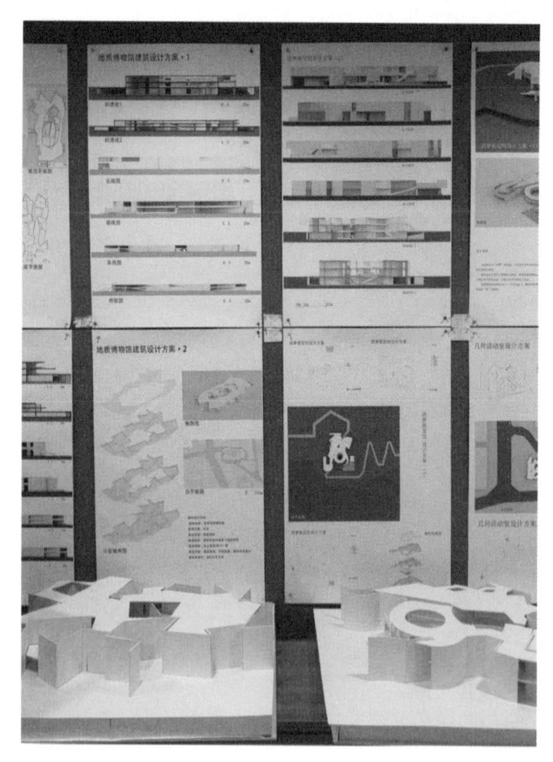

讲评现场 2

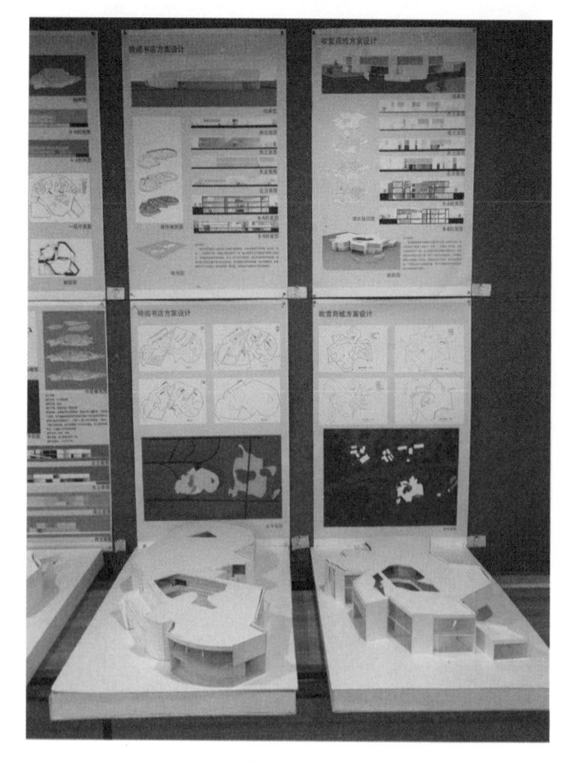

讲评现场 3

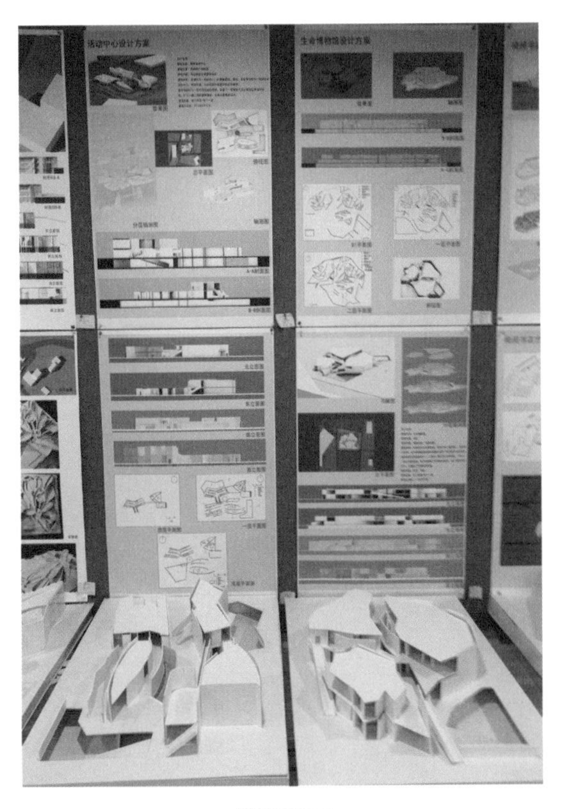

讲评现场 4

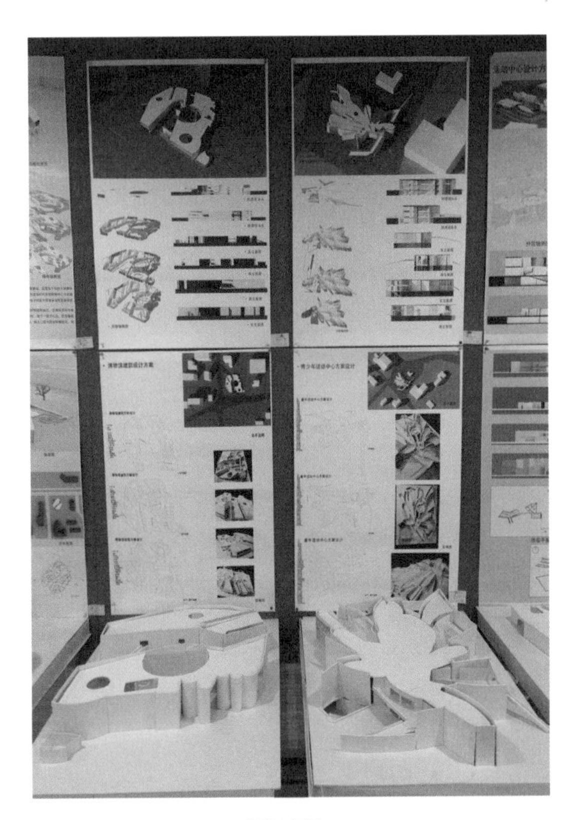

讲评现场 5

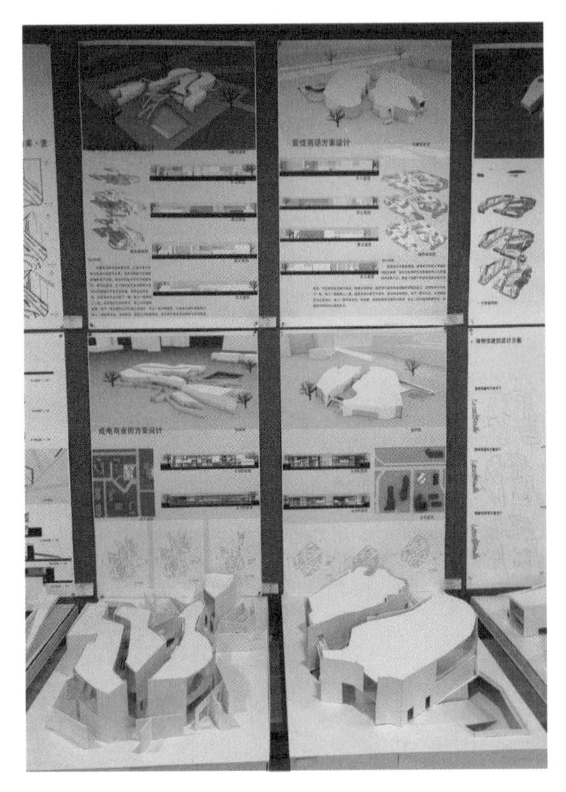

讲评现场 6

讲评现场 7

▼▼▼

第二单元

形态与观念赋予设计法

形态与观念赋予设计法是继空间与观念赋予设计法之后的第二套建筑空间形态的训练方法，其练习重点从空间与观念赋予设计法以训练自由内部空间形态为主，过渡到建筑外部空间形态的创造练习中。两者之间是互补且递进的，即便其练习重点在于建筑外部空间形态，但训练方式依然是以建筑内部功能空间为依托的，只有这样，才能使雕塑般的空间形态进化为建筑空间形态。

2

第9周
9-1

讲课，进行3D扫描演示，课后扫描对象物

教学目标

通过课堂讲授，让同学们理解空间形态的基本概念，初步掌握丰富、自由的空间形态的获取方法，了解这一阶段的训练目标是对同学们丰富、自由的建筑形态的造型能力的培养。

授课内容[1]

1. 对空间与观念赋予设计法的训练目标、内容进行梳理，并在此基础上引入形态与观念赋予设计法的课程内容。

2. 讲授空间形态的概念及相关理论。

3. 举例讲述。

4. 讲授自由空间形态的获取方法并在课堂上演示。

空间形态案例

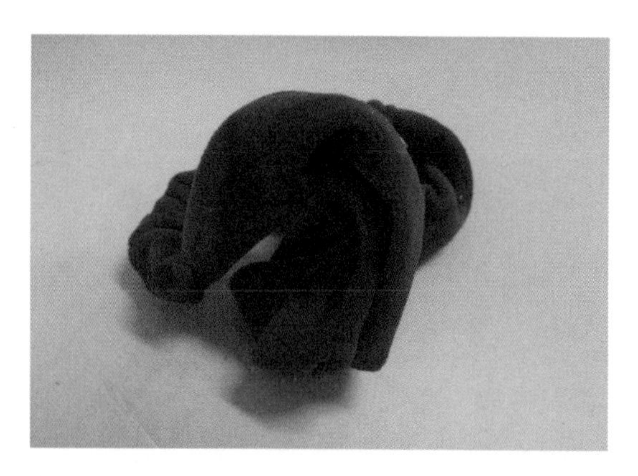

空间形态案例1： 随手揉过的发带，这一从人体生发的力所造成的稳定形态，从人体尺度观察，可以发现丰富的空间形态

空间形态案例2： 自然生长的菜花局部，由自然力产生的这种稳定形态形成丰富的雕塑感，从人体尺度观察，这一形态也可当作极为丰富的建筑形态

1. 详见广西师范大学出版社《自由的形态》第一章内容。

形态获取方法

操作 1：提前准备好三维激光扫描仪，并将其与笔记本电脑连接好，进行扫描前调试

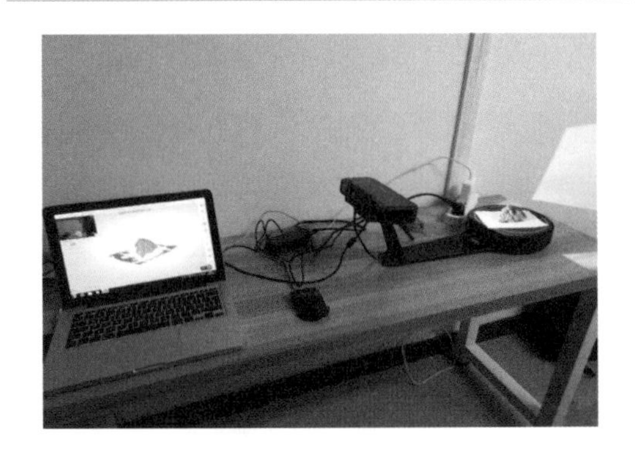

操作 2：备好要扫描的对象物，体积要适中，最好不超过 20cm×20cm×20cm

操作 3：将需要扫描的对象物置于扫描仪的转台上，调整到合适的角度，按照操作步骤扫描

操作 4：等待扫描结束，在电脑上保存显示扫描仪获取的形态模型

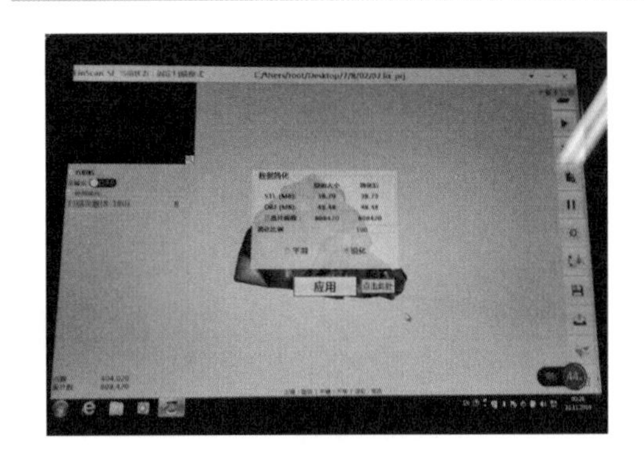

课后练习

1. 每位同学完成 15 个对象物的三维扫描，以获取空间形态。

2. 将 15 个空间形态在犀牛（rhino）软件中进行形态表面肌理改变。

3. 在犀牛软件中以人视角对每个形态模型下的空间进行观察。

练习成果要求

1. 选取的 15 个对象物要具有不同的形态。

2. 扫描之前要给每个对象物拍照，拍照角度包括俯视、平视等不同视角。

3. 选取对象物的体积不超过 20cm×20cm×20cm，避免三维扫描仪扫描不完整。

4. 扫描结束后，将扫描数据存储并导入犀牛软件中。

注意事项

1. 学生须在本课程开讲之前学习基本的犀牛软件建模、动画视频制作、模型渲染三个基本技能。

2. 老师须准备三维激光扫描仪、笔记本电脑。

操作步骤一

扫描下图中的一叠纸。

操作 1：开始扫描—点击“云三角化”—点击“平滑处理”（是否点击视情况而定）—保存（英文命名，格式为 obj—简化比例（调为 10）—确认，得到下图这样的文件

文件(F) 编辑(E) 查看(V) 曲线(C) 曲面(S) 实体(O) 网格(M) 尺寸标注(D) 变动(T)
已加入 1 个网格至选取集合。
指令: ReduceMesh
指令: ReduceMesh
ReduceMesh
vrayChangeDefaultScene
RedoMultiple
TruncatedCone
ReadCommandFile
MoveUntrimmedFace
ExtractPipedCurve
MeshTruncatedCone
visProductionRender
RedoView
Render

操作 2：打开犀牛软件，把 obj 文件拖进去，选择“打开文件”，这时候会发现模型的黑色网格线非常密（线框模式下），可以先切换到“着色模式”或“渲染模式”下观察整体形态，检查是否有缺口，是否扭曲

操作 3：简化网格面（在“线框模式”或者“着色模式”下操作，避免卡死）

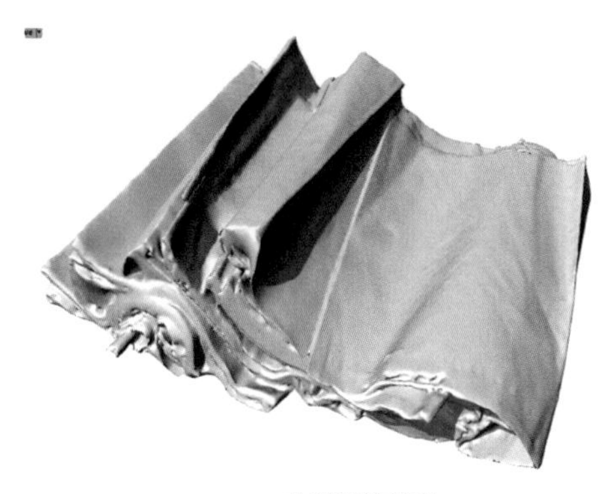

处理前的模型

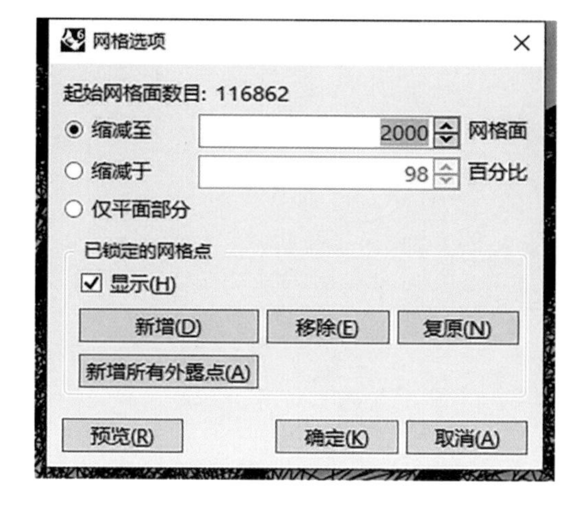

操作步骤二

到这里原型的初步处理就结束了，大部分形态都可以通过这个方法处理。若有小的破面或扭曲，可以用网格一点点修补，或打开控制点，把打结的地方调整一下（左下图）。

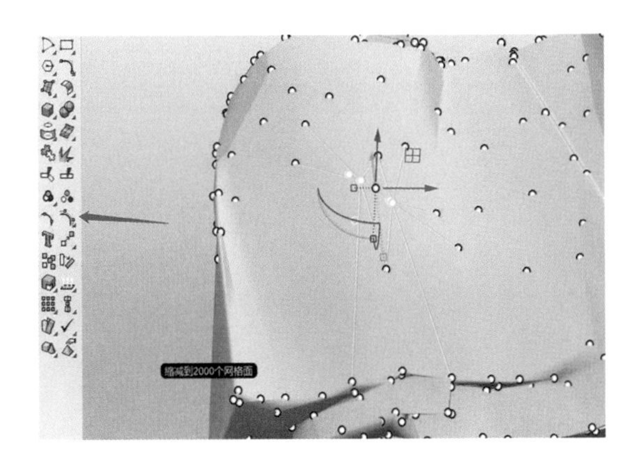

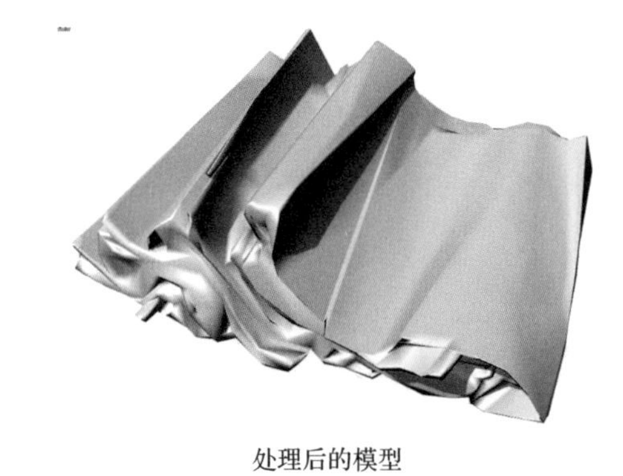

处理后的模型

还有一种方法可供参考——Weavebird 柔化。

1. 将原型直接柔化，这样做的缺点是网格数目多，但是得到的形态更细腻。若缩减后再柔化，则得到的形态更圆滑，但是柔化不会改变网格面总个数（下图）。

2. 电池连接（下图），右键点击“Weavebird's LaplacianHC Smoothing”即可得到。

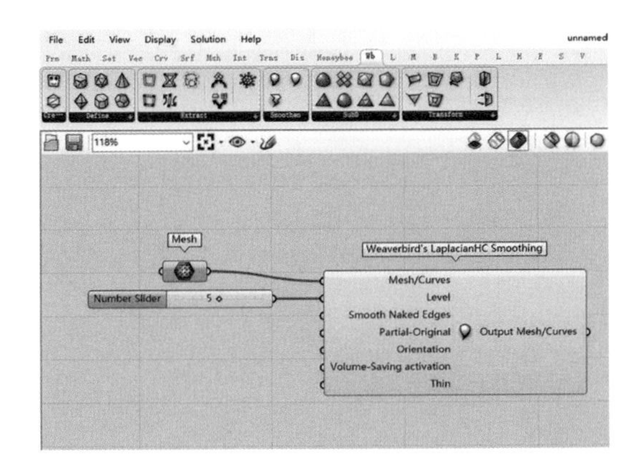

第9周

9-2

模型讲评，课后扫描对象物并进行观念赋予训练

教学目标

通过空间形态模型的讲评，激发同学们对自由形态下的建筑空间的想象，进一步拓展其对自由空间的认知范畴，探索自由建筑空间的可能性。[1]

授课内容

1. 每位同学展示获取的空间形态模型。

2. 老师对每个空间形态模型的读解进行讲评。

3. 老师讲授在空间形态内部进行观念赋予的方法。

形态案例

形态案例 1：揉搓后的纸盒经三维扫描后，在犀牛软件中获得的空间形态模型

1. 详见广西师范大学出版社《自由的形态》第二章内容。

形态案例 2：咬过的蛋黄酥经三维扫描后，在犀牛软件中获得的空间形态模型

课后练习

1. 每位同学选择两个空间形态模型，并在其内部赋予建筑功能，如博物馆、剧场。

2. 将两个被赋予建筑功能的建筑模型分别用建筑动画和犀牛模型表达出来。

操作步骤

1. 在赋予建筑功能之前，需要先找到对应的博物馆、剧场的案例，将相应的建筑平面图用 CAD 描绘出来，然后按照比例缩放到真实的建筑尺度。

2. 将描绘好的建筑平面图导入犀牛软件中，然后将对应的墙体立起，再创建楼梯等建筑设施，最后得到建筑功能空间模型。

3. 将扫描获得的空间形态模型在犀牛软件中按照建筑功能空间模型的比例进行缩放，使其能够全部或大部分覆盖建筑功能空间模型。

练习成果要求

1. 建筑功能空间模型必须以建成的博物馆、剧场案例平面为基础建模，可参照《建筑设计资料集》中的相关案例。

2. 不得随意改变原博物馆、剧场的建筑平面。

3. 当建筑功能空间模型与扫描获得的空间形态模型发生“碰撞”时，可以将露在空间形态模型之外的建筑功能空间模型裁切掉。

4. 空间形态模型与建筑功能空间模型“碰撞”后，两者之间需要留有贯通上、下各层的共享空间。

5. 在空间形态模型与建筑功能空间模型的 4 个侧面中，至少需要保证 2 个侧面发生“碰撞”。

6. 建筑动画应反映建筑模型的内部空间形态。

注意事项

1. 老师在讲评两个空间形态模型的读解情况时，应当鼓励学生读解空间形态模型外部表面的空间。

2. 在建筑尺度方面，建筑功能空间模型与空间形态模型两者应该匹配。

第 10 周 10-1

讲评建筑动画和模型，课后修改动画和模型

教学目标

检验空间形态模型与建筑功能空间模型的融合情况，通过讲评进一步提升空间形态模型内部空间丰富性的展现。[1]

授课内容

讲评建筑动画和模型。

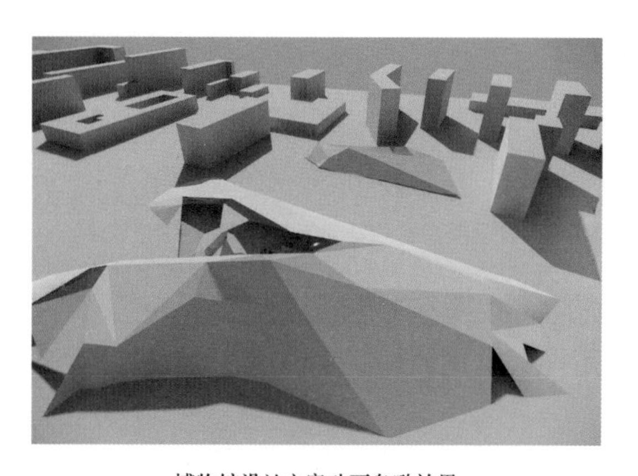

博物馆设计方案动画鸟瞰效果

建筑形态外壁与功能空间之间的空腔效果

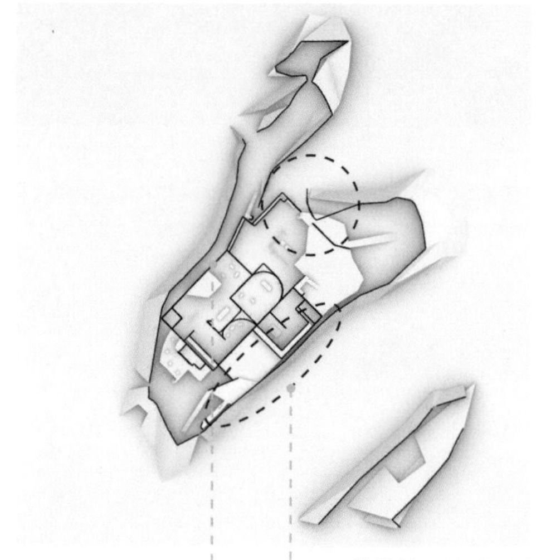

博物馆二层平面图

建筑形态外壁与功能空间之间形成的空腔可展示内部丰富的空间形态

当功能空间与建筑形态外壁发生“碰撞”时，一种做法是将空间形态保留，另一种是将局部切削

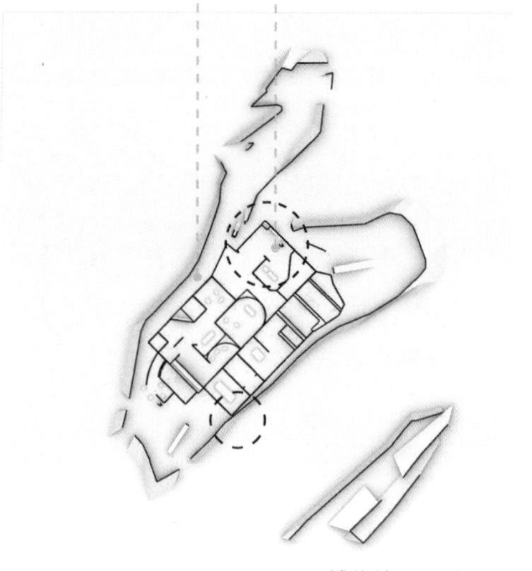

博物馆一层平面图

1. 详见广西师范大学出版社《自由的形态》第三章内容。

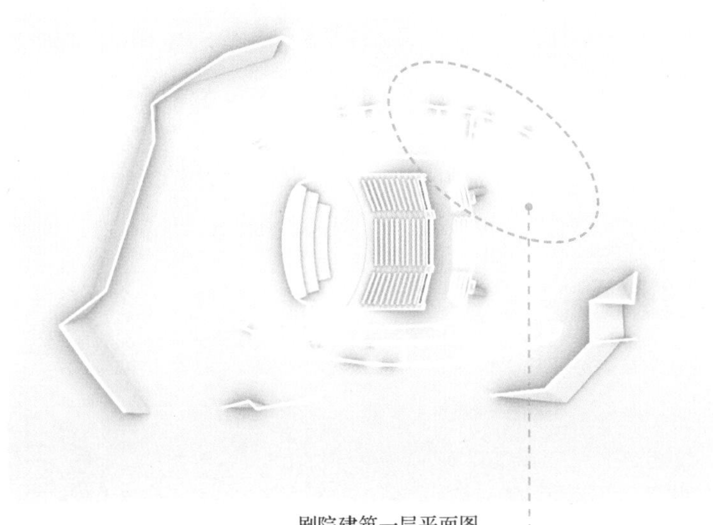

剧院建筑一层平面图

当剧院建筑形态外壁与功能空间发生“碰撞”时，可以保留功能空间的完整性，突出于形态外壁之外

剧院设计方案动画鸟瞰效果

课后练习

根据讲评修改模型和动画。

练习成果要求

1. 建筑模型内部要以展现空间的丰富性为主要目标。

2. 要将空间“三要素”（楼梯、坡道、共享空间）加入建筑模型，将各层空间连通，增加建筑内部空间的丰富性和趣味性。

注意事项

1. 老师讲评模型和动画时，应以内部空间的丰富性为讲评重点。

2. 应注意空间形态模型与建筑功能空间模型两者之间是否满足 4 个侧面中至少有 2 个侧面发生“碰撞”的要求。

3. 模型中楼梯和坡道两侧护栏统一为栏板。

4. 学生建模应仔细、完整。

第 10 周
10-2

讲评建筑动画和模型，课后绘制相关建筑方案图

教学目标

检验建筑动画和模型的修改情况，进一步提升学生对形态内部空间丰富性的表现能力。

授课内容

讲评建筑动画和模型。

剧院设计方案动画鸟瞰效果

剧院设计犀牛模型鸟瞰效果

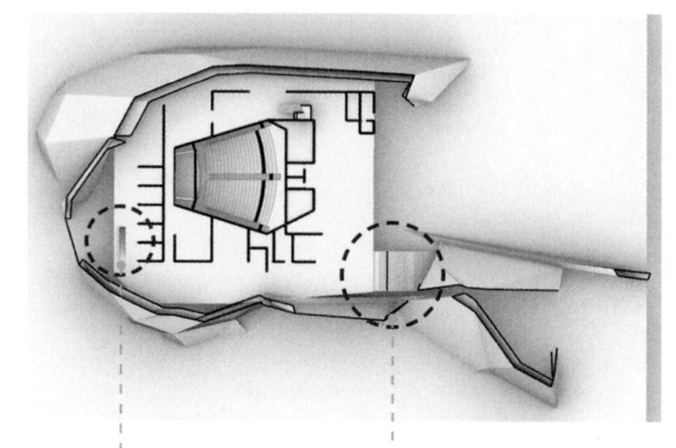

剧院建筑二层平面图

在剧场的共享空间内增加坡道，增加上下层空间的连续性，丰富使用者的空间体验

在剧场入口大厅增加通往二层的直跑楼梯，既起到联系上下交通的作用，又丰富了空间效果

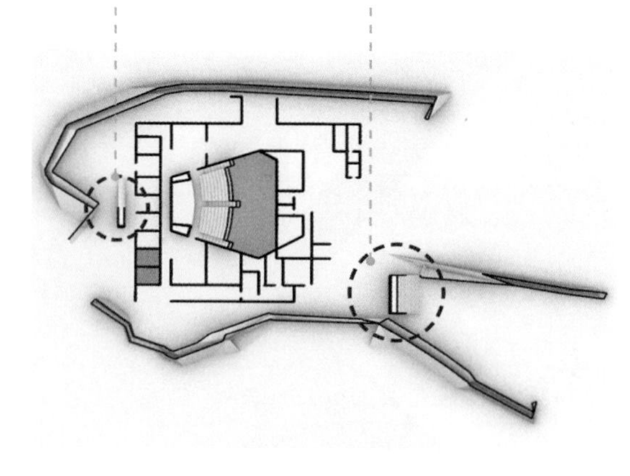

剧院建筑一层平面图

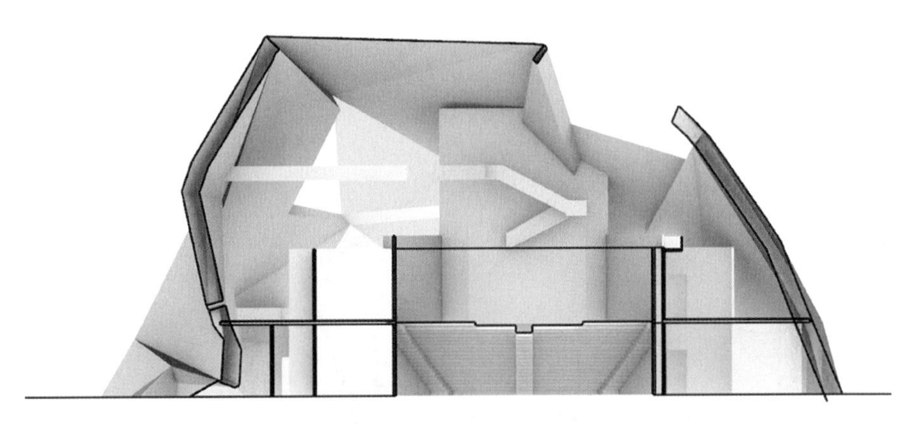

剧院建筑模型剖切后的空间效果

剧院二层空间的动画效果，反映出室内空间的丰富性

剧院内坡道的动画效果

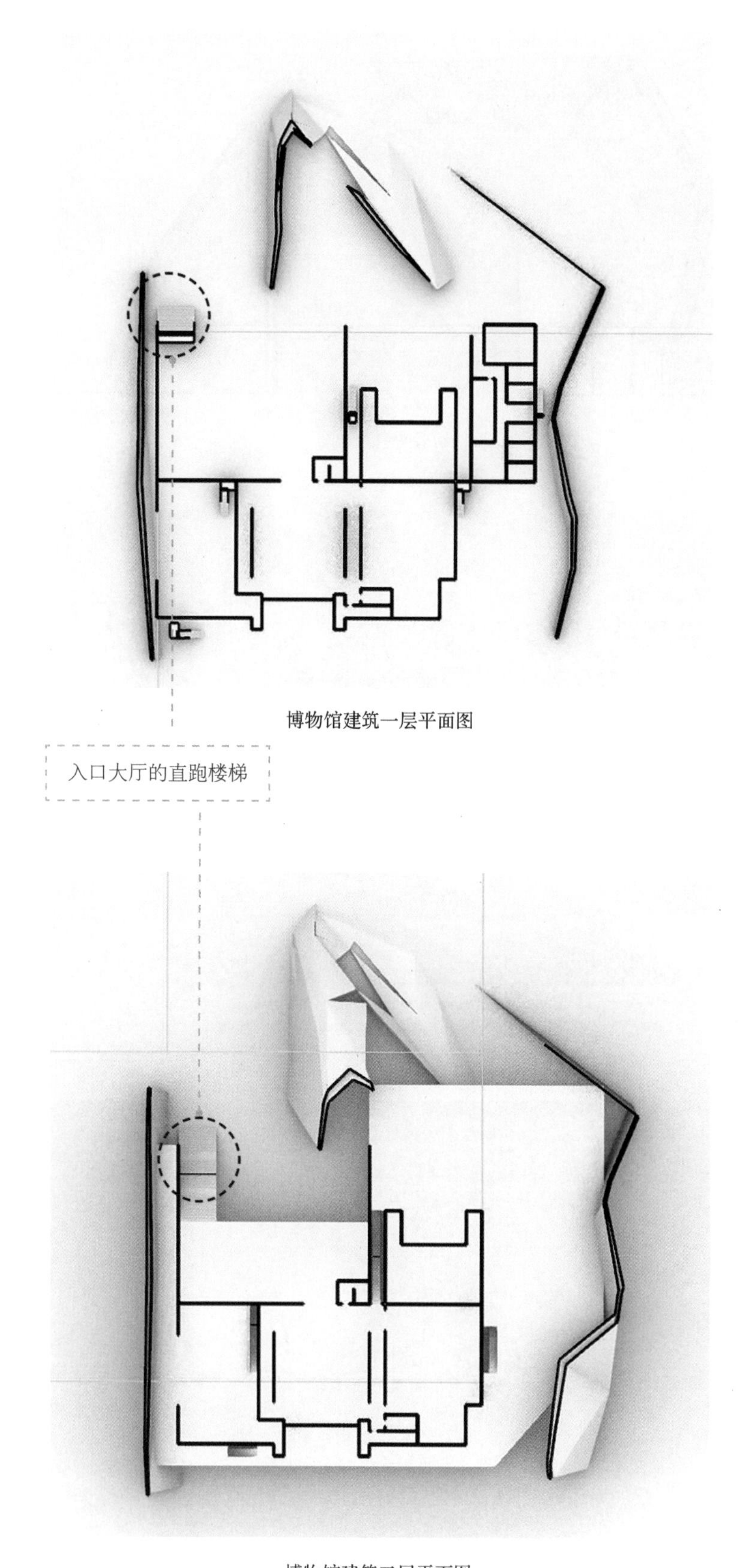

博物馆建筑一层平面图

博物馆建筑二层平面图

博物馆建筑设计方案动画鸟瞰效果

课后练习

1. 在 A3 图纸上分别绘制建筑总平面图、建筑平面图、屋顶平面图、立面图、剖面图、分层轴测图、建筑轴测图。

2. 利用电子地图为设计的建筑选择合适的基地环境，并将建筑放入该环境，在 A3 图纸上画出建筑总平面图。

练习成果要求

1. 建筑模型内部要以展现空间丰富性为主要目标。

2. 建筑平面图要在 A3 图纸上用黑白线图表达，立面图、剖面图、建筑轴测图也要在 A3 图纸上表达，但表达方式不限。

3. 建筑平面图应注意未剖到的部分的投影线表达。

4. 建筑总平面图以黑白线描方式表达，其中的建筑入口广场、道路、周边道路、景观环境等应表达全面。

5. 每个建筑图都应当具有相应的比例尺。

注意事项

老师讲评建筑动画和模型时，仍然要以内部空间的丰富性作为讲评重点。

第 11 周
11-1

讲评图纸，课后修改图纸并排版，打印 3D 模型

教学目标

通过图纸讲评，一方面提高同学们的图纸表达能力，另一方面进一步强化同学们对自由形态下的建筑空间的理解能力。

授课内容

图纸讲评。[1]

须利用电子地图为所设计的建筑选址，并在总平面图中表达出建筑、道路

建筑总平面图中须将通往博物馆的道路布置出来

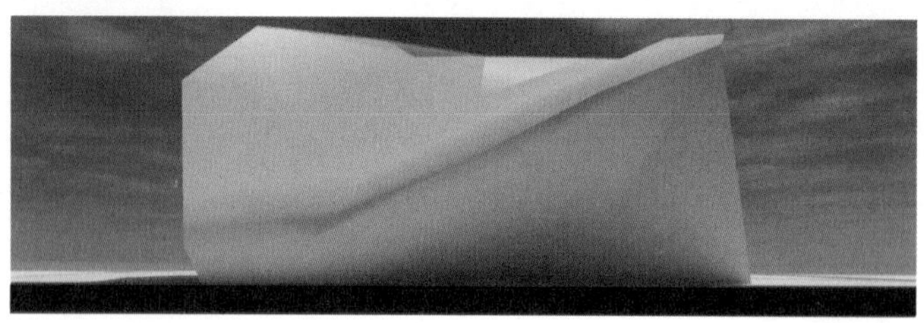

建筑立面图 1 讲评：建筑立面图可以用 Enscape 软件导出以表现建筑的光影和形体关系

1. 详见广西师范大学出版社《自由的形态》第四章内容。

建筑立面图 2 讲评：建筑立面图应将建筑外表面的玻璃幕墙表现得更为清晰

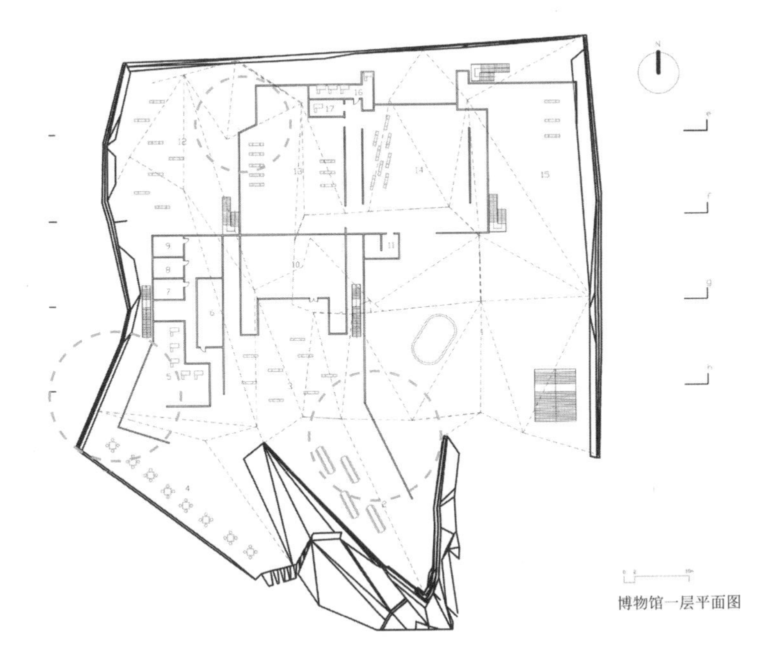
博物馆一层平面图

建筑功能空间轮廓边缘需要与建筑形态外壁肌理相统一，一般做法是使空间轮廓边缘与肌理投影线平行

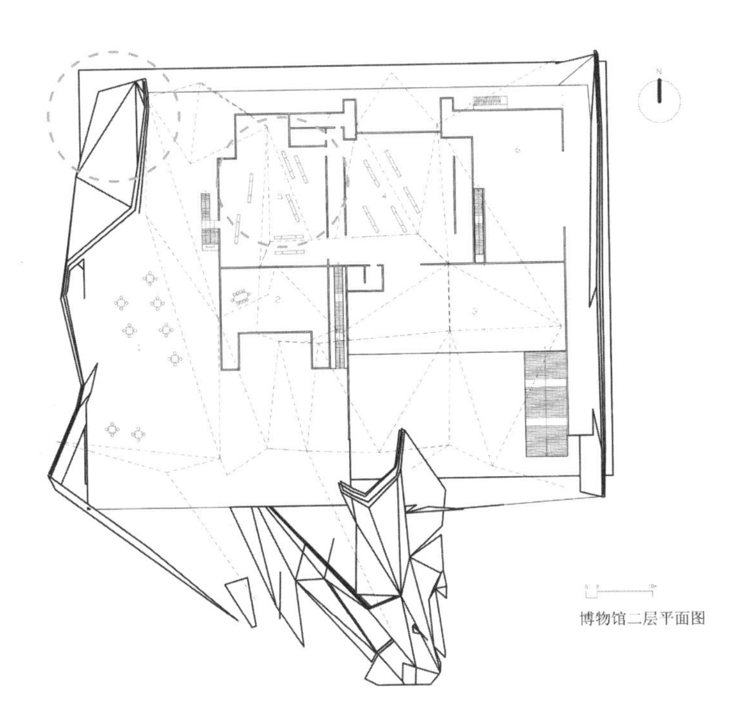
博物馆二层平面图

建筑形态外壁在平面图表达中应当有明确的建筑内、外空间关系的表达，形态边缘应有完整的图形边界线表示

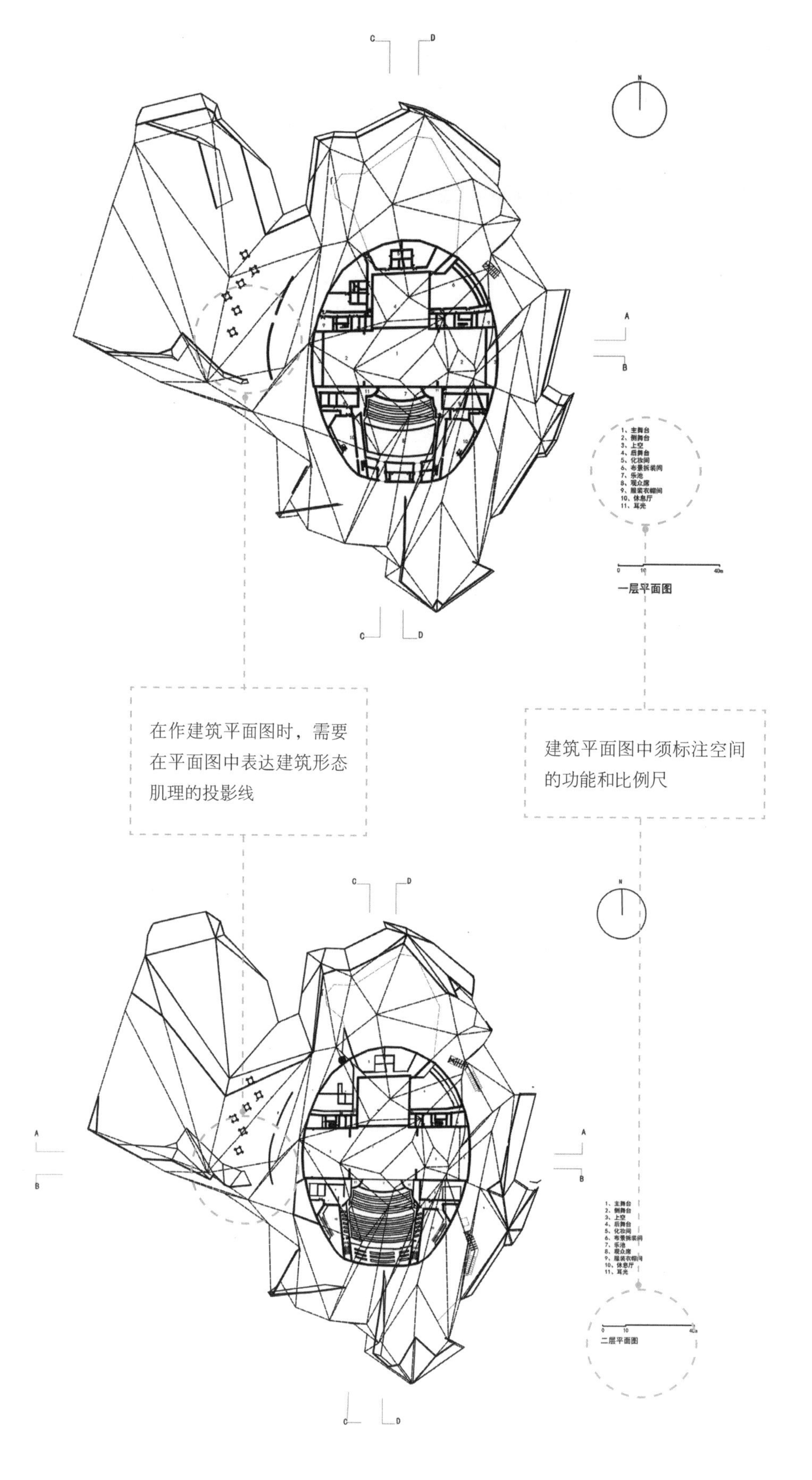
1、主舞台
2、侧舞台
3、上空
4、后舞台
5、化妆间
6、布景拆装间
7、乐池
8、观众席
9、服装衣帽间
10、休息厅
11、耳光
一层平面图
在作建筑平面图时，需要在平面图中表达建筑形态肌理的投影线
建筑平面图中须标注空间的功能和比例尺
1、主舞台
2、侧舞台
3、上空
4、后舞台
5、化妆间
6、布景拆装间
7、乐池
8、观众席
9、服装衣帽间
10、休息厅
11、耳光
二层平面图

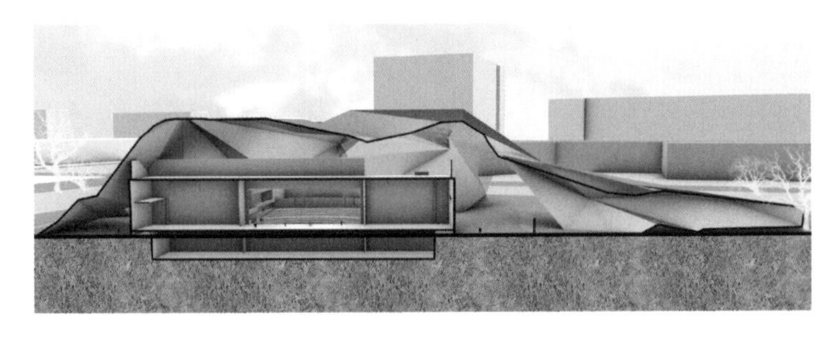

B—B 剖面图讲评：剖面图缺比例尺，无法表达建筑尺度，此外，需要绘制出地下空间

C—C 剖面图讲评：绘制剖面图时，应将建筑形态中被剖到的壳壁表达出来

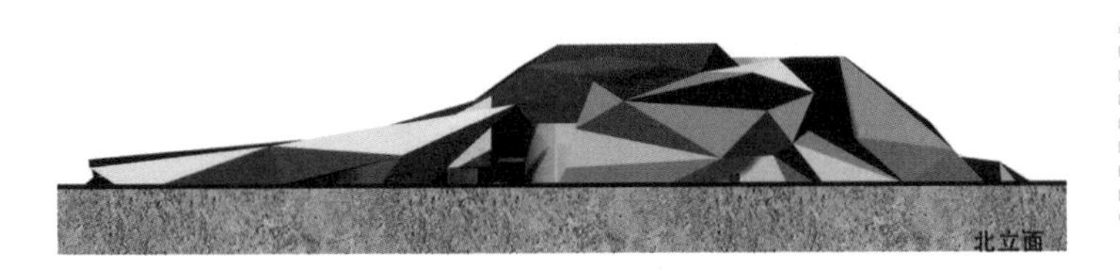

建筑立面图讲评：立面图缺比例尺，建筑形态表面需要表达出玻璃幕墙

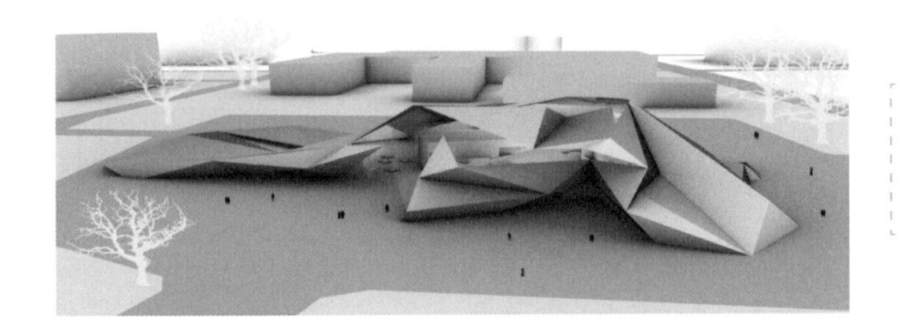

建筑鸟瞰图讲评：须表达周边建筑、道路

课后练习

1. 根据课上讲评，对建筑图作进一步修改。

2. 选取能够表达丰富建筑空间的视角进行室内效果图的渲染。

3. 每个方案都在 A1 图纸上排版（每个方案不少于 2 张图纸）。

4. 3D 打印建筑模型（第 12 周完成，课上讲评）。

练习成果要求

1. 3D 打印的建筑模型尺寸一般不小于 20cm×20cm×20cm，模型太小无法表现内部空间。

2. 3D 打印模型要能够将建筑剖开，将建筑内部空间一并打印完整。

3. 3D 打印模型完成后需要拍照，单独在一张 A1 图纸上排版表现。

4. 图纸排版需要用 InDesign 软件完成，并应在图纸上按照比例网格进行构图。

注意事项

1. 老师讲评时，应对每张图纸进行讲评，并提出有针对性的修改建议。

2. 每张建筑图都应当与建筑模型的表达相一致。

第 11 周

11-2

课上评图，课后修改图纸

授课形式

线下、线上两种授课方式均可。

授课内容

老师进行图纸讲评，并提出修改建议。

教学目标

检查上节课图纸讲评后的修改情况，通过讲评排版提高同学们的图纸表达能力。

建筑鸟瞰图表现范围偏大，导致剧院建筑所占版面比例偏小，不够突出；建筑形态的丰富性未能得到充分表现

建筑立面图、剖面图中主体建筑与背景的图底关系不清，须增加两者的差异；缺少比例尺，导致建筑尺度不清；建筑剖面图中形态外壁剖到的部分未着重表现；立面图和剖面图所占版面边缘与图纸顶部鸟瞰图两侧边缘没有对齐

标题字置于建筑总平面图之上导致不够清晰，同时字号偏大

建筑总平面图范围偏大，导致主体剧院建筑在图中不够明显，建议将表达范围缩小；通往剧院建筑的场地入口未表达

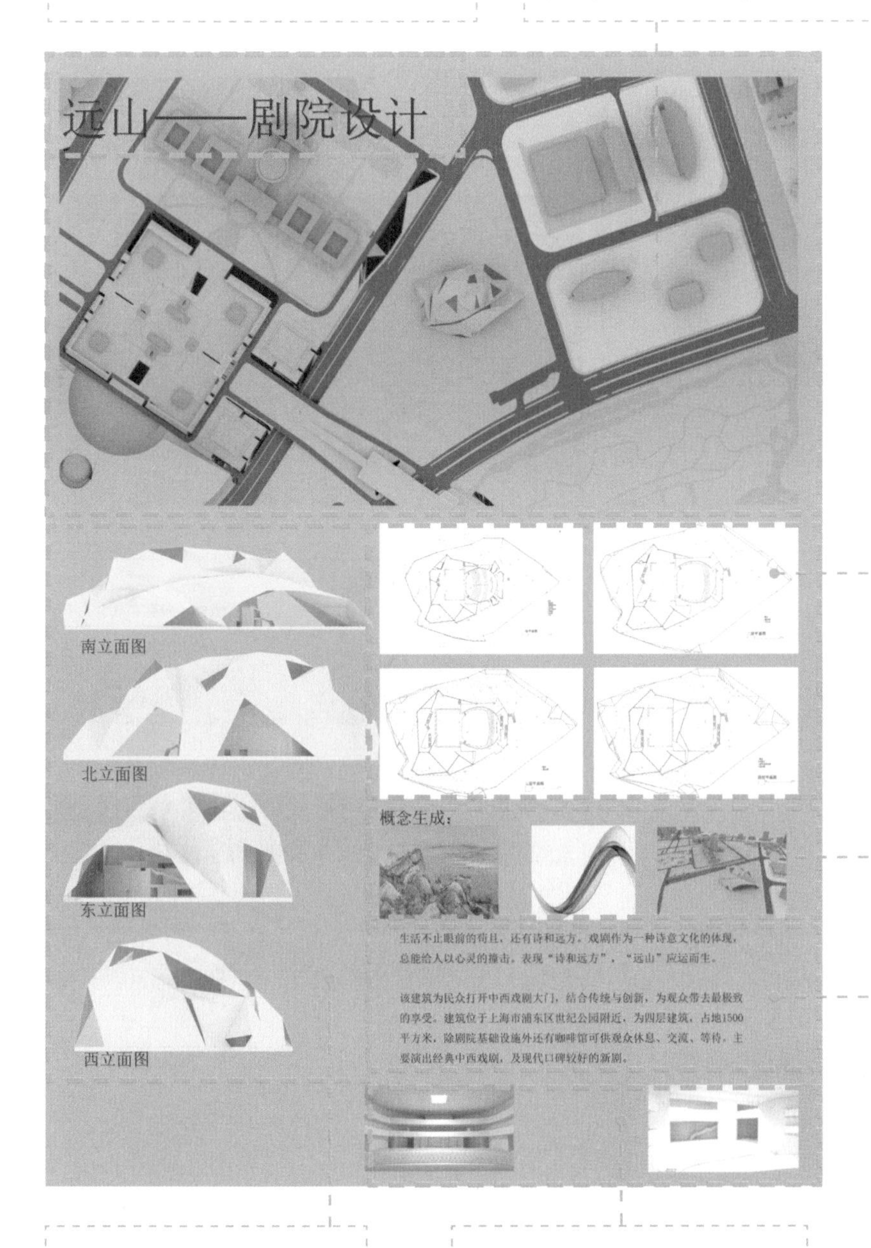

建筑平面图在整个版面中所占比例偏小，平面图中的建筑细节不能充分表现出来，建议将平面图放大，以充分表现建筑空间

概念生成图表达缺少逻辑性，未将建筑形态生成过程表达清晰

设计说明文字的版面与上下两端的建筑图未对齐

建筑立面图中没有表达地面线、比例尺；所占版面底边与图纸右侧图纸底边未对齐

室内透视图没有充分表现空间形态的丰富性，应选择能够表现空间丰富性的视角进行表现

课后练习

根据课上讲评，课后修改图纸，尤其是图纸的排版问题。

练习成果要求

针对每个建筑图的细节表达和图纸排版问题，进行最后一次修改。

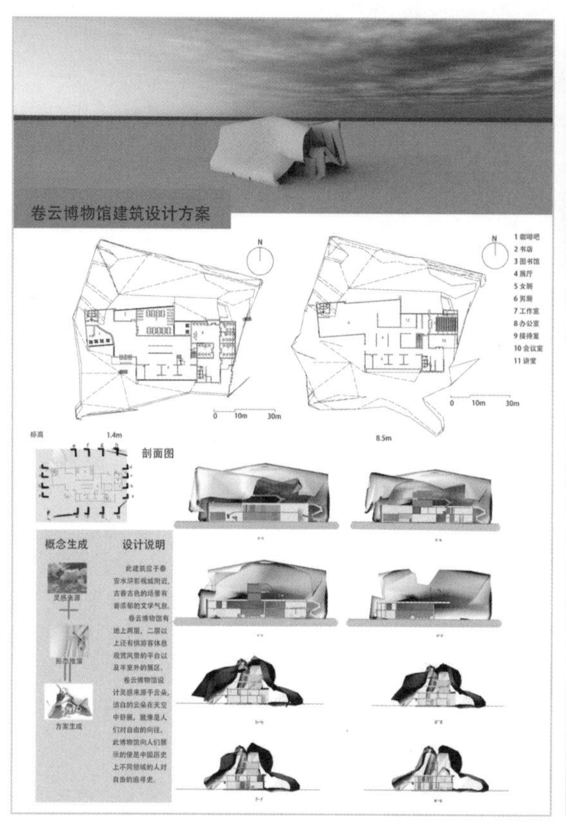
卷云博物馆建筑设计方案
N
1 咖啡吧
2 书店
3 图书馆
4 展厅
5 女厕
6 男厕
7 工作室
8 办公室
9 接待室
10 会议室
11 讲堂
0 10m 30m
标高 1.4m
8.5m
剖面图
概念生成
灵感来源
形态推演
方案生成
设计说明
此建筑位于泰安水浒影视城附近，古香古色的场景有着浓郁的文学气息。
卷云博物馆有地上两层，二层以上还有供游客休息观赏风景的平台以及半室外的展区。
卷云博物馆设计灵感来源于云朵，洁白的云朵在天空中舒展，就像是人们对自由的向往。此博物馆向人们展示的像是中国历史上不同领域的人对自由的追寻史。

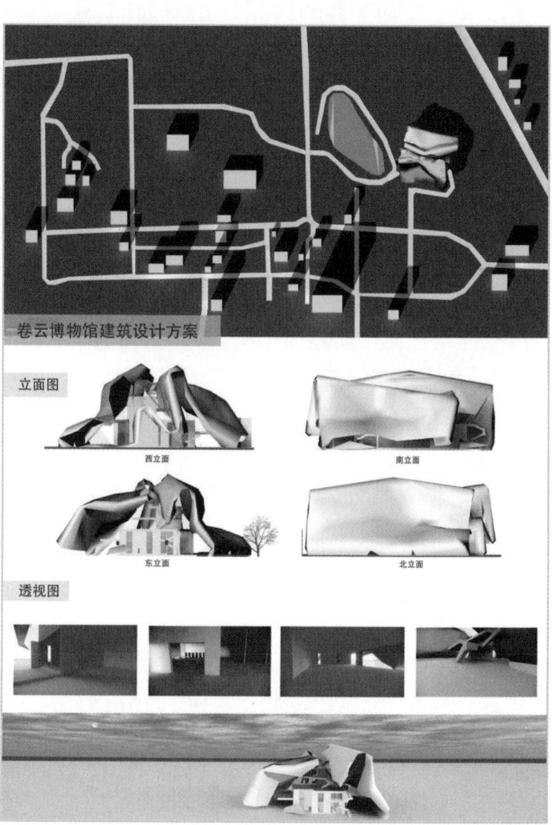
卷云博物馆建筑设计方案
立面图
西立面
南立面
东立面
北立面
透视图

设计：李凡

砾尘 黄河三角洲博物馆建筑设计方案

设计理念

“青石一两片，白莲三四枝“本意是希望建筑尽可能地不破坏黄河三角洲的自然风光，使建筑与环境相融合，黄河三角洲多为以沙砾为主要构成物的湿地，又联想白居易《莲石》中诗句，将建筑抽象为砾石，以与自然相融合的方式，体现对自然的敬畏；同时砾石本为尘埃聚集之物，借此寓意呼吁人们贡献一己之力，同护黄河三角洲生态环境。

位置及环境

位于黄河三角洲湿地保护区内，周围有少量保护区基础建筑，自然环境优美。

建筑面积与层数

5000m²

共四层

概念生成

 + 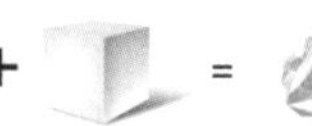 =

立面图

北立面

南立面

东立面

西立面

黄河三角洲博物馆建筑设计

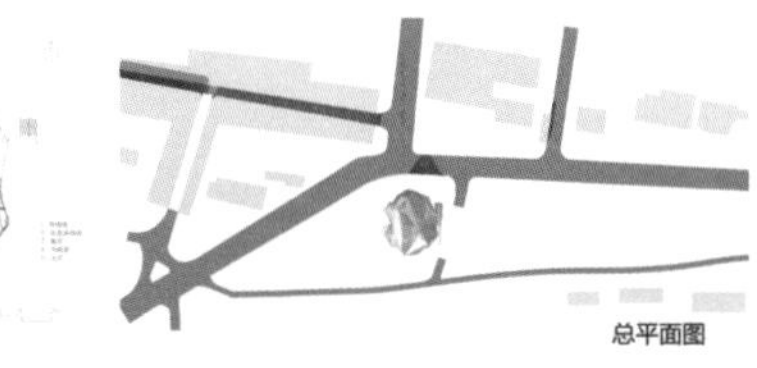

总平面图

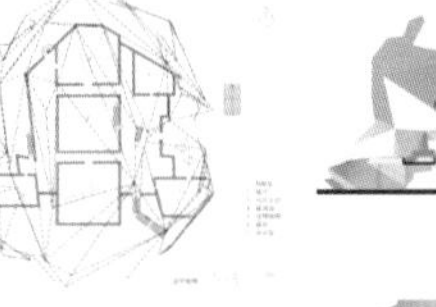
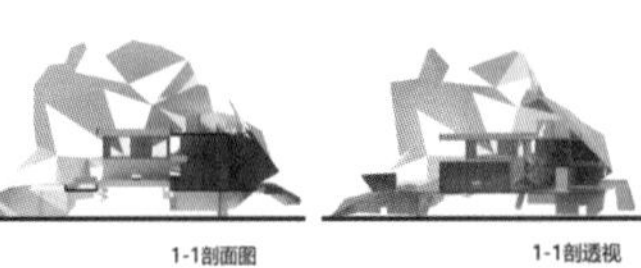

1-1剖面图 1-1剖透视

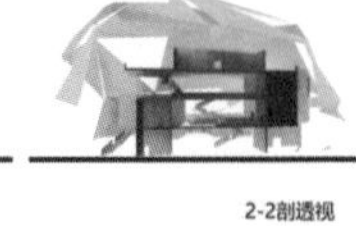

2-2剖面图 2-2剖透视

3-3剖面图 3-3剖透视

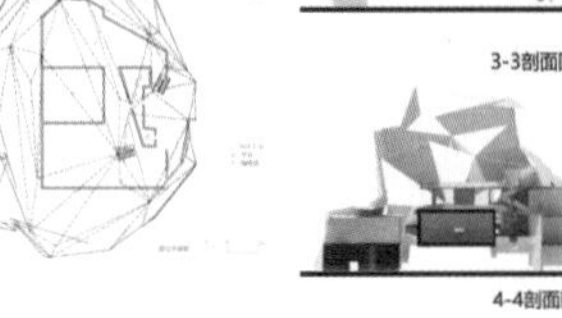

4-4剖面图 4-4剖透视

设计：石丰硕

第12周
12-1

评图并布置方案设计任务

教学目标

通过对两个练习建筑方案的讲评，了解同学们对形态与观念赋予设计法的掌握程度，提炼这一设计法的训练要点。

授课内容

1. 图纸讲评。

2. 阶段性练习总结。

3. 布置书吧设计任务。

4. 讲授使空间形态适应矩形建筑场地平面的方法。

书吧设计要求

1. 总体要求。

（1）场地与功能分析。

分析给定的两块建筑用地的优缺点，从朝向、景观、流线等角度加以对比研究。

（2）空间和流线组织。

从空间构成的角度对空间进行恰当的围合、分隔、组合等处理，使空间的设定适用于指定的功能，并最终形成合理且富有逻辑性和趣味性的空间。设计中应注意利用顶界面、侧界面、底界面在二维向度内对空间进行限定与提示。空间的划分、围合要与使用功能相符，并便于使用，空间序列应丰富、有序、具有趣味性。

（3）建筑形态推敲。

建筑形态来源于自由的物质存在，如何让这种自由的空间形态与建筑功能有机融合成为一座完整的建筑是本次训练的重点，同时设计也要兼顾建筑内部空间组织和采光通风需求，以及人在外部场地的感受。

（4）设计表达。

正确掌握门、窗、楼梯等建筑要素在建筑制图中的表达。

2. 具体要求。

（1）场地特征：临水地段。

选取北方某城市老城片区临水地段的两块用地，两块用地均毗邻湖面，通过步行道与城市道路相连，主要人流集中在湖面西侧道路上。用地周边均为高4m左右的单层建筑，基地里的树木根据方案选择性保留。

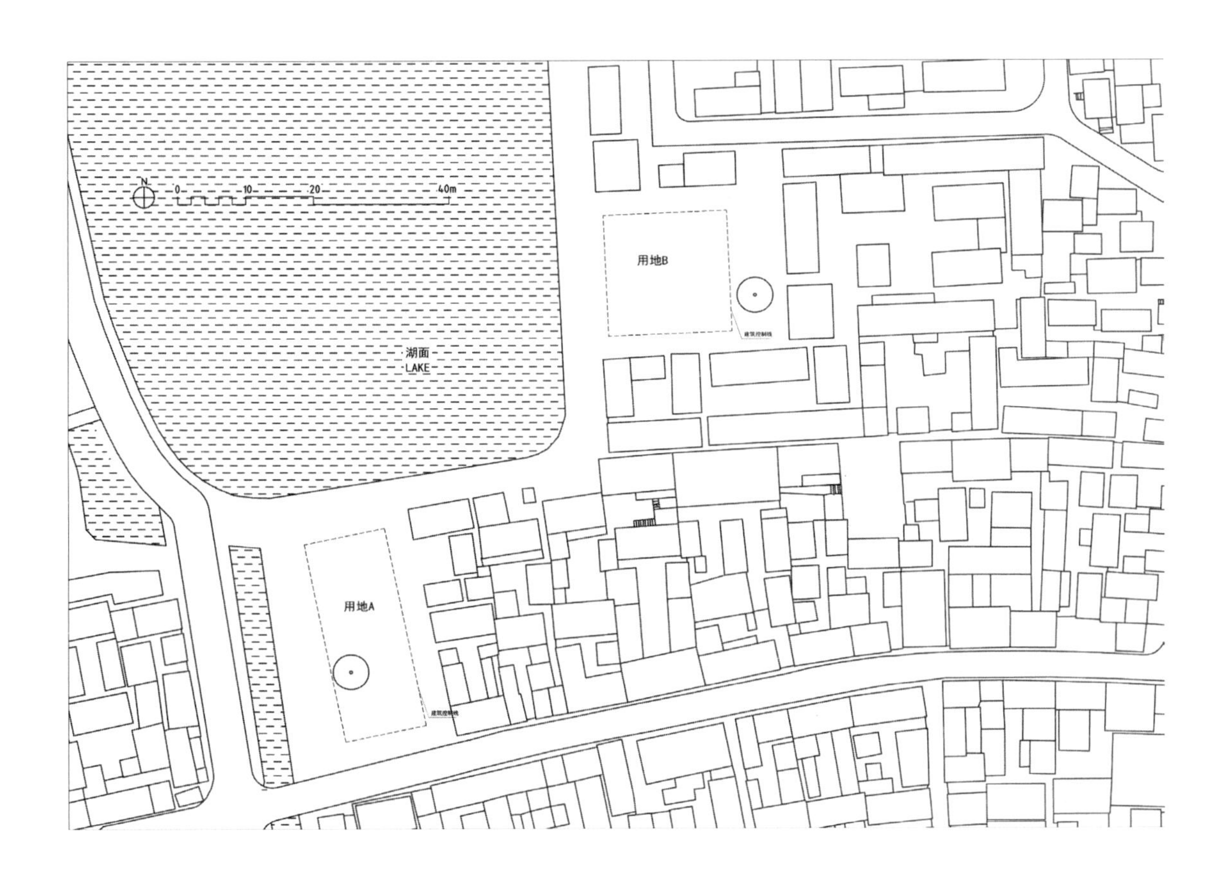

（2）功能使用要求：城市书吧。

拟建一座供游人和市民会聚、交流、休闲的书吧。功能包括：

• 开放空间

阅览区至少108m²（其中需要有至少30m²的两层通高空间）；开架书库区至少108m²；门厅前台区面积自定，开放空间可兼作交通空间。

• 限定空间

讨论区36m²；新书展示区50～75m²。

• 封闭空间

办公室9m²×2（可分可合）；卫生间9m²×2（允许是黑房间）；茶水间9m²；杂物间9m²；楼梯间、走廊等交通空间；总建筑面积在 650m² 左右。

（3） 限定条件。

用地：地块 A 建筑红线为 12m×3m，地块 B 建筑红线为 18m×18m。

垂直交通：楼梯踏步高 150 ~ 175mm，踏步宽 260 ~ 300mm。

空间：地块 A 的建筑高度不超过 12m，地块 B 的建筑高度不超过 18m，层高和层数自定。女儿墙高 600mm，若上人则应为 1200mm。

气候边界：建筑应该具有完整明确的气候边界。

3. 设计成果。

（1）模型。

模型比例不小于 1：200，需要 3D 打印模型。

（2）图纸。

以总平面图、平面图、剖面图、立面图、模型照片，以及能够表达整体空间关系的轴测图或透视图等为主。建议比例：总平面图 1：300，平面图、剖面图 1：100 ~ 1：150，根据版面调整。其他图纸比例依据构图自行设定，表达方式不限。

（3）图幅。

标准 A1 图幅，数量自定。

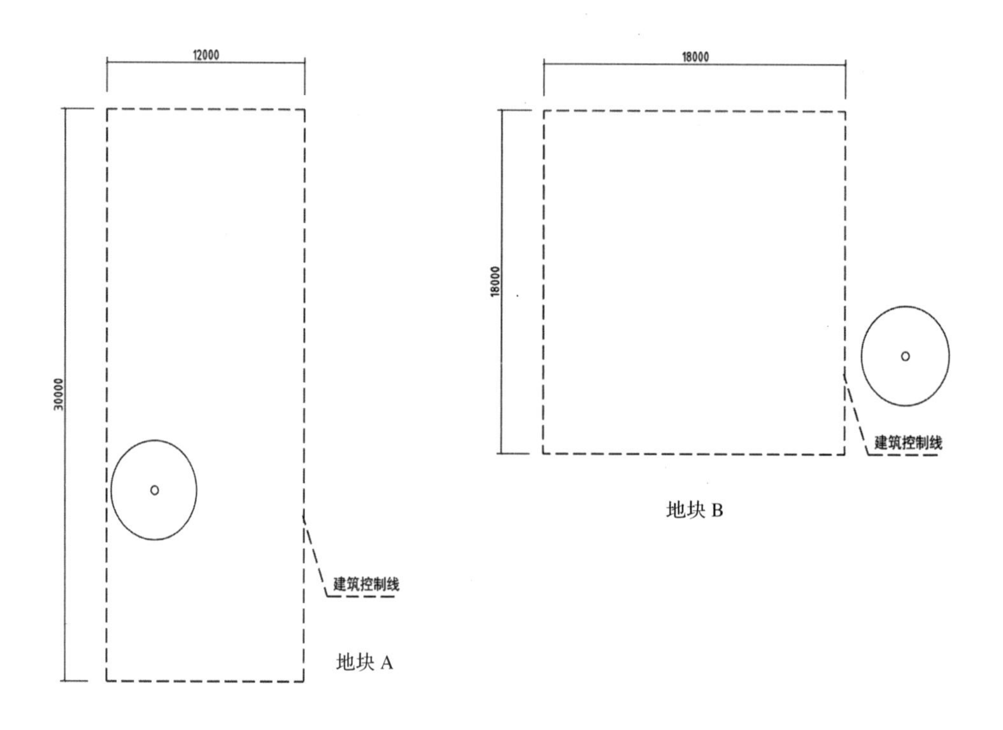

课后练习

1. 按照“切削法”分别在不同建筑红线范围内，用建筑红线对空间形态进行切削。

2. 每位同学选取两个空间形态模型，按照书吧设计要求进行建筑功能赋予。

3. 最后分别制作两个方案的动画和模型。

练习成果要求

1. 从之前获取的 25 个空间形态模型中选取 2 个进行书吧方案设计。

2. 每个空间形态模型在被建筑红线“切削”时，应至少保证 1 ～ 2 个形态侧面被切到。

3. 书吧建筑层数为地上 2 ～ 3 层。

4. 形态内部要能够展示空间的丰富性。

注意事项

在对空间形态进行功能赋予之前，可以先去查找与书吧相关的建筑案例，如书店、阅览室等，然后将建筑案例平面用 CAD 描绘出来，最后在描绘后的 CAD 平面中，按照本次书吧设计的要求修改相应建筑功能。

第 12 周
12-2

讲评建筑动画、模型，课后进行地下空间设计训练

教学目标

通过动画和模型讲评，检验同学们利用建筑红线“切削”空间形态的训练成果，了解形态模型内部空间的利用情况。

授课内容[1]

1. 每位同学展示自己的动画和模型。

2. 老师针对每个方案的动画和模型进行讲评。

方案讲评

方案一操作 1 讲评：从扫描获取的空间形态模型中选取适合方形用地范围的形态模型

方案一操作 2 讲评：将空间形态模型按照比例缩放到建筑红线范围内，然后按照平面投影对应建筑红线，将超出红线范围的部分进行“切削”，保留红线范围内的空间形态模型

1. 详见广西师范大学出版社《自由的形态》第五章内容。

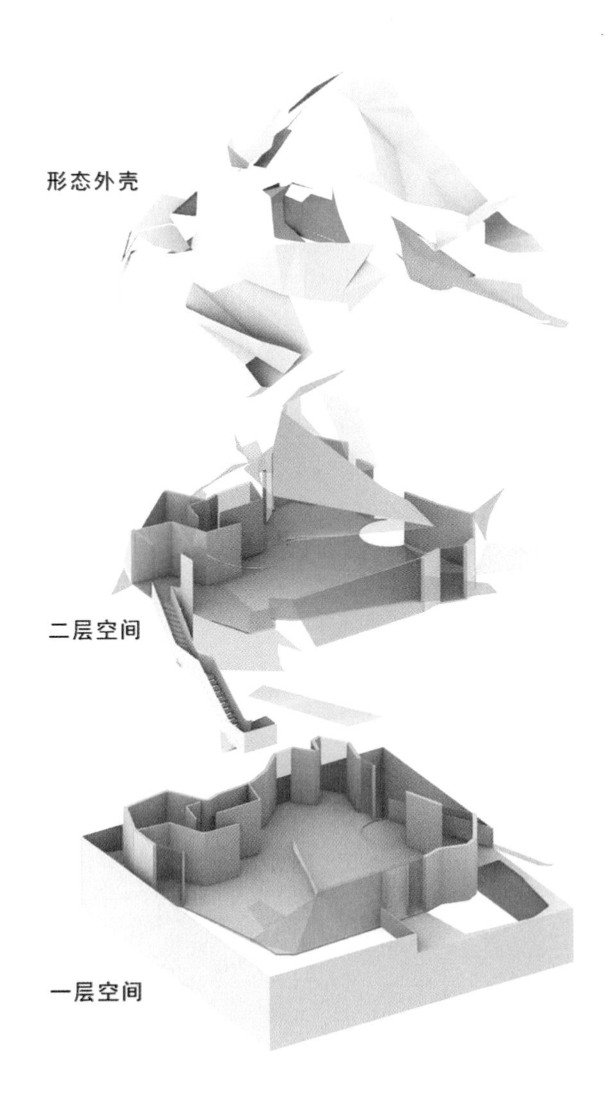

方案一操作 3 讲评：在保留的空间形态内按照设计任务参考书吧功能平面，进行功能空间的初步布置

课后练习

1. 修改动画、模型。

2. 在原有模型基础上增加地下一层空间。

3. 绘制建筑各层平面图、剖透视图、分层轴测图。

练习成果要求

1. 地下室内空间的设计方法是利用地上空间形态进行地面镜像后得到的。

2. 地下空间需要结合地下室内空间设计下沉院落空间。

3. 地下空间应考虑与地上各层以及地面场地的空间连续性。

4. 每张建筑图需要单独在 A3 图纸上完成。

注意事项

1. 老师讲评时应将整体建筑形态的丰富性作为评价标准。

2. 老师讲评模型时应注意形态模型“切削”部位的效果以及“切削”方法是否准确。

3. 对于被赋予建筑功能后的形态空间模型，其评价标准依然以内部空间的丰富性作为依据。

4. 空间“三要素”（楼梯、坡道、共享空间）在建筑内部要有应用。

第 13 周
13-1

讲评建筑动画、图纸，课后修改动画和模型

教学目标

通过讲评动画和图纸，一方面检验建筑空间的修改和完善情况，其内部空间是否具有丰富性；另一方面，检验增加的地下空间的空间效果。

授课内容

1. 学生展示修改后的建筑动画、图纸。

2. 老师对每个方案的动画、图纸进行讲评。

3. 讲授建筑功能空间与形态空间的融合方法，即墙体按照形态肌理“法线”布置。

方案一动画讲评： 地下空间包括室内空间和室外下沉广场，两者之间有较好的空间连续性，后者需要有通往地面的楼梯，增加空间趣味性和可达性

方案一模型剖面讲评：地下一层室内空间形态是将一层空间沿地面镜像获得的，然后进行上下层空间打通，增加室内外空间的联系

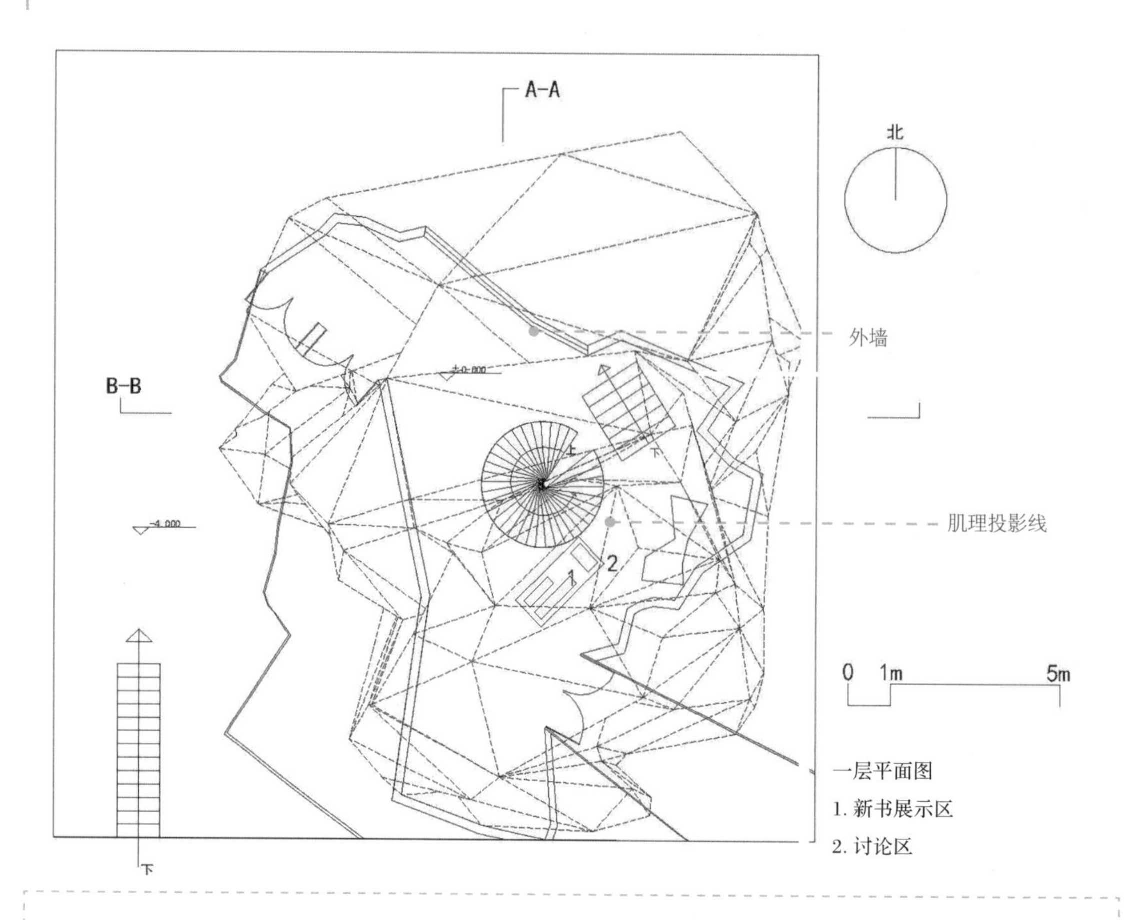

方案一平面图讲评：这节课中要求平面图内不需要进行家具布置，但需要标注功能，并将形态外壳肌理的投影用虚线表达出来，外墙要形成完整的围合空间

方案二动画鸟瞰效果

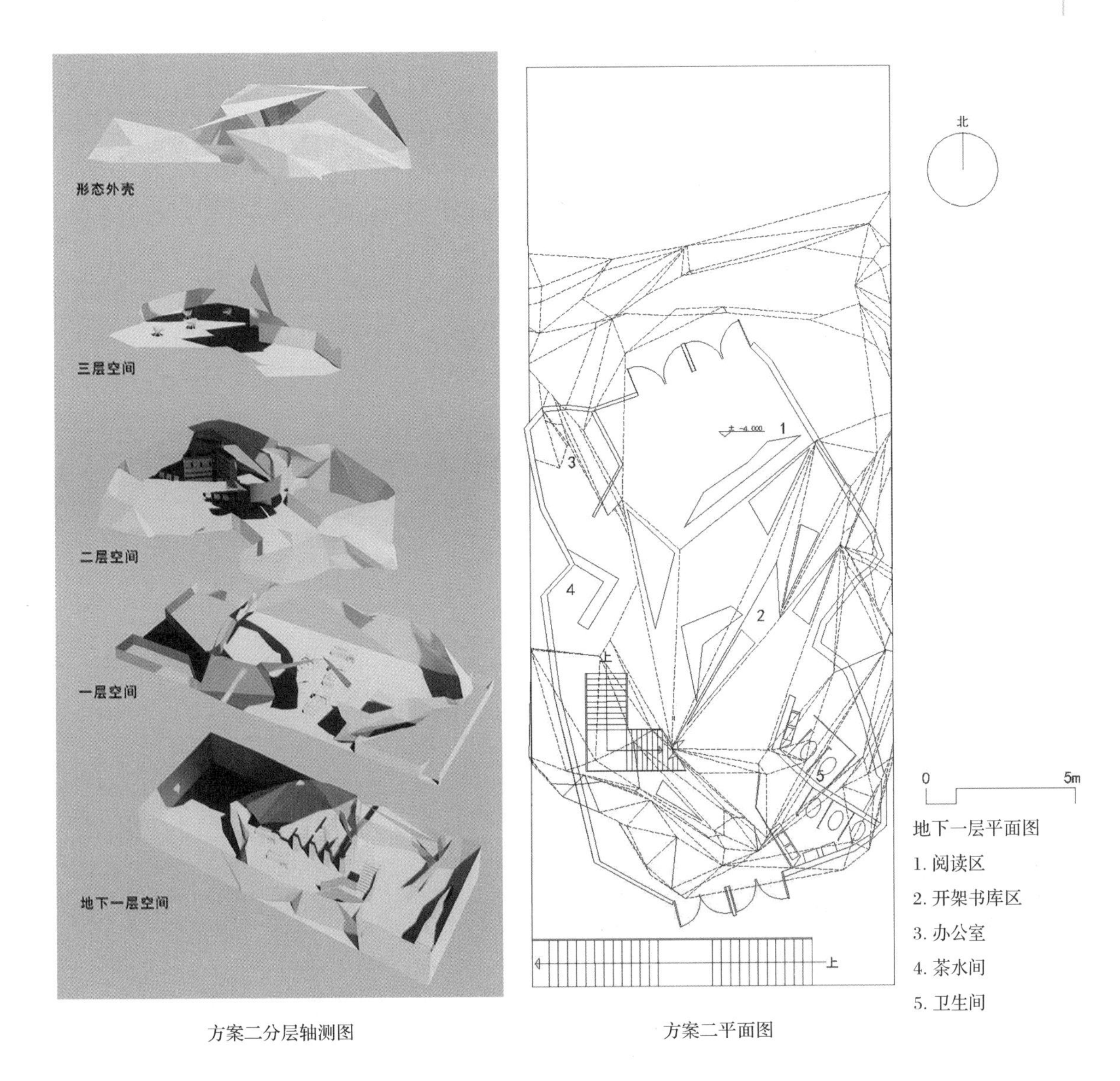

方案二分层轴测图

方案二平面图

课后练习

1. 修改动画、模型。

2. 练习建筑功能空间与形态空间融合方法。

练习成果要求

1. 注意下沉院落空间与地面室外空间的连续性。

2. 注意地下空间与下沉院落空间的连续性。

注意事项

1. 老师讲评时，尤其要注意地下室内空间与地上各层空间及下沉院落的连续性。

2. 地下室内空间需要保证充足的自然采光。

第 13 周
13-2

讲评动画，课后修改动画，梳理功能流线并绘制建筑图纸

教学目标

通过动画、模型讲评，检验地下空间的修改以及建筑功能空间与形态空间的融合情况。[1]

授课内容

1. 学生展示修改后的建筑动画、模型。

2. 老师对每个方案的动画、模型进行讲评，尤其是针对建筑功能空间与形态空间的融合，以及地下空间与地上各层空间的衔接问题。

3. 讲授家具、使用设施的布置方法。

建筑动画中“切削”立面的讲评： 将建筑红线“切削”到的切面位置封装完整，然后按照内部空间的功能要求设计玻璃幕墙或实墙面

退让空间讲评： 功能空间与形态外壁退让后能够展现的空间效果

“碰撞”空间讲评： 功能空间与形态外壁“碰撞”后能够展现的空间效果

1. 详见广西师范大学出版社《自由的形态》第六章内容。

下沉广场动画讲评： 下沉庭院要与室内地下空间有交通和空间连续性，并且室外有通往地面的室外楼梯，提升下沉庭院的可达性；院落侧边周围要设置防护板，以防使用者跌落

楼梯护栏讲评： 楼梯两侧护栏统一要求设计为栏板形式，高度应符合建筑设计的规范要求，厚度建议为 50 ~ 100mm

共享空间讲评： 将建筑各层空间上下贯通，形成共享空间，并在这一空间内设置楼梯或坡道，将其连通，形成较为丰富的空间趣味性

形态外壳讲评： 建筑形态的外壳根据室内功能空间的使用要求可做采光设计

课后练习

1. 根据课上讲评修改建筑动画、模型。

2. 梳理功能流线，并在模型中布置家具、设施。

3. 绘制建筑平面图、剖面图。

练习成果要求

1. 在模型中布置家具、设施时应按照形态肌理的“法线”布置。

2. 家具和设施的布置不应过多，避免对空间形态的丰富性造成干扰。

3. 每个建筑图分别在 A3 图纸上表现。

第 14 周 14-1

讲评动画、图纸，课后深化图纸，打印 3D 建筑模型

教学目标

通过动画、图纸讲评，梳理功能流线，检验家具、设施的布置情况。

授课内容

1. 讲评动画、图纸，尤其注意建筑平面图中功能空间墙体是否依照形态肌理的“法线”进行布置。

2. 通过图纸讲评，梳理建筑功能流线，检验家具、设施的布置情况。

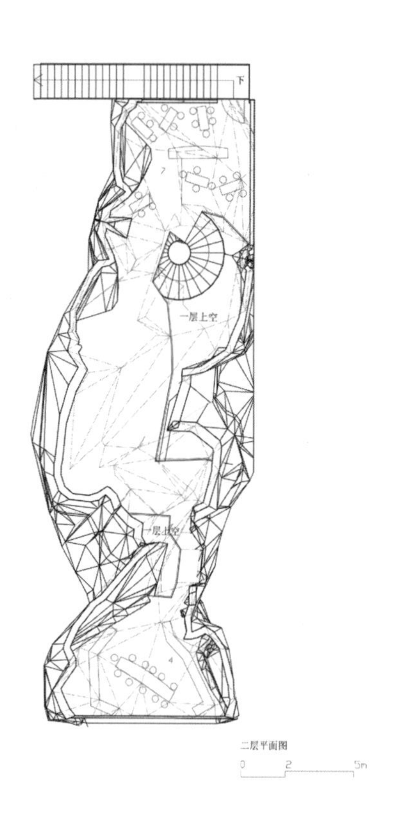

上
次入口
下
主入口
次入口
院落上空
一层平面图
0 2 5m

1 前厅
2 新书展示区
3 讨论区
4 阅览区
5 办公室
6 卫生间
7 咖啡厅

建筑二层平面图讲评： 建筑平面图中注意直跑楼梯、旋转楼梯、共享空间表达的准确性和规范性

建筑一层平面图讲评： 在建筑平面图中，家具等使用设施应顺应建筑外壳肌理的投影线进行布置

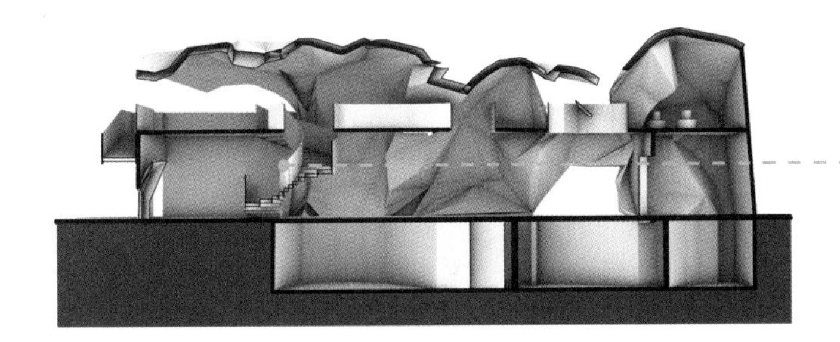

剖面图讲评：建筑外壳剖断面和楼梯梯段剖断面都应表达结构厚度

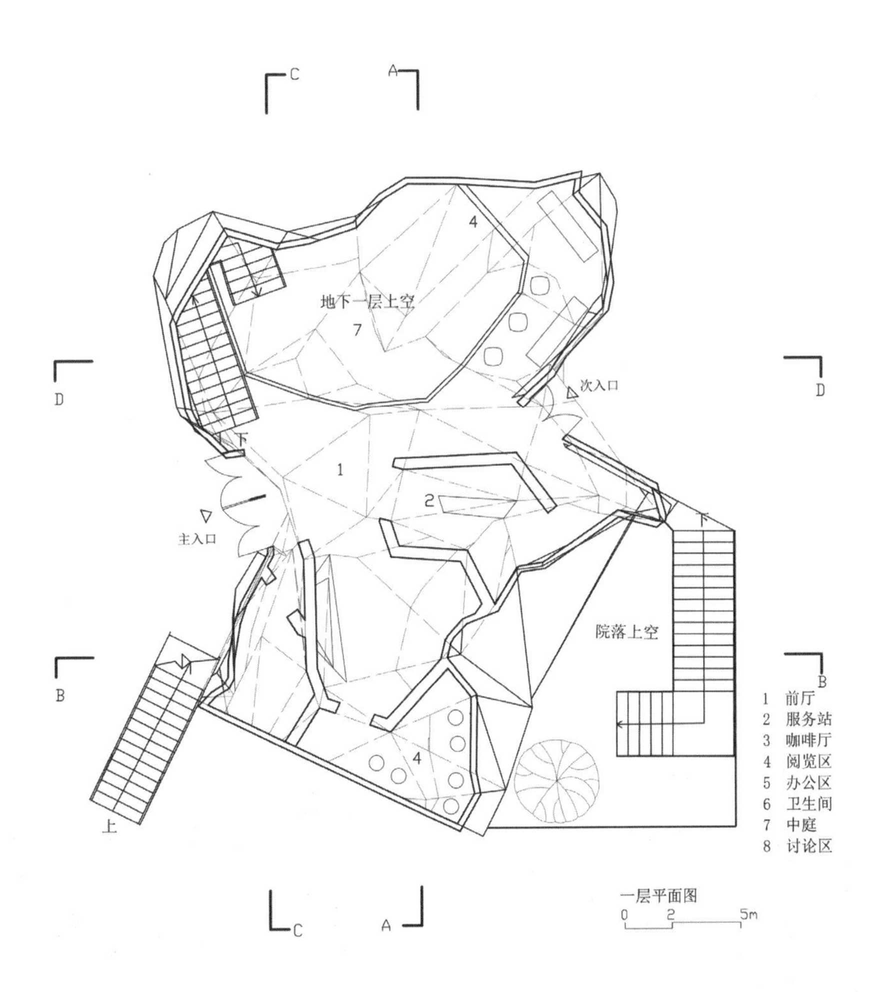

方形建筑红线内书吧一层平面图

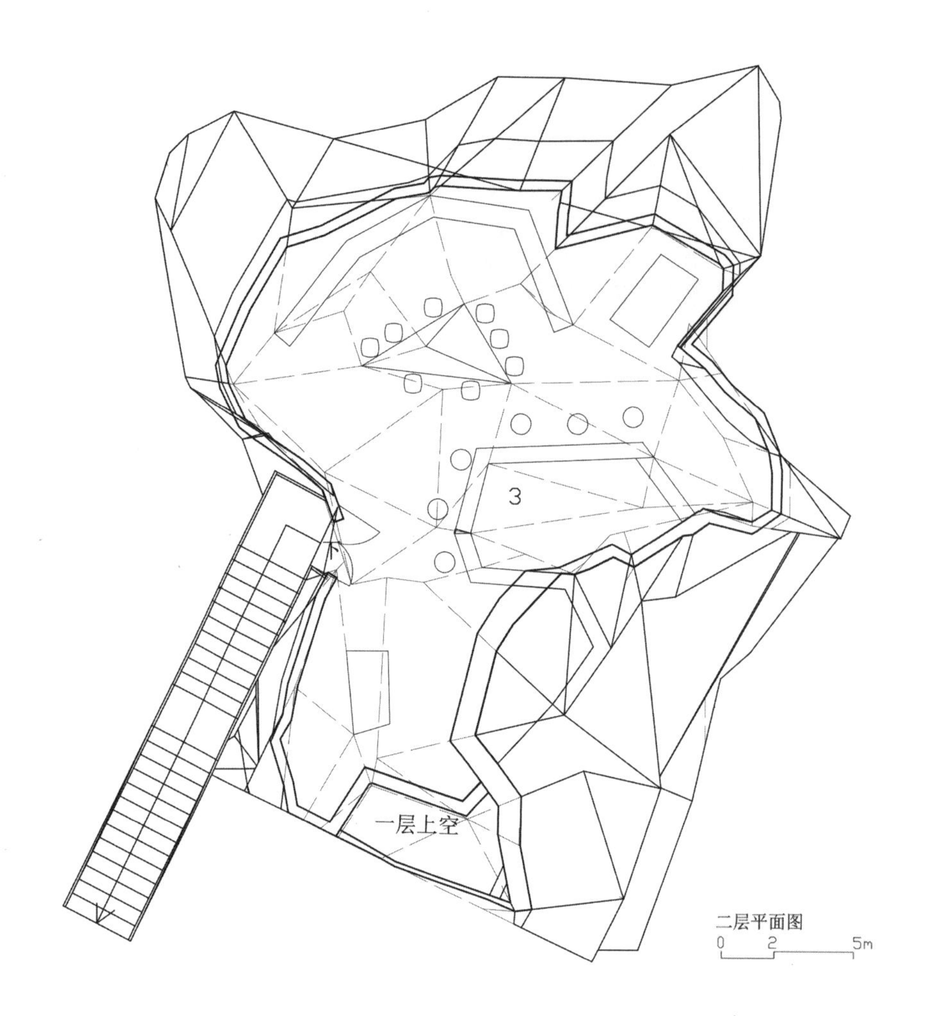

方形建筑红线内书吧二层平面图

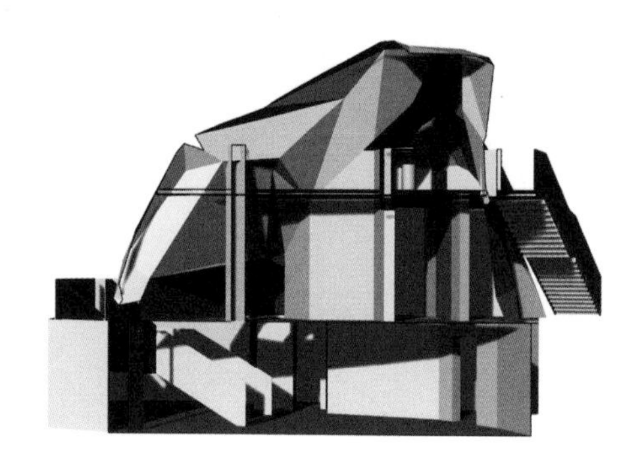

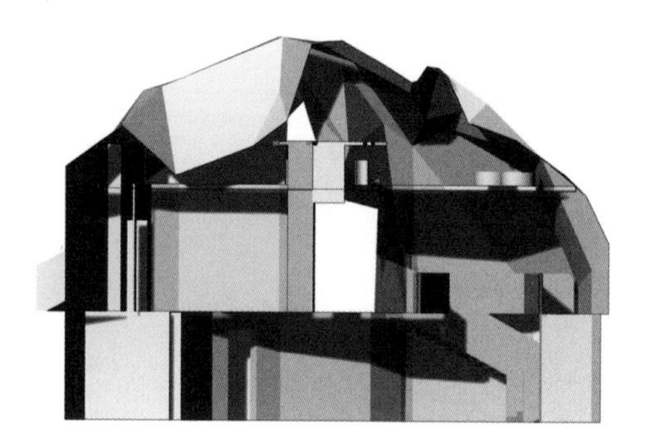

剖面图讲评： 建筑外壳、楼梯梯段、楼板的剖断面表达出结构厚度，地下空间侧墙壁、底板剖断面同样应表达结构厚度，地下空间周围的埋置土层也应表达出来

课后练习

1. 在动画中修改家具、设施的布置。

2. 根据课上讲评，在图纸上修改建筑功能流线和家具、设施布置。

3. 完成建筑平面图、剖面图、分层轴测图、立面图、室内效果图、剖透视图、透视图的绘制。

练习成果要求

1. 每个建筑图要在 A3 图纸上表现。

2. 室内效果图、剖透视图、透视图的视角应能够体现建筑空间形态的丰富性。

3. 分层轴测图中各层应用竖向虚线连接，每层应标注层数。

4. 3D 打印模型尺寸不小于 20cm×20cm×20cm。

注意事项

建筑功能流线从建筑整体上符合书吧功能要求即可，不应因功能流线调整对空间形态进行较大修改。

第 14 周
14-2

评图，课后深化图纸

教学目标

通过图纸讲评，指出各建筑图中的问题，提高建筑图纸表达的准确性和艺术性。[1]

授课内容

讲评图纸，按照建筑方案图的制图规范讲评图纸的表达。

家具布置讲评：利用建筑外壳肌理投影线生成的室内家具，使其形式与空间形态较好地融合

家具布置讲评：室内家具布置应注意空间尺度合宜，此处空间高度低于人体尺度，不宜布置桌椅

1. 详见广西师范大学出版社《自由的形态》第七章内容。

家具布置讲评： 具体形式应当与空间形式相协调，此处家具细节烦琐，与周围空间形式不统一

家具布置讲评： 室内家具布置在顺应自由空间形态肌理的同时，还应当展现出室内空间形式的丰富性，因此家具自身形式力求简洁，以凸显空间形态作为重要的考虑要素

家具布置讲评： 家具布置应当顺应空间形式，此处的书架破坏了空间的连续性和完整性，未能展现空间形态的丰富性

课后练习

根据课上讲评，修改完善图纸。

练习成果要求

1. 平面图：分粗、中、细三级线型，上部未剖到的部分在平面图中用点虚线表达出来。平面图每层标注标高，房间标注功能，一层平面图标注指北针、剖面图的剖切符号、楼梯的上下箭头和剖切符号，标注比例尺。

2. 总平面图：建筑层数标注清楚，周围环境（道路、高差、河流、配景等）表达清晰、完整，并标注指北针、比例尺。

3. 立面图：标注每个楼层的标高、建筑总标高、比例尺、图名，标注地面线，室内外要有高差。

4. 剖面图：剖到的部分要加粗，标注比例尺、图名，剖到的地面线和地下一层底板要表达出来，室内外要有高差表达。

5. 分层轴测图、透视图、剖透视图都可以作效果图。

6. 效果图：主要效果图一定要醒目，图面效果强。

7. 分层轴测图：去掉阴影。

8. 室内透视图：避免大而空，重点是表现室内空间。

第 15 周
15-1

评图，课后排版

教学目标

通过对图纸的进一步讲评，提高同学们表达建筑空间的准确性和完整性，增加同学们对建筑空间理解的深度。

授课内容

讲评图纸。

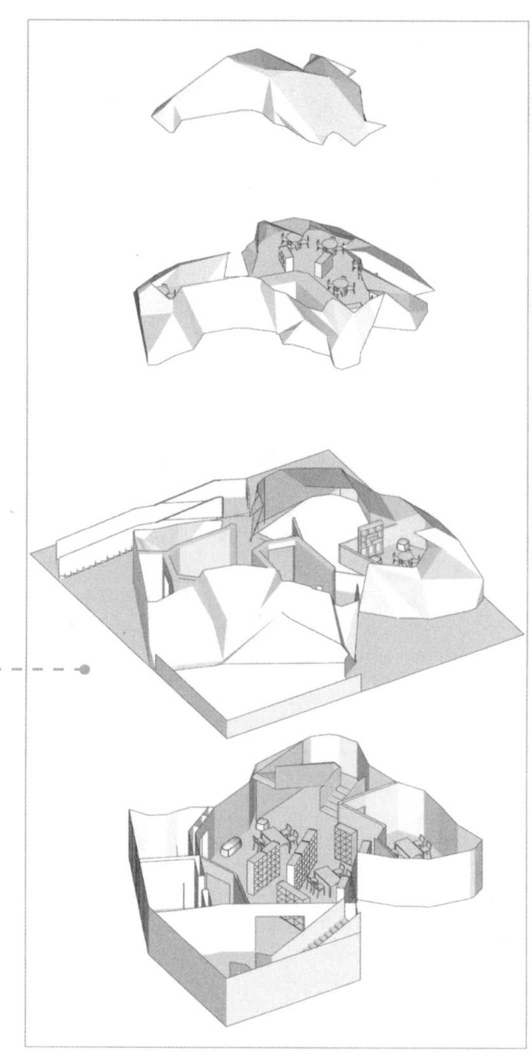

建筑分层轴测图讲评： 分层轴测图中每一层的空间形态都应该得到展示，同时每层空间都应标注层数

建筑剖透视图讲评： 在作剖透视图的室内效果图时，建议以一点透视视角来表现空间，因为倾斜视角会削弱室内空间的表现力

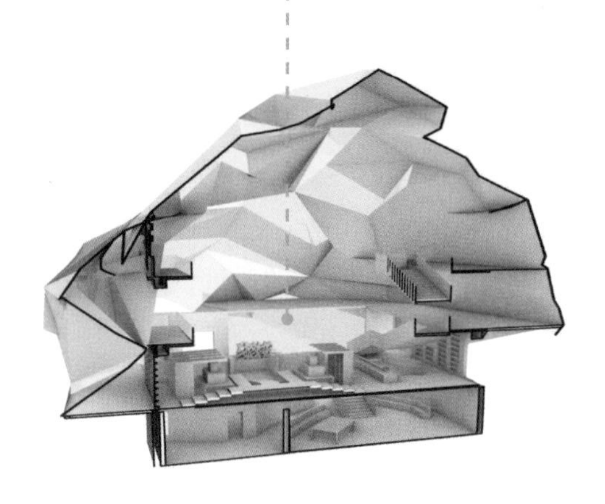

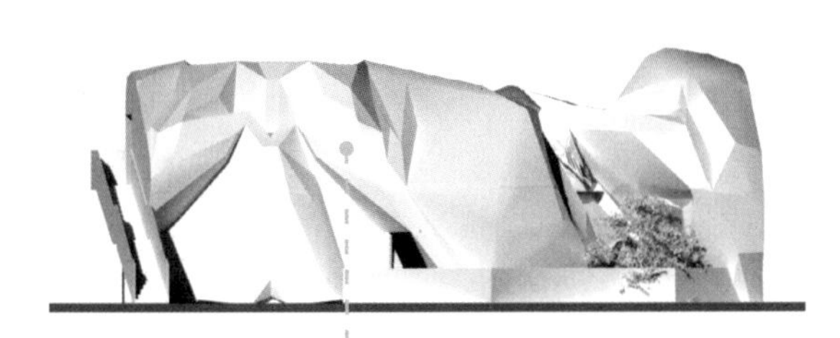

建筑立面图讲评：建筑外表面要能表现其肌理构成和光影关系

建筑立面图讲评：该图应取消透视视角，建筑立面图应是建筑正投影图

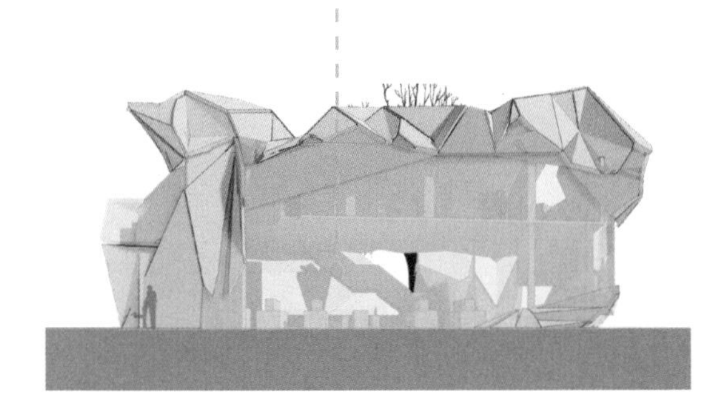

建筑剖面图讲评：建筑剖面图应能表现丰富的空间效果，该图应取消透视视角

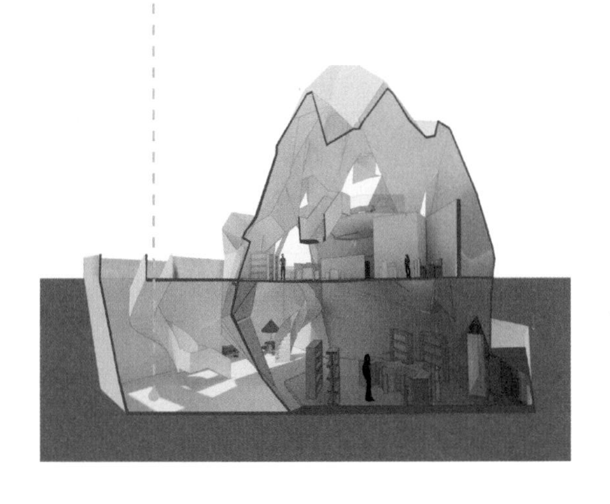

建筑分层轴测图讲评：这一阶段的分层轴测图不仅需要表达出各层建筑的空间关系，而且要表达出家具的布置

课后练习

1. 根据课上讲评，修改、深化图纸表达。

2. 图纸排版。

练习成果要求

1. 在 A1 图纸上排版。

2. 图纸排版需要按照严格的比例网格完成。

3. 每个方案不少于两张 A1 图纸。

4. 每张图纸上表达的信息应主次分明。

注意事项

1. 鼓励学生用剖透视图作建筑效果图。

2. 需要区分两个方案的表现风格。

第 15 周
15-2

评图，课后修改图纸排版

教学目标

检验图纸排版效果，并指出问题，进一步提升版面效果。

授课内容

讲评图纸。

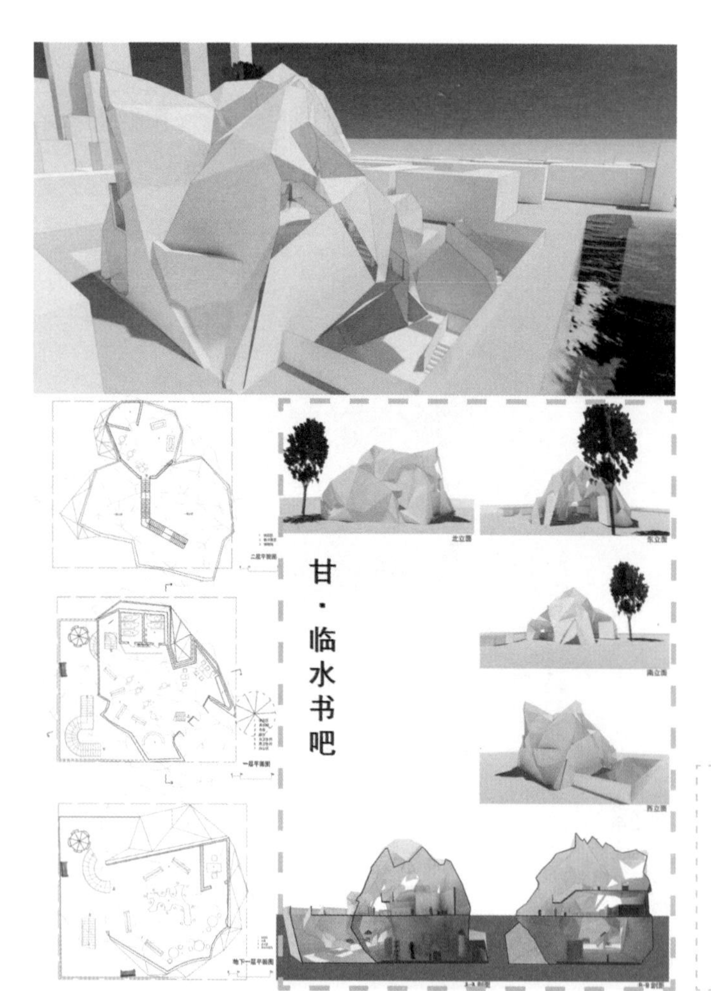

图纸讲评：在该版面中，建筑立面图应为正射投影图；建筑与树的比例不准确，从图面上看，树的尺度太大；同时这一版面中间部分较空，使得整张图纸版面效果不够紧凑

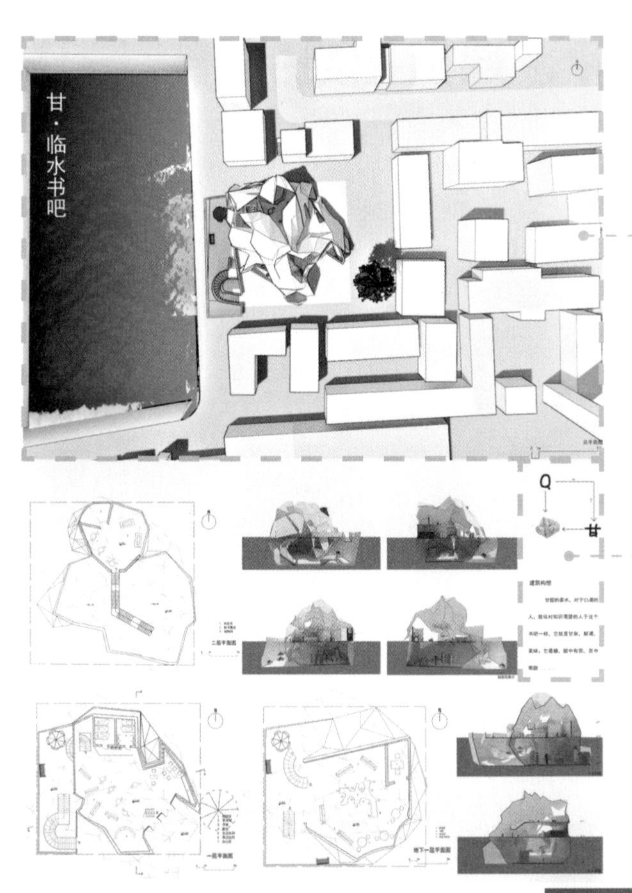

图纸讲评：在建筑总平面图中，主体建筑不够突出，可以简化周边建筑、水景的表现细节，使主体建筑得到更好的表现

图纸讲评：在设计说明文字中，图形和文字应该组成板块，目前两者上下分开，且图示说明缺少细节，文字说明应尽量表述准确

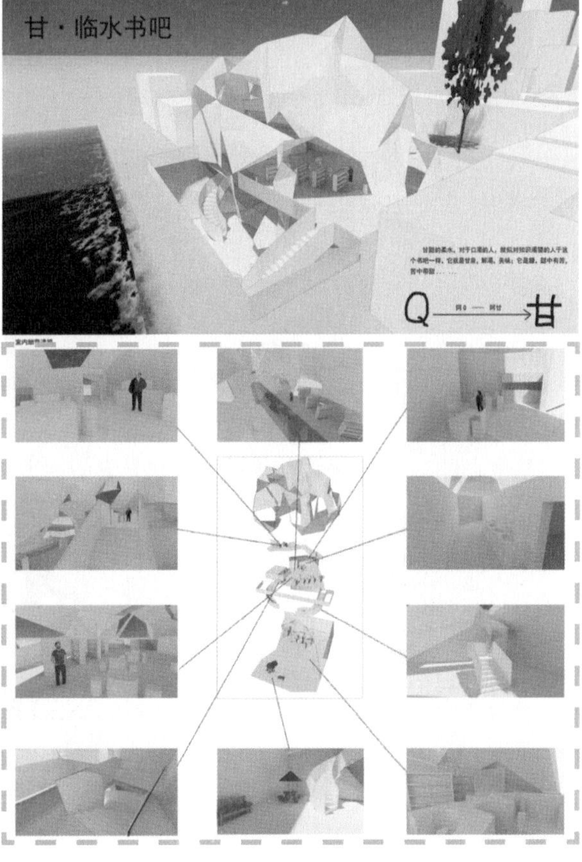

图纸讲评：在该版面中，建筑分层轴测图不够突出，由于其能够表现丰富的建筑空间，因此建议将分层轴测图放大；连接分层轴测图与各空间效果图之间的引线图面效果较复杂，建议简化，以突出建筑空间的表现效果

课后练习

根据课上讲评，进行图纸排版修改。

第 16 周

16-1

图纸讲评，课后图纸完善，制作模型

教学目标

检验图纸排版效果，并指出问题，进一步提升版面效果。

授课内容

讲评图纸。

图纸讲评：建筑效果图中的主体建筑表达不完整，应以较好的视角展示建筑形态的丰富性

图纸讲评：建筑立面图和剖面图缺少图名和比例尺

图纸讲评：室内空间效果图没能表现出丰富的空间形态，内部缺少光影表现力

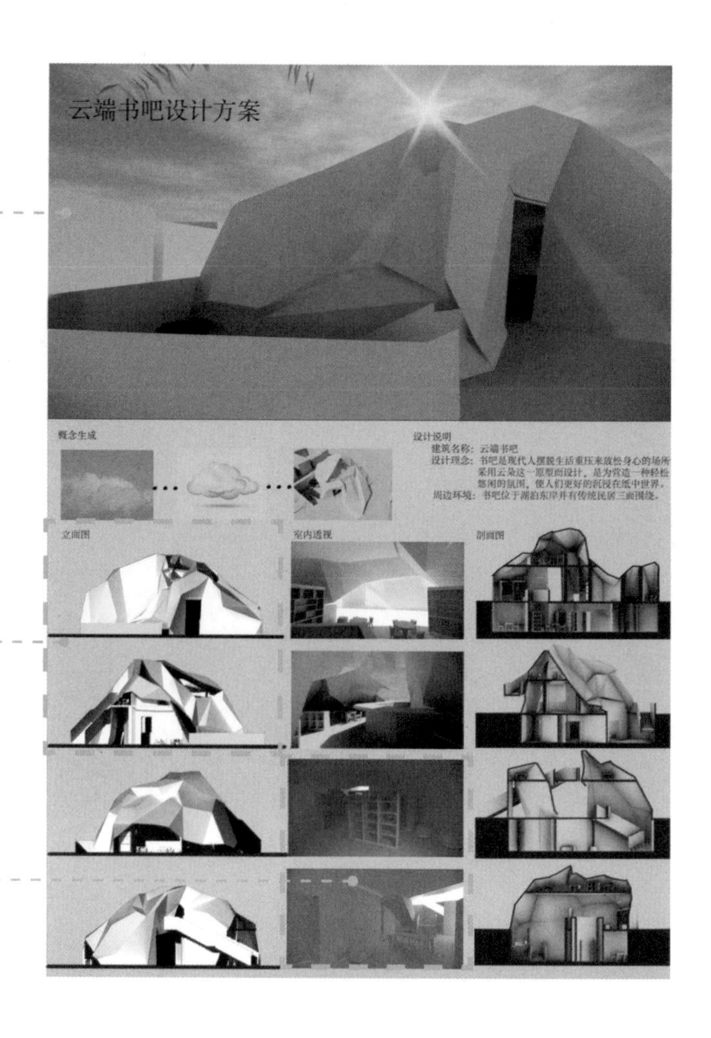

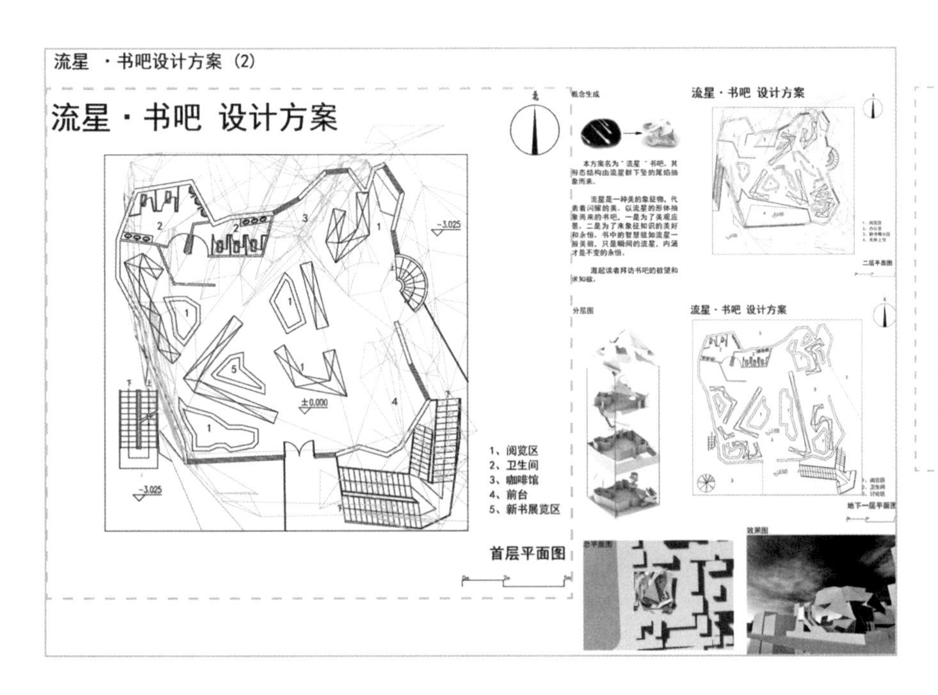

图纸讲评：标题字在图纸版面中所占的比例偏大，建议缩小；图纸左侧底边缘与右侧底部的建筑总平面图和透视图底边没有形成对位关系

图纸讲评：利用建筑正视角的剖透视图可以较好地表现室内空间形态的丰富性以及室内布置情况

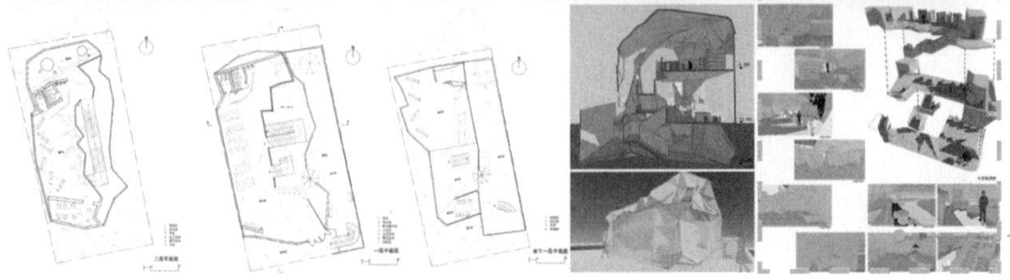

图纸讲评：分层轴测图与室内空间效果图偏小，没有表现出空间形态的构成关系及其丰富性，建议将其放大

课后练习

1. 修改图纸排版。

2. 制作建筑场地模型，待 3D 打印建筑模型完成后，将其放入场地模型。

3. 模型拍照。

练习成果要求

1. 建筑场地模型比例应与 3D 打印建筑模型相一致。

2. 模型照片应能够表现建筑的完整空间形态，包括建筑的 4 个立面、鸟瞰视角以及内部空间视角的照片。

第 16 周
16-2

最终评图，本单元结课

教学目标

检验图纸排版效果，并指出问题，进一步提升版面效果。

授课内容

1. 图纸、模型讲评。

2. 老师对这一专题训练进行总结。

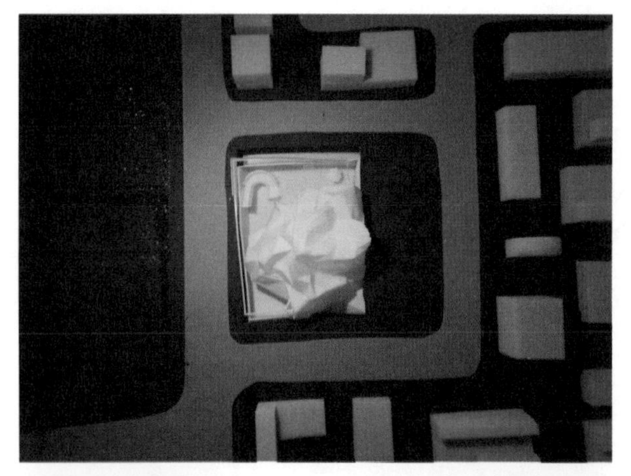

模型讲评：模型表现需要 3D 打印模型，然后手工制作建筑周边环境模型，将前者放入后者进行表现

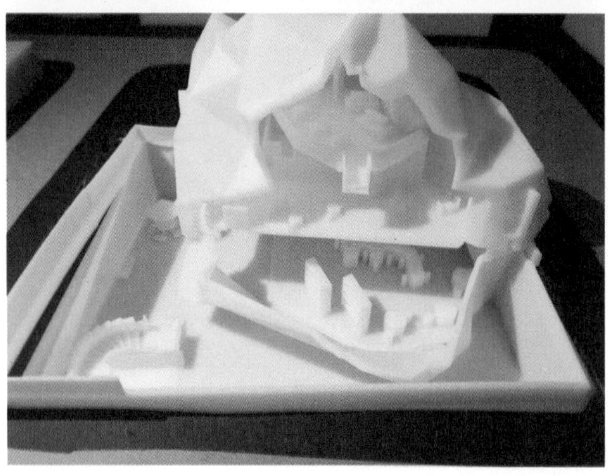

模型讲评：在模型打印时，要将室内家具布置一并打印，以展示内部空间形态的完整性

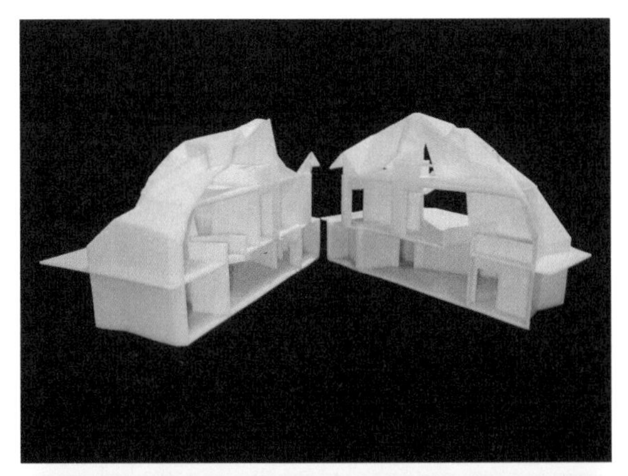

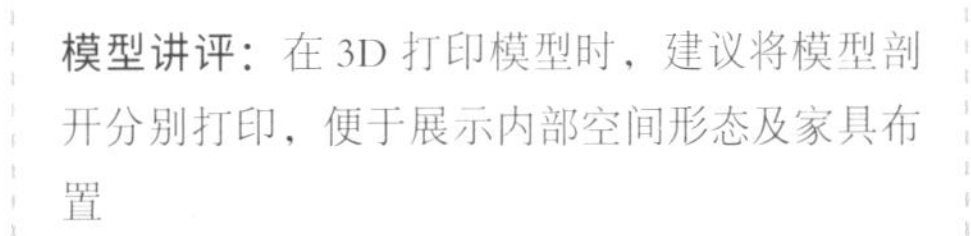

模型讲评：在 3D 打印模型时，建议将模型剖开分别打印，便于展示内部空间形态及家具布置

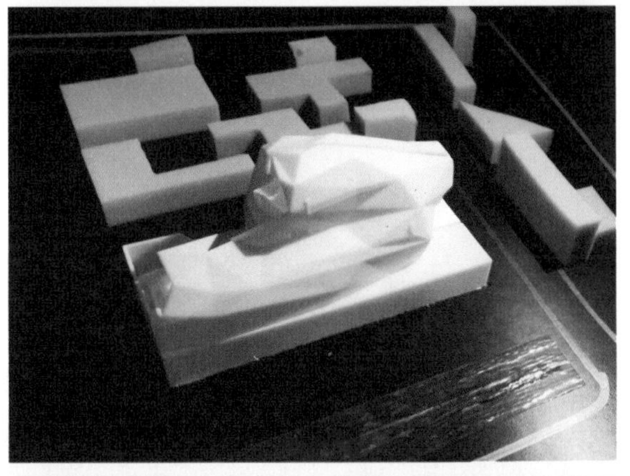

模型讲评：模型制作完成后需要拍照，应注意光影对模型形态的塑造，因此拍照时需要给模型打光，或者在光线条件较好的环境下拍照

模型讲评：模型剖开打印后展示的内部各层空间形态

模型讲评：模型剖开打印后展示的对称一侧模型的内部各层空间形态

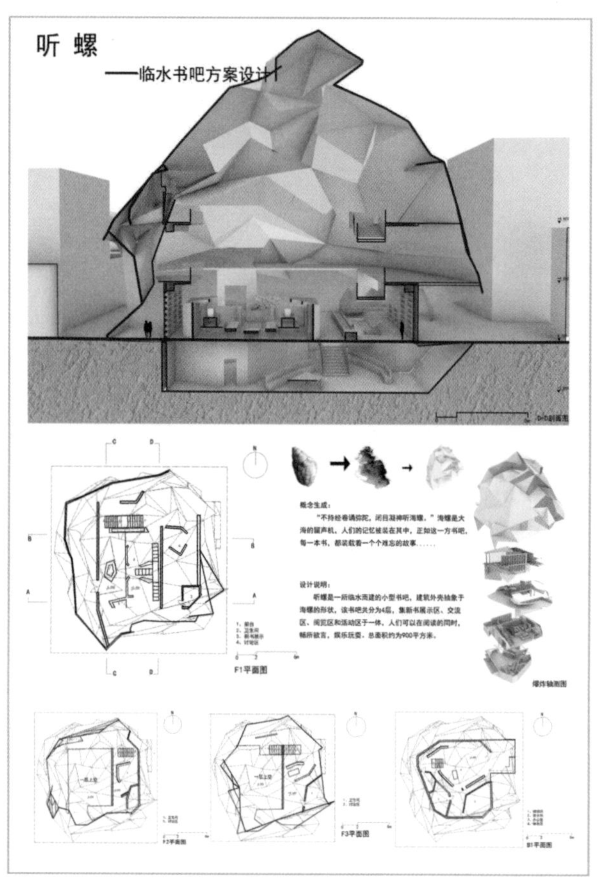
听 螺
——临水书吧方案设计
概念生成：
“不持经卷诵弥陀，闭目凝神听海螺。”海螺是大海的留声机，人们的记忆被装在其中，正如这一方书吧，每一本书，都装载着一个个难忘的故事......
设计说明：
听螺是一所临水而建的小型书吧，建筑外壳抽象于海螺的形状，该书吧共分为4层，集新书展示区、交流区、阅览区和活动区于一体，人们可以在阅读的同时，畅所欲言，娱乐玩耍，总面积约为900平方米。
F1平面图
爆炸轴测图
F2平面图
F3平面图
B1平面图

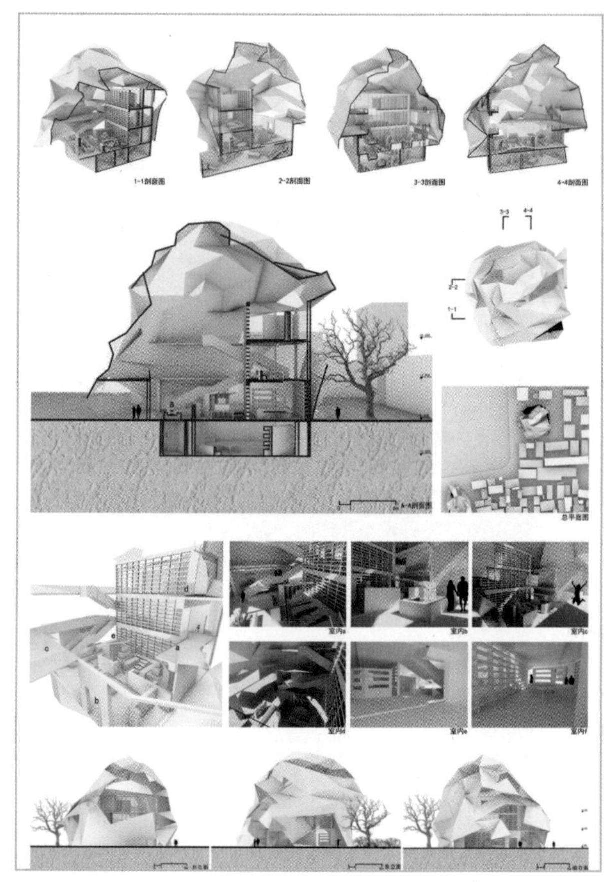
1-1剖面图
2-2剖面图
3-3剖面图
4-4剖面图
A-A剖面图
总平面图

设计：刘昱廷

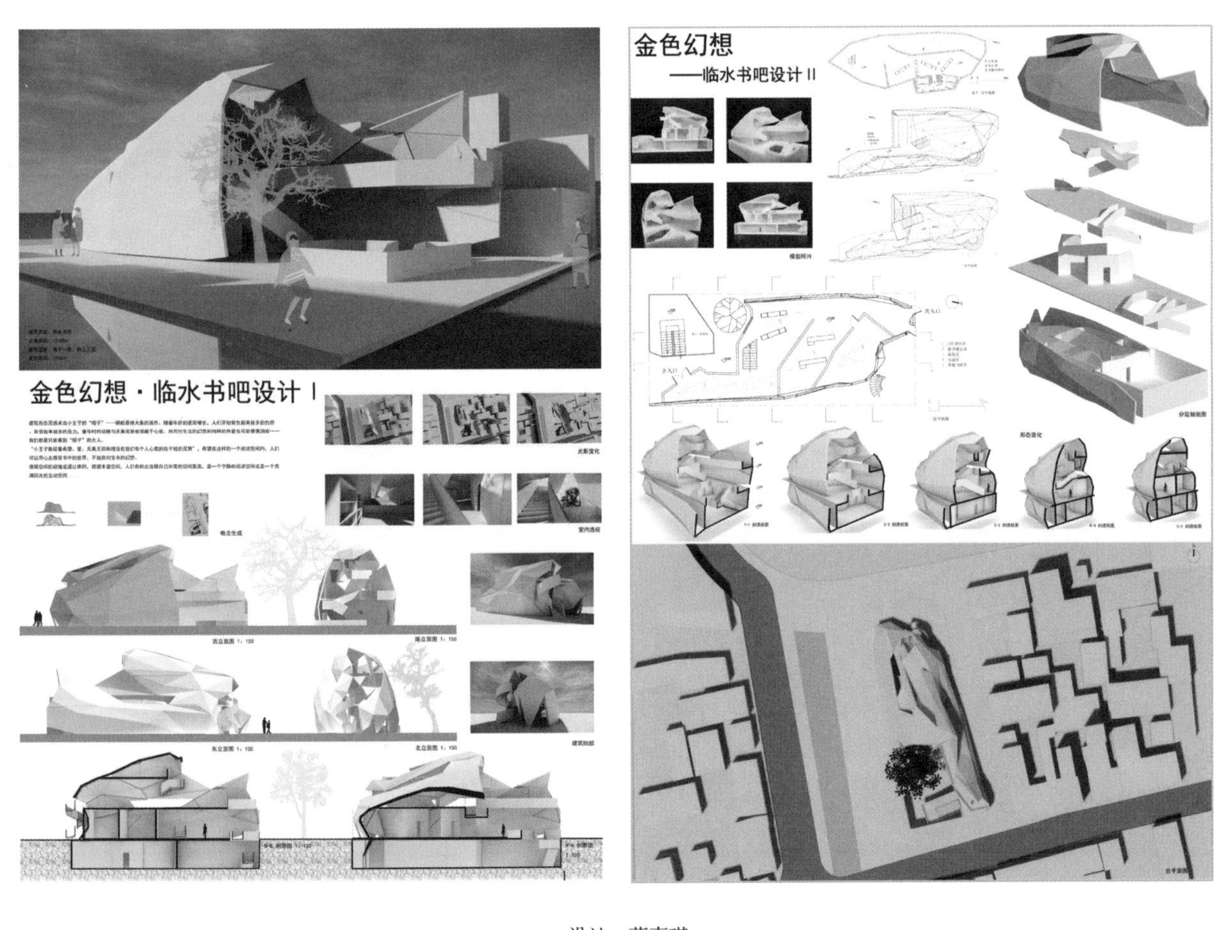

设计：董嘉琪

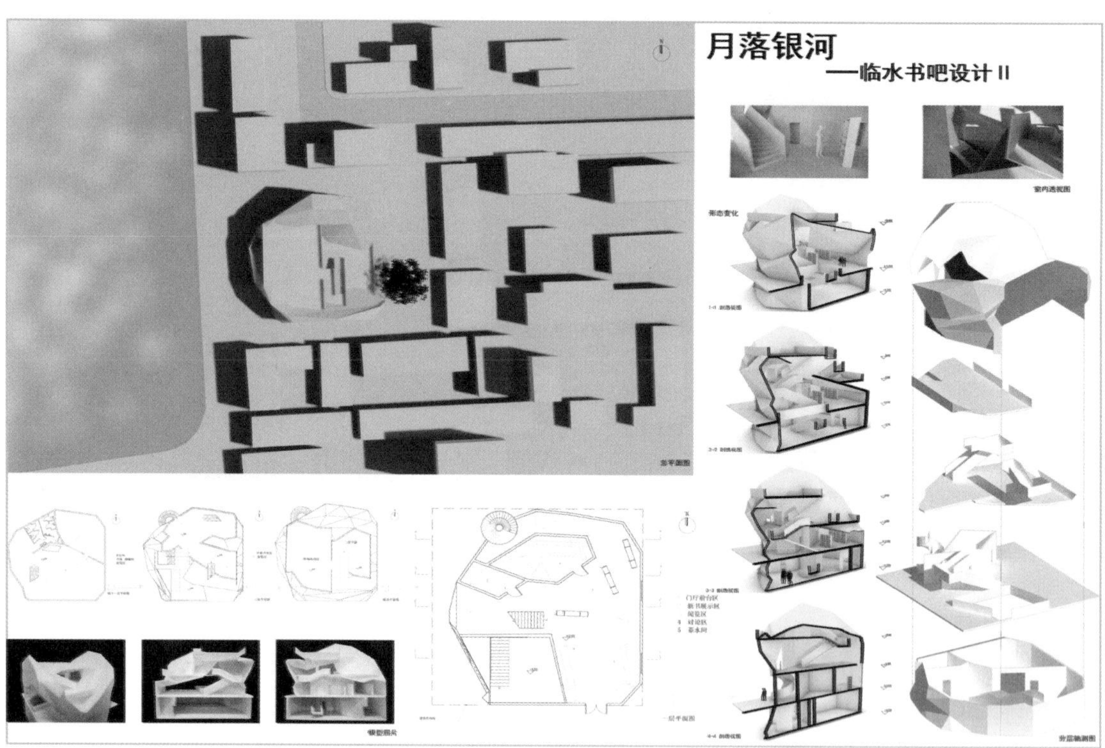

设计：董嘉琪

讲评现场

建 筑 学
一 年 级

▼▼▼

第二学期

II SEMESTER TWO

第三单元　几何形态与观念赋予设计法

第四单元　空间体块辩证构成组合与观念赋予设计法

第五单元　场地与城市视角设计

第六单元　图纸与实际尺寸之间的尺度确认

▼▼▼

第三单元

几何形态与观念赋予设计法

几何形态与观念赋予设计法主要是指在正交坐标体系下几何空间形态的系统训练法。该训练法与“空间与观念赋予设计法”和“形态与观念赋予设计法”的相同之处在于，三者都是从宇宙万物中发掘空间形态的存在；不同之处在于，前两种训练法是直接将发掘出的空间形态运用于建筑形态的设计中，而几何形态与观念赋予设计法是将从宇宙万物中发现的符合美的数的规律转化应用到三维空间设计中。因此，这一方法是从前两个以自由空间形态训练为主的阶段，进阶到以严整的数列控制下的空间设计方法。

3

第1周
1-1

讲课，布置课题，课后进行几何空间结构的提取

教学目标

通过授课，让同学们理解客观存在的“宇宙法则”，并初步认识这一法则与形式设计的关系。

授课内容

讲授几何形态与观念赋予设计法教学的主要观点、理论、训练方法；概括为形式美的“宇宙法则”、几何之美、结构与形态、比例与设计、网格与空间、功能分区图与几何形态、测量与分析七部分。[1]

课后练习

1. 找到5片不同的植物的叶子，并找出它们的比例关系。

2. 对自己的脸部和手部进行测量，并找出比例关系。

3. 对自己的身体进行测量，并找出比例关系。

4. 找出5张自己喜欢的图片进行分析，并找出比例关系。

5. 找出5幅名画，对画面结构进行分析，并找出比例关系。

练习成果要求

1. 在每张图片上标注测量所得的比例结果。

2. 所得比例结果为近似值即可。

3. 对每个对象物的测量应当包括整体比例、局部比例以及整体与局部比例三部分。

4. 拍照时要保证对象物平展、视角中正。

练习步骤

1. 将要分析的对象物正摄拍照。

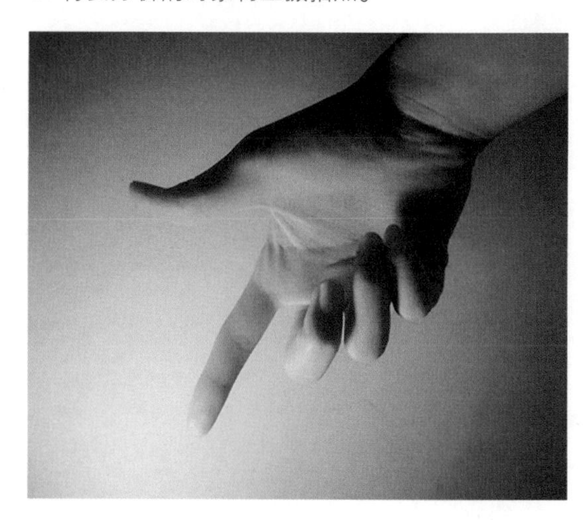

1. 详见广西师范大学出版社《几何的秩序》第一章内容。

2. 找出每个对象物的特征点。

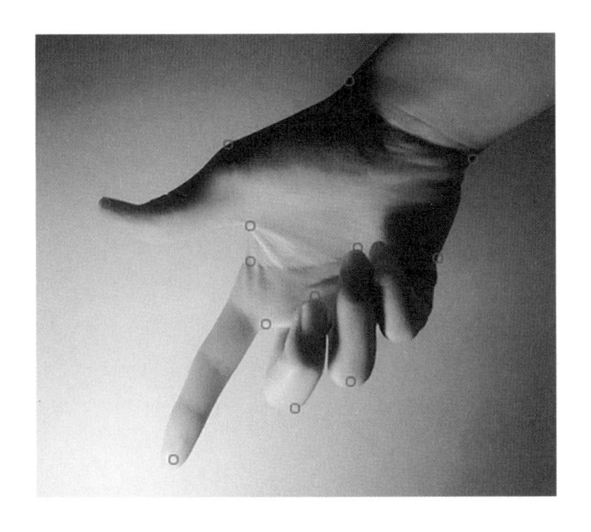

3. 将照片或图片导入 CAD，在每个对象物的特征点上画正交网格线。

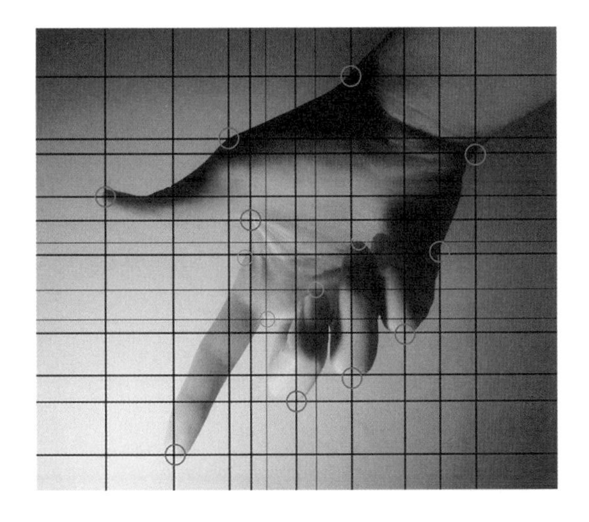

4. 测量对象物上特征点之间的网格比例，寻找符合“宇宙法则”的比例关系。

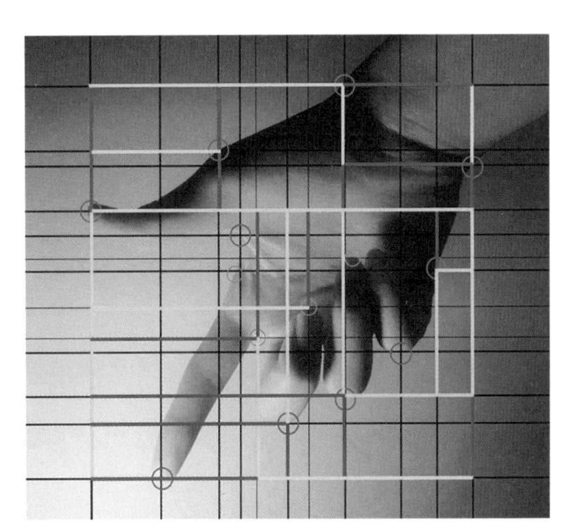

注意事项

学生须掌握 CAD、SketchUp、犀牛等制图和建模软件的基本功能。

第 1 周
1-2

讲评空间结构的提取成果，布置方案设计任务，课后完成抽象画作和扁平方体几何建筑形态设计

教学目标

通过讲评同学们对客观对象物的测量与分析成果，一方面，让同学们深入了解其背后的“宇宙法则”，另一方面，发现同学们在操作过程中存在的问题，避免出现理解误区。

授课内容

1. 同学们介绍上节课的课后练习作业，老师对作业成果逐一讲评，指出其中问题。[1]

2. 布置 3 个住宅建筑方案设计任务（独立住宅设计任务书是在山东建筑大学建筑城规学院建筑设计教研室二年级教研组拟定基础上修改完成的）。

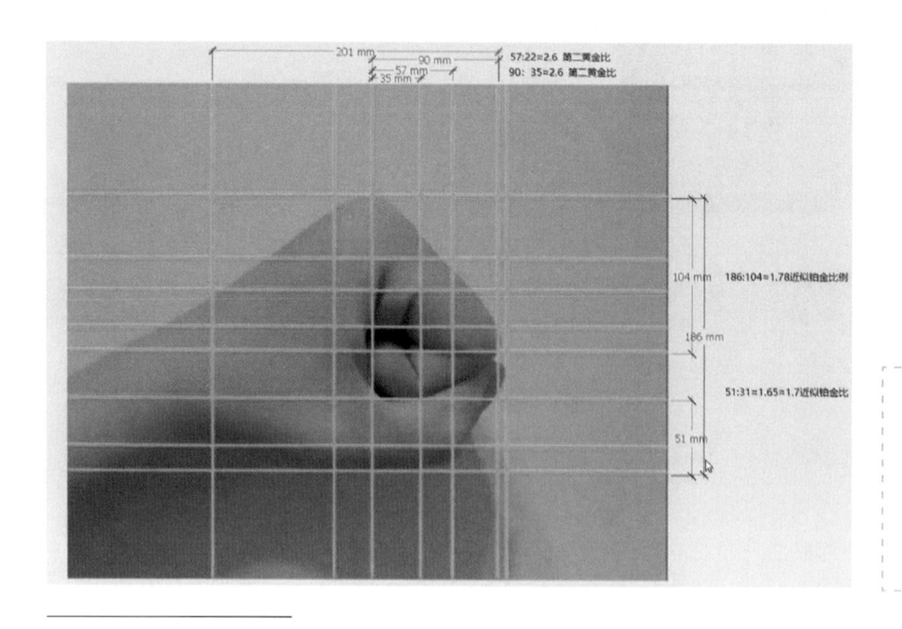

案例讲评 1：对人的拳头的测量较为细致，并从中发现了局部之间存在着铂金比例、第二黄金比例

1. 详见广西师范大学出版社《几何的秩序》第二章内容。

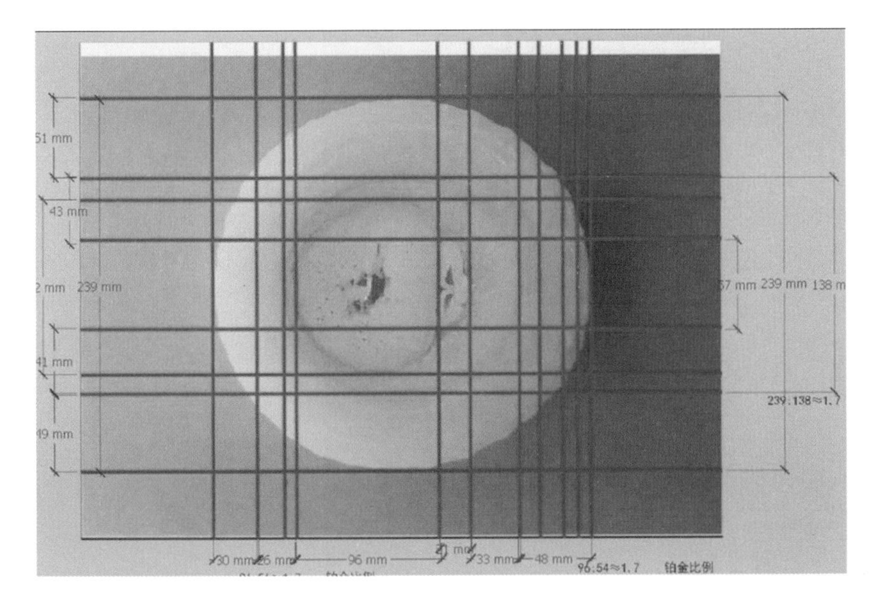

案例 2 讲评：通过对洋葱切面的测量，发现它的局部之间存在铂金比例

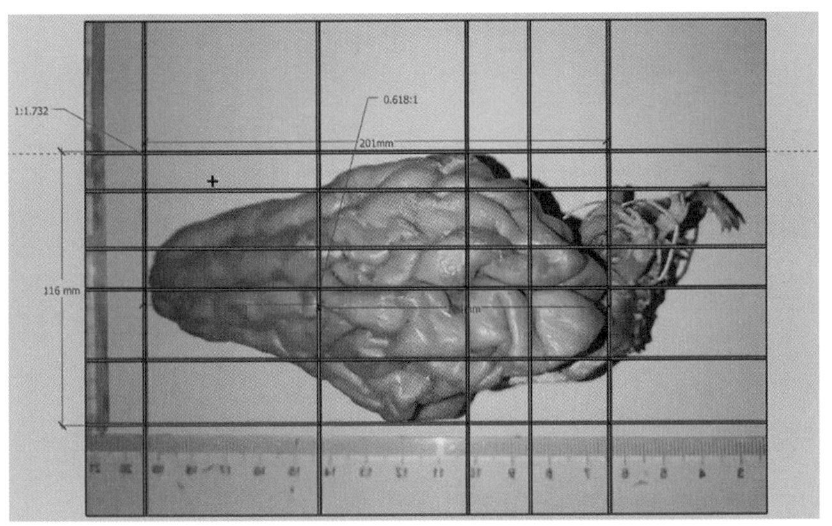

案例 3 讲评：通过对佛手瓜的测量，发现它的直径与瓜长之比为铂金比例，同时内部还存在黄金比例

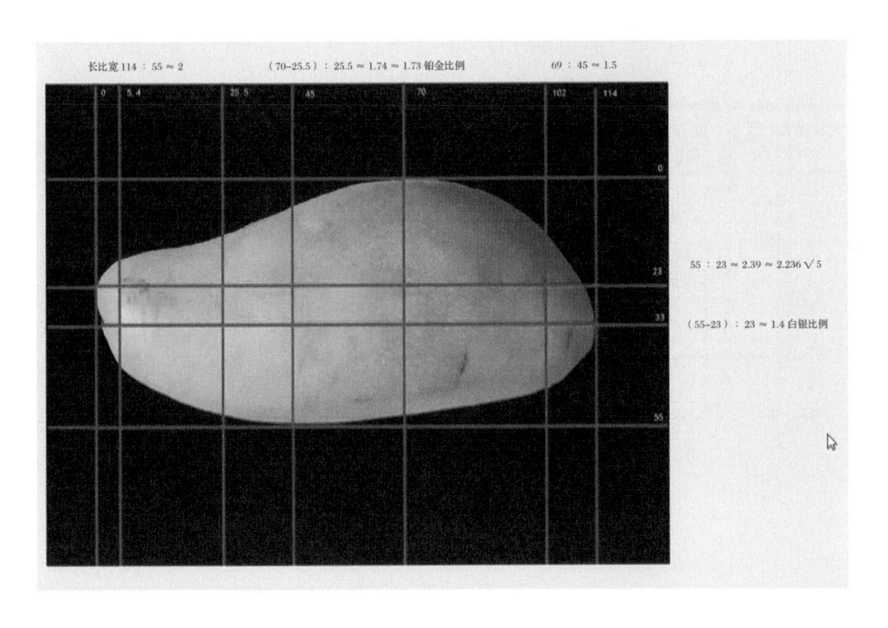

案例 4 讲评：通过对芒果的测量，发现了它的局部之间存在着铂金比例、白银比例

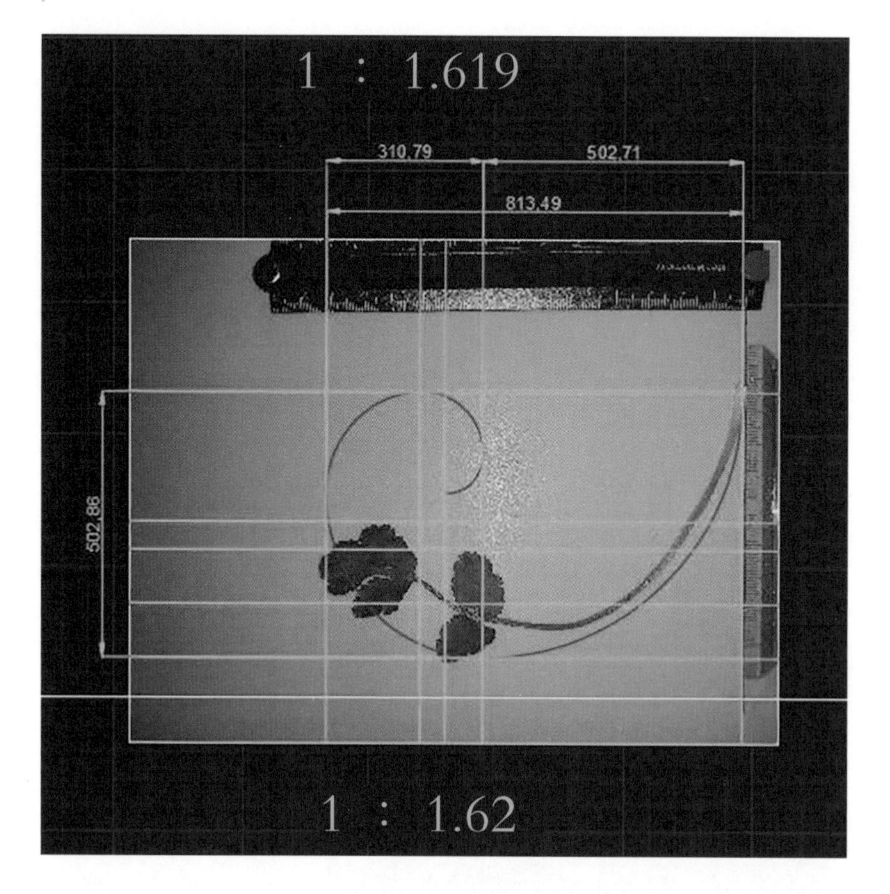

案例 5 讲评：通过对自然弯曲的香菜茎、叶的测量，发现其总长宽及局部存在黄金比例

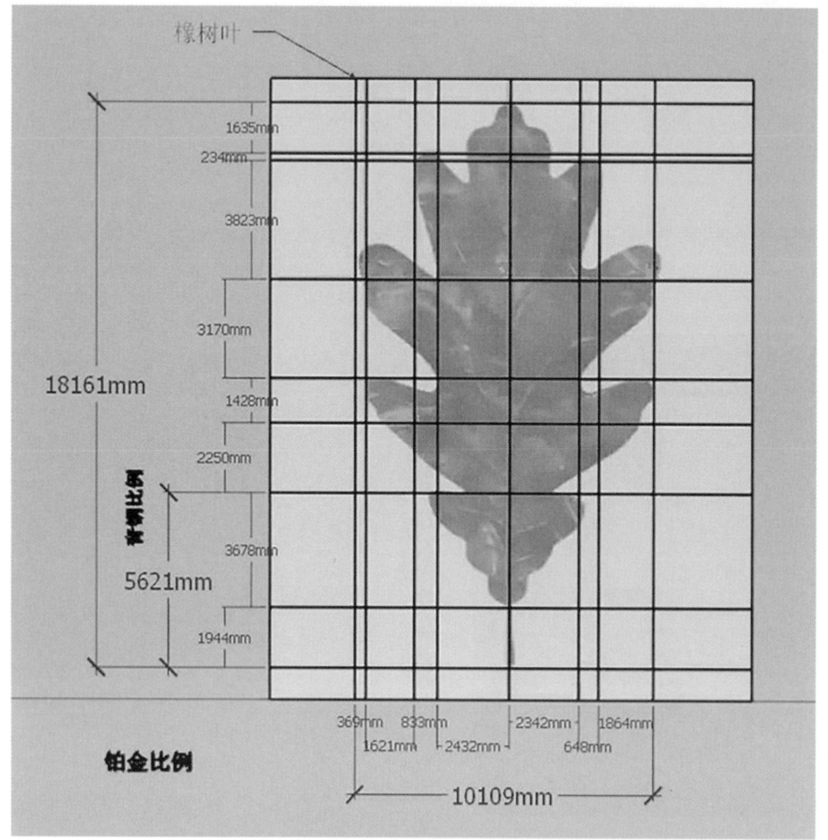

案例 6 讲评：通过对植物叶片的测量，发现其总高宽之比接近铂金比例，叶片局部存在青铜比例

案例 7 讲评：通过对人像照片内容的测量，发现这些内容的形式之间存在白银比例和铂金比例

案例 8 讲评：通过对画作形式的测量，发现人物局部的特征点普遍存在着铂金比例

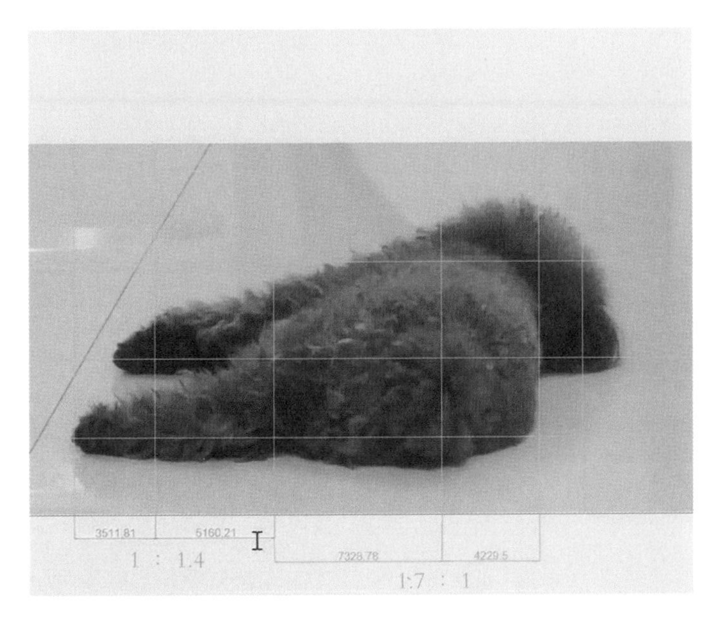

案例 9 讲评：通过对躺着的狗的测量，发现狗身体局部存在白银比例和铂金比例，但缺少这一图像的整体长宽之比

训练目的

1. 认识并发掘自然形态中蕴藏的几何秩序美学规律。

2. 学会运用几何秩序美学规律进行建筑平面、立面、剖面等几何空间形态的设计。

3. 掌握几何秩序美学规律控制下不同建筑形态的创作能力。

4. 学习并逐渐尝试应用空间序列的组织能力。

5. 提升图纸表现的艺术性与准确表达图形的能力。

独立住宅设计任务要求

1. 场地要求。

拟建基地位于某城郊山区，是一处典型的山貌地带加部分平原，濒临水面。设计者可在用地范围内选择不同高差类型的用地，创造富有环境特征以及特定使用者空间要求的住宅建筑。每栋建筑的建筑面积控制在 1000m^2 以内，以地形图中点 A-C 为中心自行拟定选择。开放性基地选择更有利于方案构思设计的自由度。基地环境情况详见 111 页“山地住宅拟建用地平面图”。

2. 设计要求。

（1）合宅。

满足多组或多个（2 ~ 4 个）家庭的居住需求，根据不同的人物设定，分别对应双宅、三合宅和四合宅。根据分合归类，既要有独立的私享空间，又要有共享的公共空间。双宅须有独立出入口、院落等。家庭居住单元应包括起居室、主卧室（带卫生间）、次卧室（1 ~ 2 间）和卫生间等。空间组织注意“合”的设计。

其他，如书房、会客厅、门厅、走廊、楼梯间、储藏室、车库等自定。具体功能设置可根据人物设定的特定需求增加或删减。

（2）分宅。

满足主人居住及工作要求，居住空间和工作空间分开，既有私密性又有公共性。设定业主职业为陶艺匠人，家庭结构为夫妇二人加两个孩子。制陶工作室需要实现空间上的独立，工作室单元可与生活空间并置，也可位于流线尽端，与生活空间互不干扰。空间组织注意“分”的设计。

家庭居住单元应包括起居室、主卧室（带卫生间）、次卧室（1 ~ 2 间）、厨房、餐厅和卫生间等。制陶工作室部分有制作室、陶艺展示室（可与制作室合并）、烘干室、器具存放室和卫生间，工作室面积不超过 100m^2。

其他如厨房、门厅、走廊、楼梯间、储藏室、车库等自定。具体功能设置可根据人物设定的特定需求增加或删减。

建筑可为单层宅、二层宅、三层宅等，可以考虑院落布局。

3. 设计成果。

图纸尺寸：A1（594mm×841mm），张数不限。

表现手法：不限。

表达内容：总平面图、各层平面图（包括家具布置）、立面图（2 ~ 3 张）、剖面图（1 ~ 2 张）、轴测图，以及适当的设计概念图示分析、文字说明和模型照片。

比例：根据构图自行选定，其中平、立、剖面图比例不小于 1：150，总平面图比例不小于 1：500，成果模型比例不小于 1：100。

4. 设计要求。

（1）A 地块按照符合黄金比例、白银比例等几何形式法则的完形立方体，进行住宅空间形态的方案设计。

（2）B 地块按照从自然形态中抽象提取的几何形

式法则，进行立体构成风格的体块穿插式住宅空间形态的方案设计。

（3）C 地块按照从自然形态中抽象提取的几何形式法则，进行地上一层的完形立方体的住宅空间形态的方案设计。

（4）A、B、C 地块的住宅均需设计地下一层空间。

（5）A、B、C 地块的住宅设计需利用动画展示手段组织空间序列的设计练习。

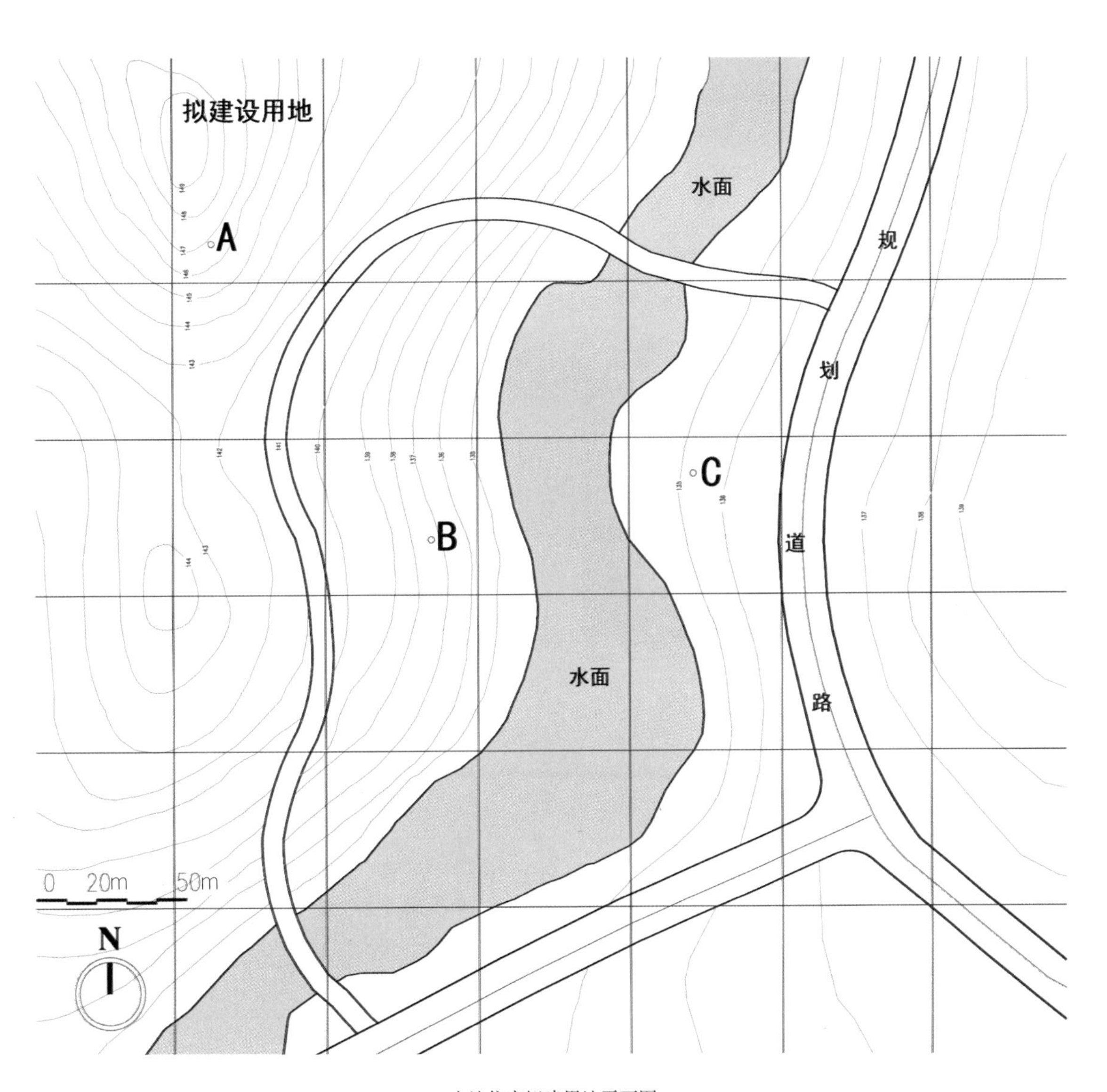

山地住宅拟建用地平面图

课后练习

1. 每位同学绘制 25 张抽象画作。

2. 按照“扁平方体几何建筑形态”的设计要求完成 C 地块住宅建筑设计方案模型。

练习步骤

1. 选择上节课完成的一个对象物的分析网格线，放置在 A3 版面上。

2. 去掉对象物的底图。

3. 将保留的网格线导入 CAD 软件中，按照 C 地块住宅建筑用地范围进行等比例缩放。

4. 在缩放完成后的网格线中按照“对角线”方法进行网格细化，在细化后的网格中赋予相应建筑功能（可以根据使用面积要求将多个网格赋予同一个建筑功能），每个功能空间对应相应的色块。

5. 提取色块，单独置于 A3 版面上，获取现代抽象画作。

6. 将 CAD 软件中赋予建筑功能后的平面网格导入 SU 软件，转化为三维建筑空间形态。

步骤 1

步骤 2

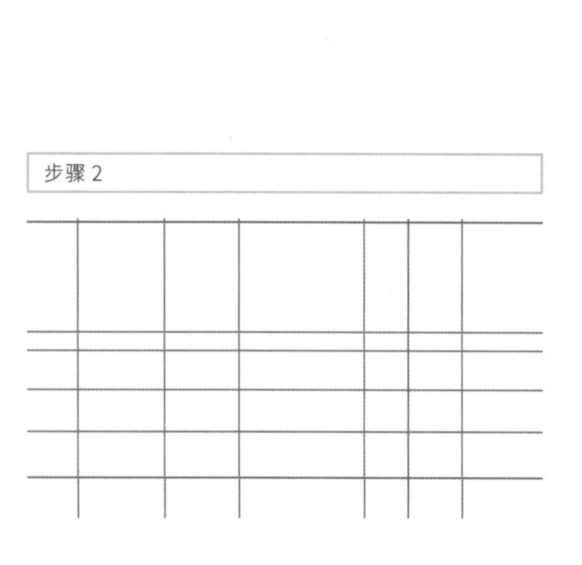

步骤 3：网格细化与缩放

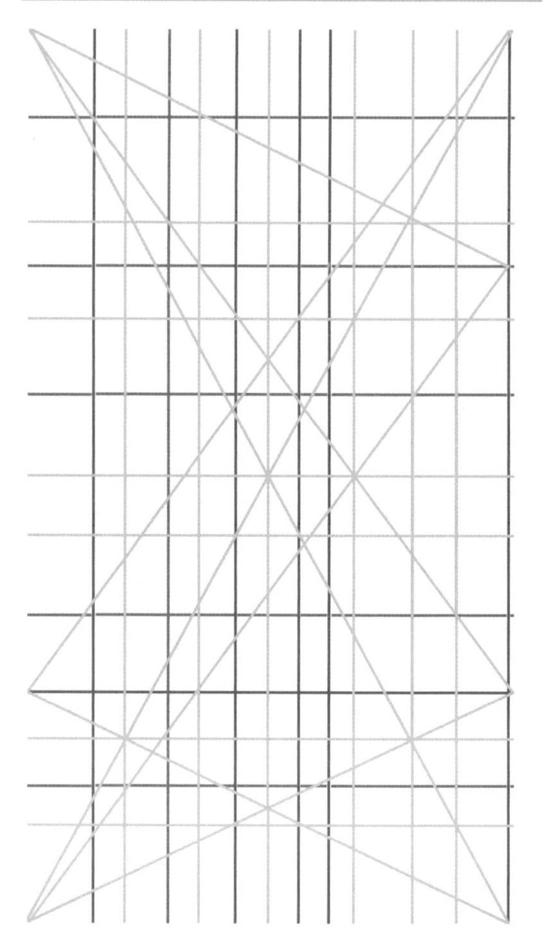

步骤 4：一层平面功能赋予

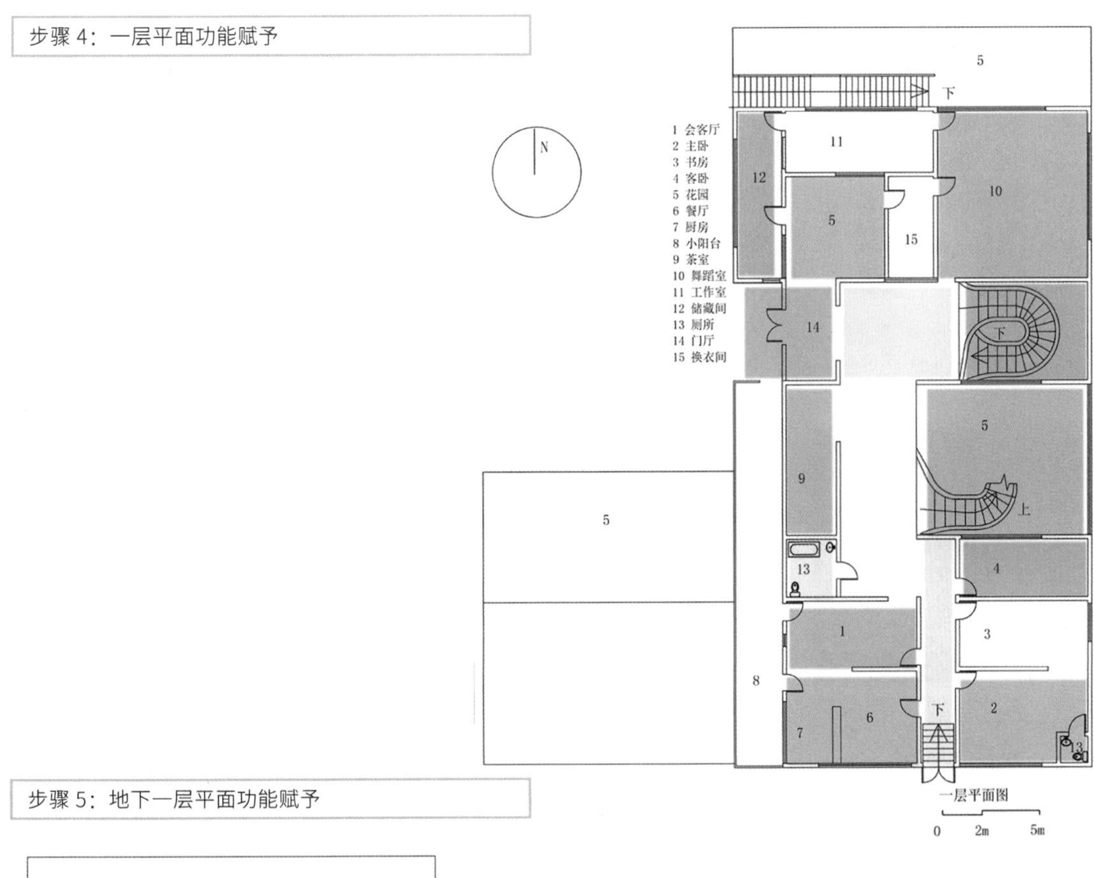

步骤 5：地下一层平面功能赋予

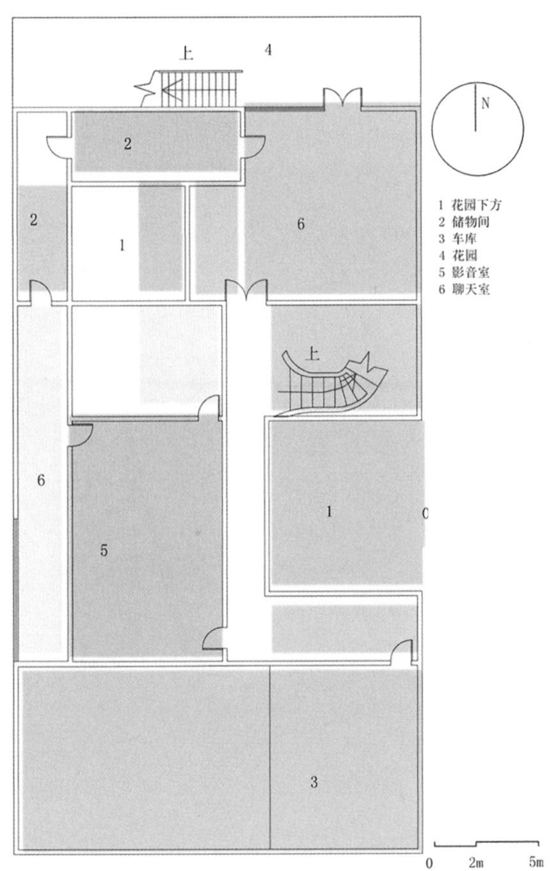

步骤 6：抽象画作

步骤 7：生成三维建筑模型

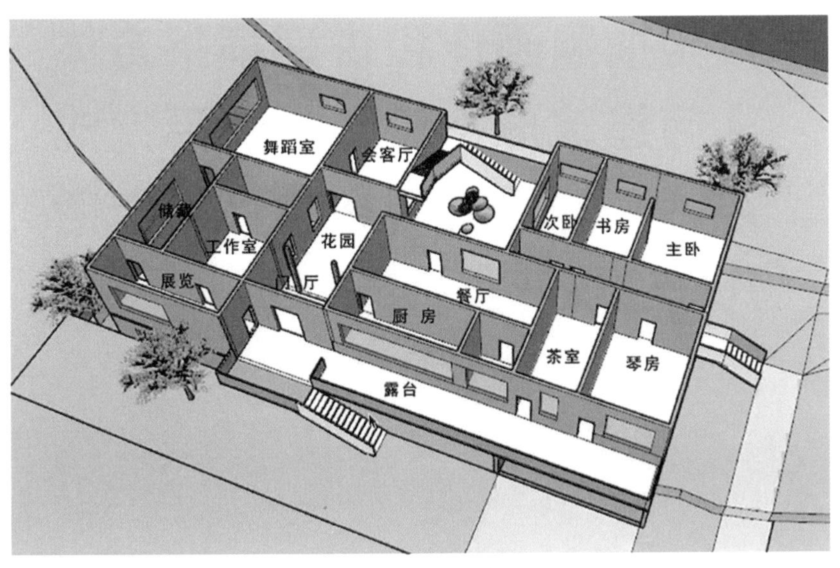

一层建筑空间模型

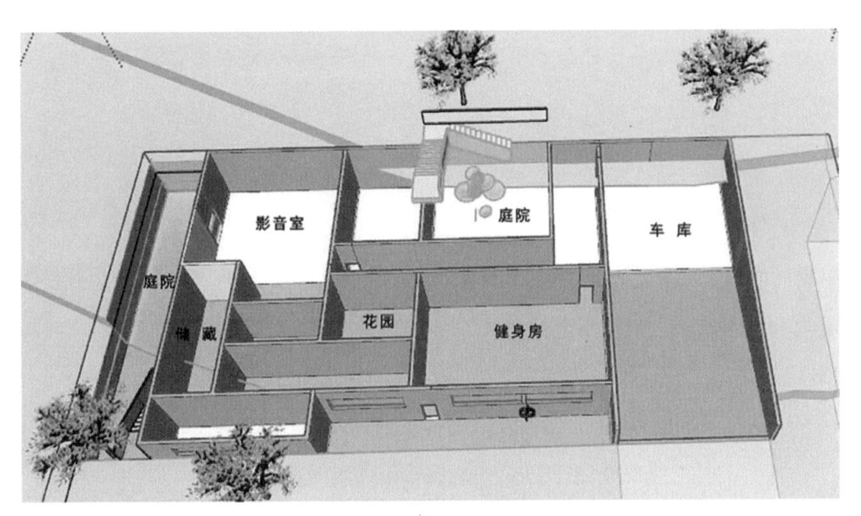

二层建筑空间模型

练习成果要求

1. 每张画作均在 A3 幅面上完成。

2. 画作形式分三类：第一类由网格线构成；第二类由网格线和色块共同构成；第三类只由色块构成。

3. 色块的颜色建议从原画作或图片中提取后应用。

4. 从 25 张抽象画作中选取一张或几张转化成三维空间形态。

5. C 地块住宅要求地上、地下各一层空间。

6. C 地块住宅建筑形态要符合“扁平方体几何建筑形态”完形性的要求。

7. C 地块住宅建筑方案在 SU 模型中完成。

注意事项

1. 老师讲评时应强调，学生在介绍对象物内存在的“宇宙法则”时，应当注意对象物整体与局部、局部与局部之间的比例关系。

2. 本节课的重点是让同学们发现客观存在背后的“宇宙法则”关系。

第 2 周
2-1

检验抽象画作和讲评扁平方体几何建筑形态设计，课后完成方体几何建筑形态和体块穿插几何建筑形态设计

教学目标

通过课上讲评，一方面检验同学们抽象画作的完成情况，另一方面发现“扁平方体几何建筑形态”设计练习中存在的问题，训练同学们对“宇宙法则”由二维平面转化成三维空间的认知和操作能力。

授课内容

1. 抽象画作讲评。

2. C 地块住宅建筑设计方案模型讲评。[1]

从建筑平面网格中提取的抽象画作 1

从建筑平面网格中提取的抽象画作 2

案例 1 画作讲评： 由建筑平面网格提取的抽象画作可以将网格线隐掉，只保留网格内的色块

1. 详见广西师范大学出版社《几何的秩序》第三章内容。

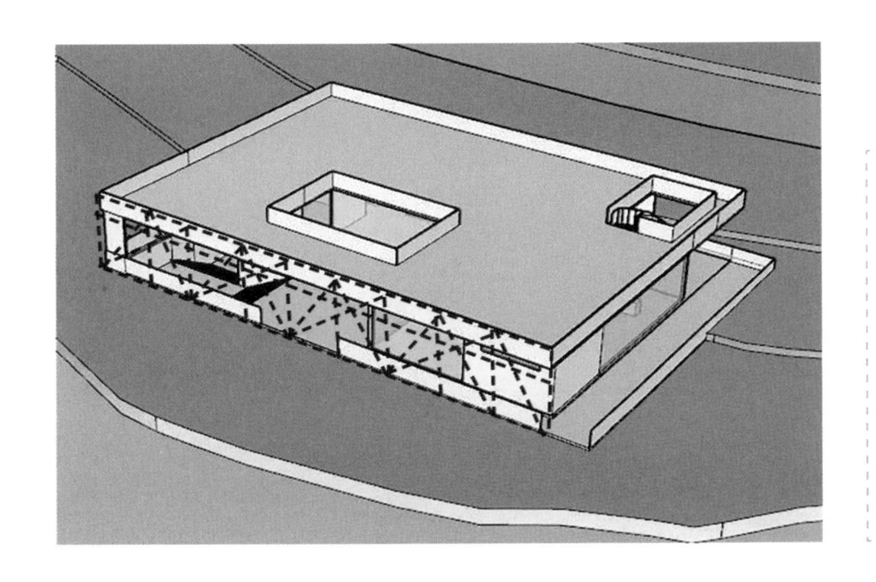

案例 1 讲评： 建筑立面设计与平面设计方法是一致的，都应当以网格线为参照，按照“对角线”方法对网格线做进一步划分，然后在网格内设计门、窗、洞口的位置和大小。在该方案中，建筑立面的设计并未以网格线为参照

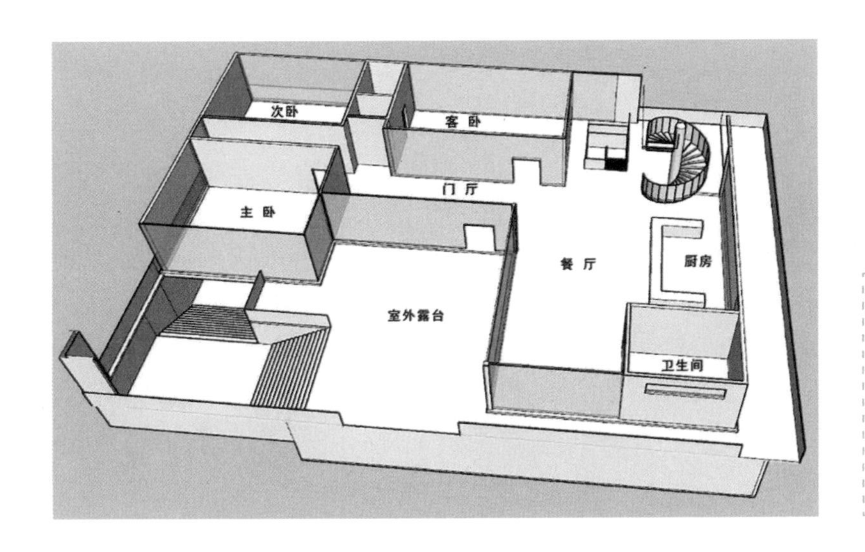

案例 1 讲评： 一层建筑空间在平面向度上较为连续，但与地下一层在竖向空间上缺少联系，空间丰富性和趣味性不够

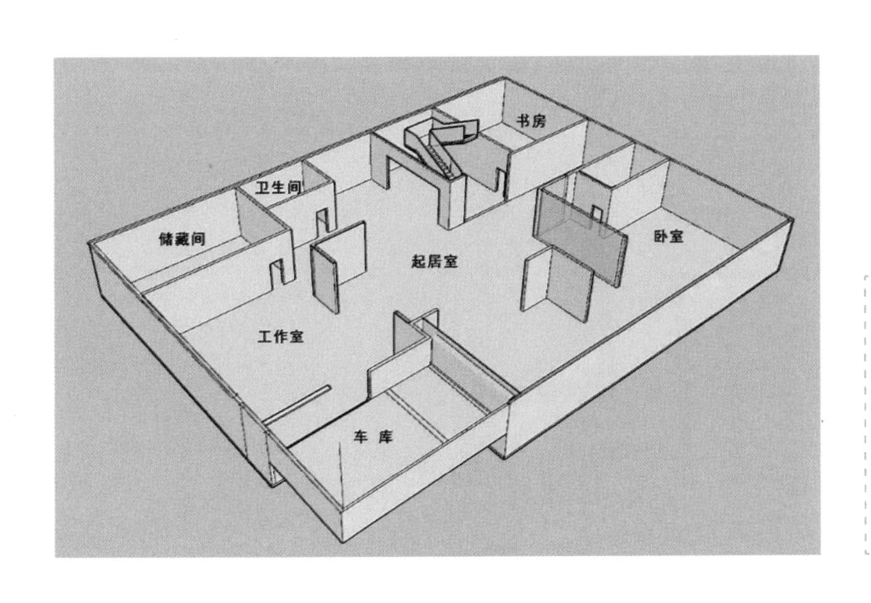

案例 1 讲评： 首先，地下一层空间与一层空间的连续性不够；其次，便是地下空间的采光问题，可以借用贯通上下层的共享空间解决

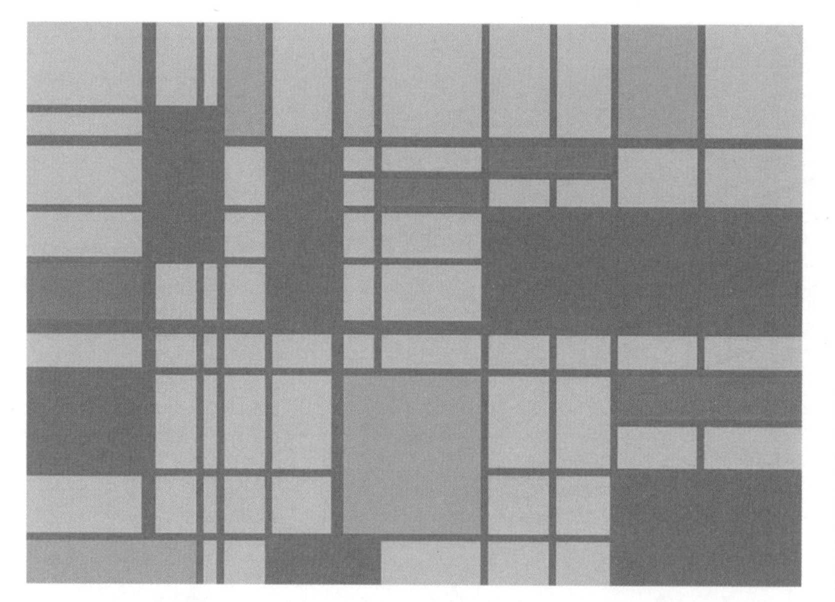

案例 2 画作讲评：从建筑平面网格中提取的抽象画作可以由网格线和色块共同构成

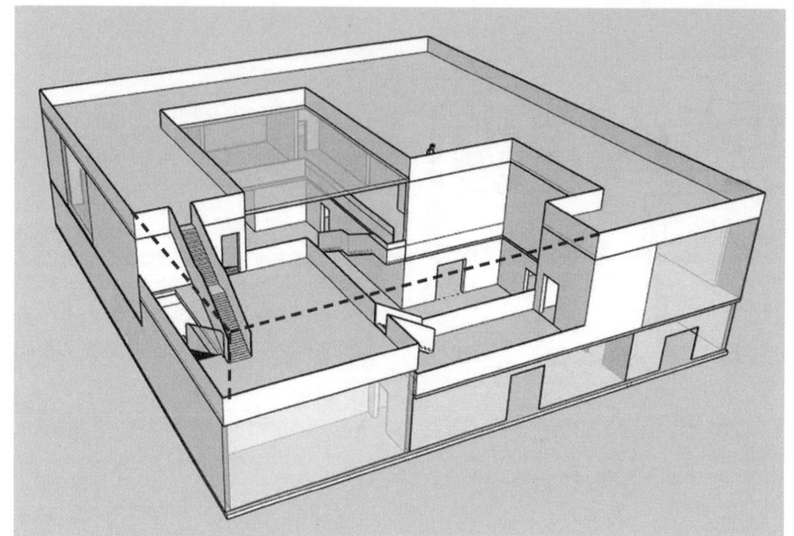

案例 2 讲评：这一建筑模型角部的开敞室外空间打破了建筑扁平方体的完整性，在该阶段训练中，建筑形体必须在这一要求下完成；建筑立面开窗没有按照网格比例划分

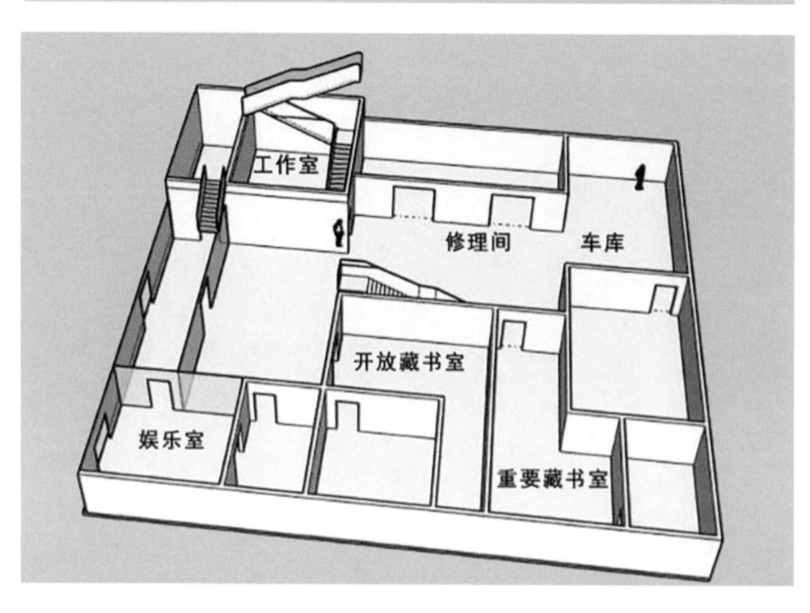

案例 2 讲评：地下一层空间与一层、室外空间的连续性较好，利用楼梯将它们联系起来，具有一定的趣味性

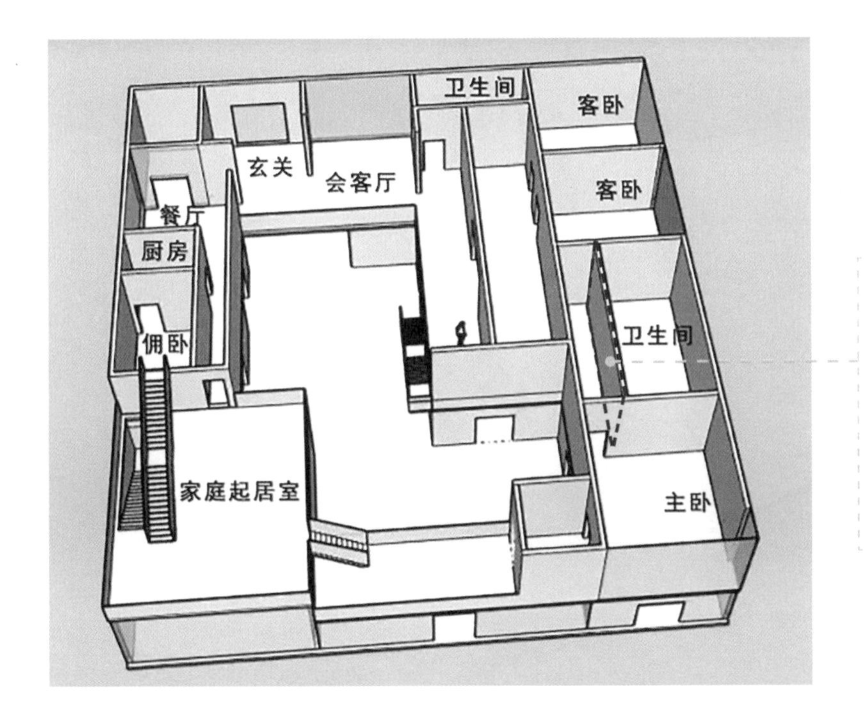

案例 2 讲评：连接主卧和客卧的卫生间隔墙没有按照网格线设计，存在任意性，说明同学们是以观念中的功能合理性作为形式生成的标准，而不是以形式美作为设计标准

课后练习

1. 根据课上讲评，修改 C 地块住宅建筑的空间形态。

2. 按照“方体几何建筑形态”完成 A 地块上的住宅建筑设计方案。

3. 按照“体块穿插几何建筑形态”完成 B 地块上的住宅建筑设计方案。

练习步骤

1. 选取抽象画作作为建筑形态的平面、立面的“原型”。

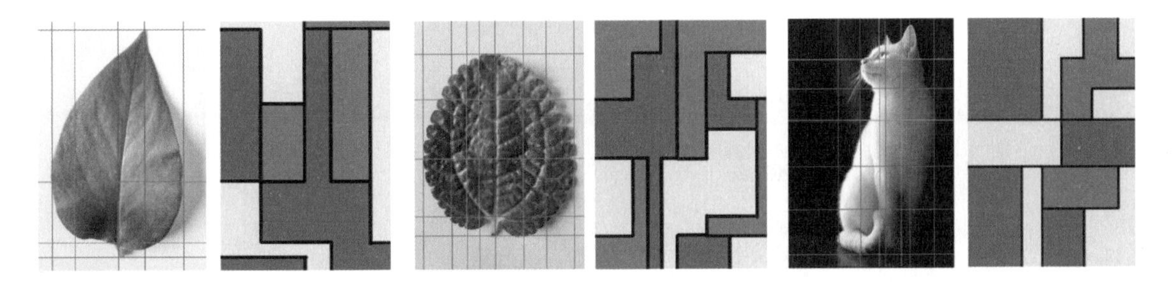

2. 将这些画作分别按照建筑平面、立面的对应位置放置好。

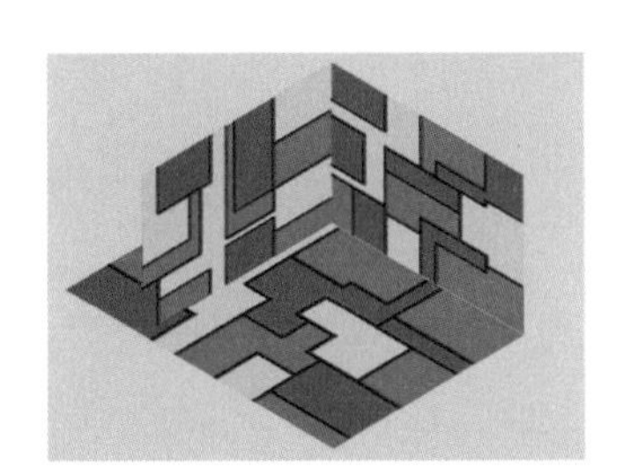

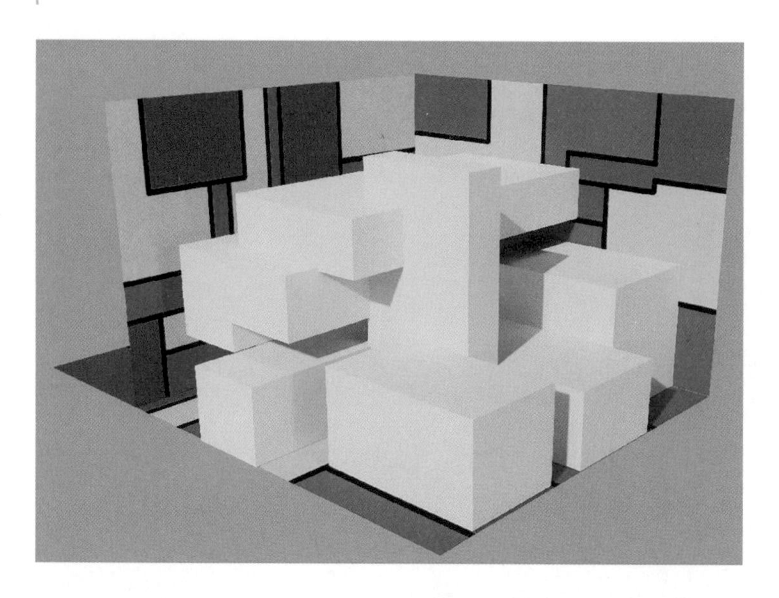

3. 分别从平面和立面位置的抽象画作中提取三维空间形态。

4. 将提取后的三维空间形态按照建筑面积要求进行等比例缩放，得到建筑形态。

5. 在建筑形态内部置入楼梯、坡道，将各层空间联系起来。

练习成果要求

1. A、B 地块上的住宅建筑设计方案均要求设计地下一层空间、地上 3 ～ 4 层空间。

2. “方体几何建筑形态”的设计练习要求同“扁平方体几何建筑形态”的要求一致。

3. “体块穿插几何建筑形态”要求形成鲜明的虚实对比关系。

4. “方体几何建筑形态”的形式比例须按照黄金比例、白银比例等无理数的比例要求设计；“体块穿插几何建筑形态”则由同学们绘制的抽象画作转化而来。

5. 每个方案模型均在 SU 软件中完成。

注意事项

建筑立面、剖面、平面均应符合“宇宙法则”的比例关系。

第 2 周
2–2

讲评模型，课后制作建筑设计方案动画

教学目标

通过模型讲评，检验同学们对“宇宙法则”控制下的几何建筑形态的训练成果，帮助其掌握、提高这种几何建筑形态的操作能力。

授课内容

讲评 A、B、C 地块上的住宅建筑方案模型。[1]

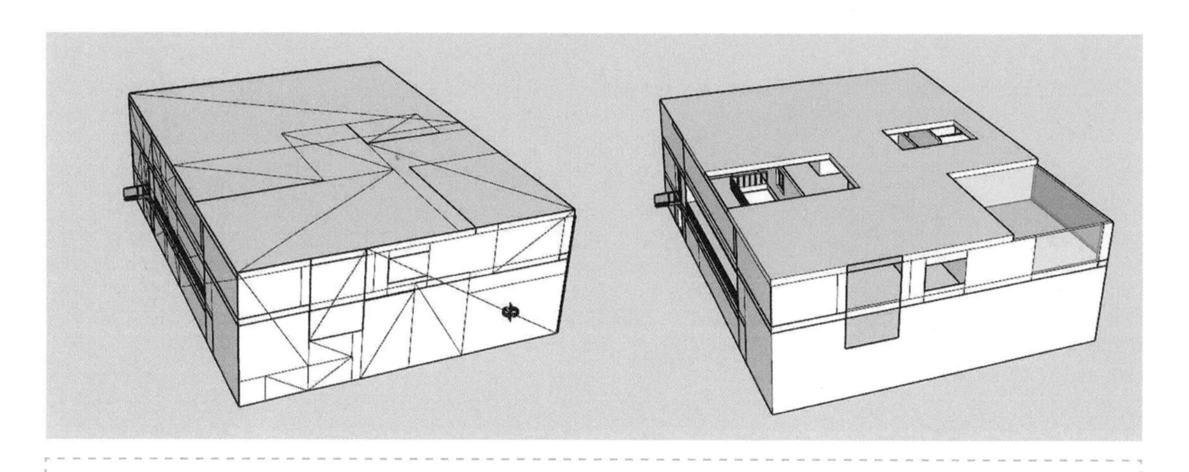

C 地块方案 1 讲评： 不仅建筑平面要按照比例网格进行空间布置，立面、剖面同样要按照该方法设计

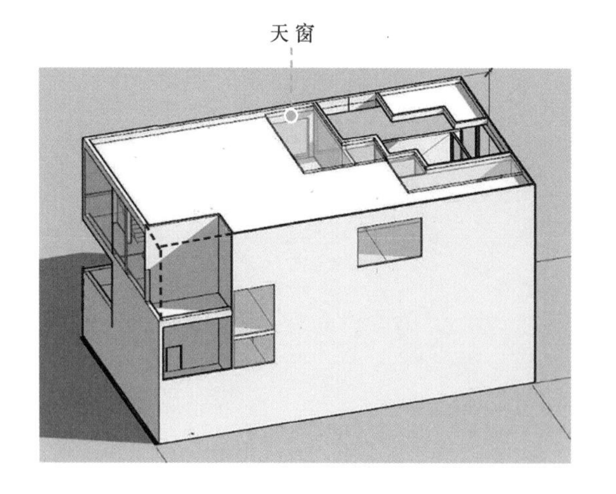

A 地块方案 1 讲评： 两个建筑角部缺失，没有遵守完形性要求，天窗形式烦琐，应按照完形矩形要求设计

1. 详见广西师范大学出版社《几何的秩序》第四章内容。

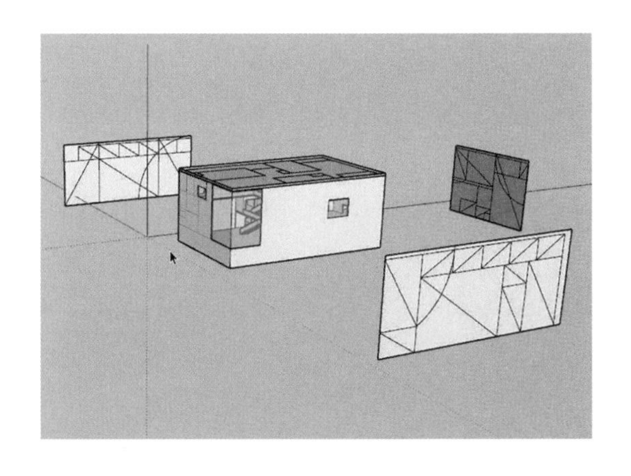

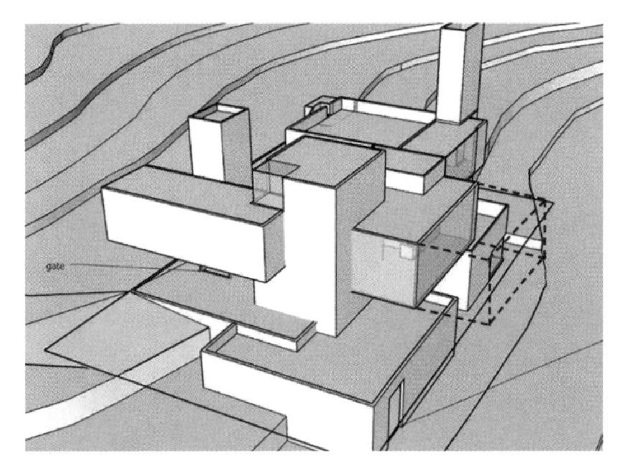

A 地块方案 2 讲评：方形建筑体块要遵守完形性的要求，并且建筑平面、立面、剖面都要按照比例网格划分

B 地块方案 1 讲评：图中建筑体块的出挑不够，造成建筑形体的“穿插”的形式感不够明显

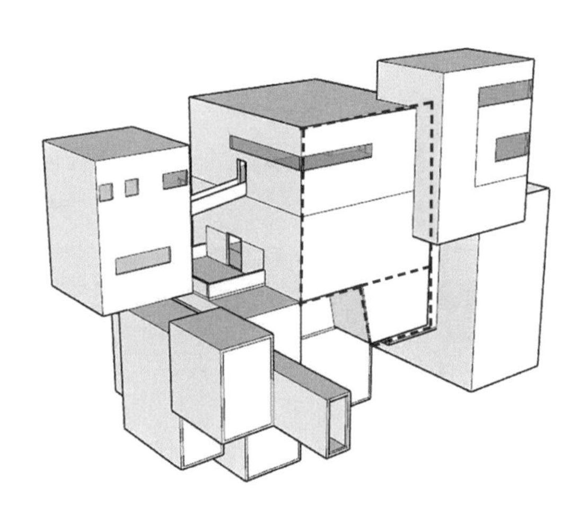

B 地块方案 2 讲评：图中建筑体块不符合矩形体块的要求，建议去掉底部多余体块

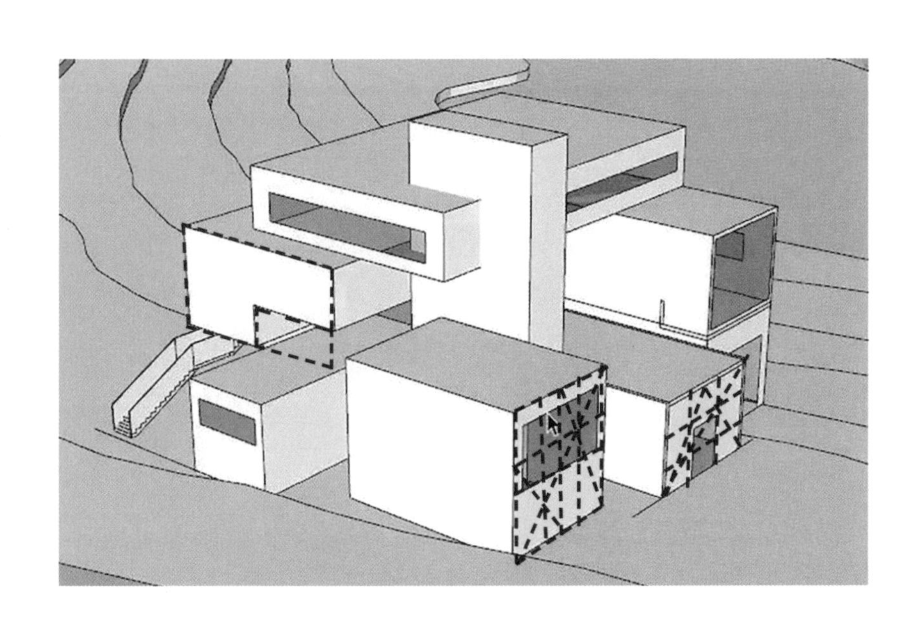

B 地块方案 3 讲评：图中建筑体块不符合完形方体几何的要求，建议将 L 形体块补齐以满足这一要求；另外，建筑立面上的门、窗形式没有按照以对角线方法划分的比例网格设计

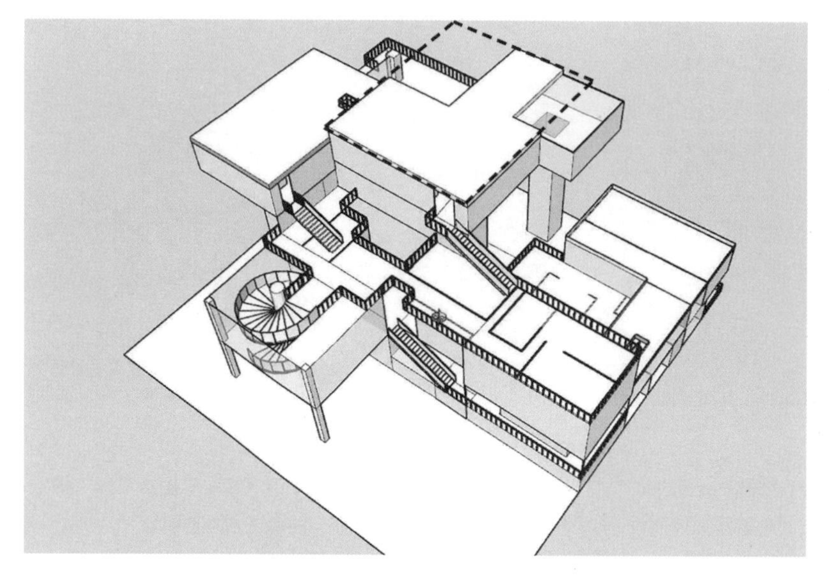

A 地块方案 4 讲评：图中建筑体块平面形状不符合完形几何形的要求，建议将其平面修改成矩形；建筑中所有栏杆统一修改为栏板

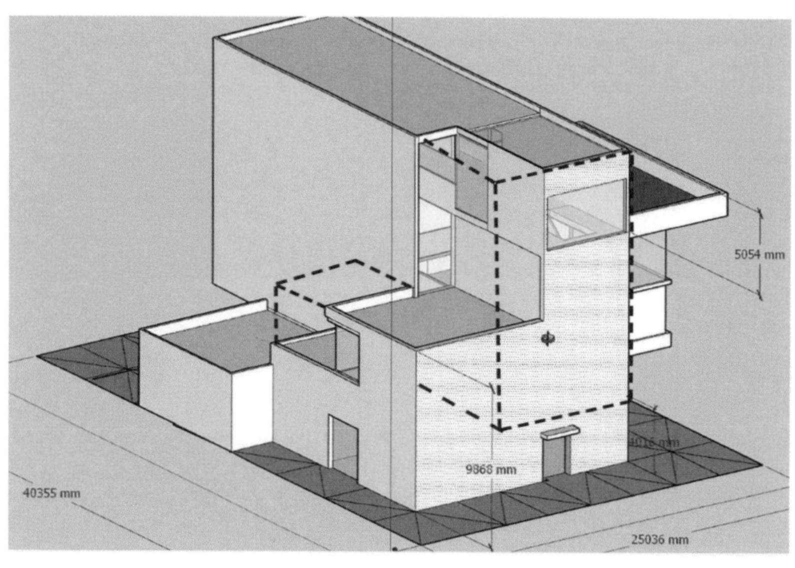

A 地块方案 4 讲评：图中建筑上部和下部体块都没有遵守完形性的要求，建议将这些建筑体块按照完形方体几何的要求修改

课后练习

1. 根据课上讲评，修改 3 个建筑设计方案中的问题。

2. 分别制作 A、B、C 地块上的住宅建筑方案动画。

练习成果要求

1. 动画要求有片头、片尾、配乐。

2. 每个方案动画时长为 1 ～ 3 分钟。

3. 动画应能反映建筑外部整体及局部空间形态和内部空间效果。

4. 每个建筑都要在建筑基地画境中进行展示。

5. 建筑内部不需要布置家具。

注意事项

1. 老师在讲评时应注意“扁平方体几何建筑形态”与“方体几何建筑形态”的区别和共性：区别在于前者从形态角度看侧重于水平延展，而后者则偏向于竖向方体；共性在于两者都遵守空间形态的完形性，每个建筑角部应有明确的建筑维护边界。

2. B 地块上的“体块穿插几何形态”整体上遵循“虚实”对比关系，同时每个体块都应当遵守空间形态的完形性，且每个空间形态的角部也要有明确的维护边界。

3. 老师在讲评建筑模型时，应当注意建筑平面、立面、剖面设计是否符合“宇宙法则”。

4. 在遵守“宇宙法则”的前提下，老师在讲评建筑模型时，以建筑空间形态的丰富性、趣味性作为评价参照。

第 3 周
3-1

动画讲评，并进行专题授课，课后围绕空间序列进行专题训练

教学目标

通过建筑设计动画讲评，指出建筑内、外空间形态存在的问题，进一步提升同学们对“宇宙法则”下几何形态的操作能力，完善空间形态的丰富性和趣味性；并通过“空间序列和蒙太奇”“光与空间序列”专题讲课，帮助同学们初步理解空间序列、空间与光两方面的基本知识点。

授课内容

1. 讲评 3 个住宅建筑设计方案动画，包括建筑内、外空间形态的丰富性，门窗以及庭院的位置和比例等。[1]

2. 围绕“空间序列和蒙太奇”“光与空间序列”进行专题讲课。[2]

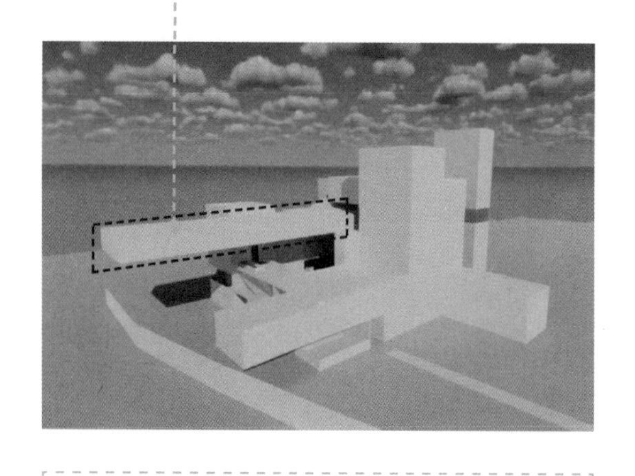

方案动画讲评：建筑空间尺度应满足人体使用要求，建筑形态虽然满足“体块穿插”的要求，但表面没有开窗

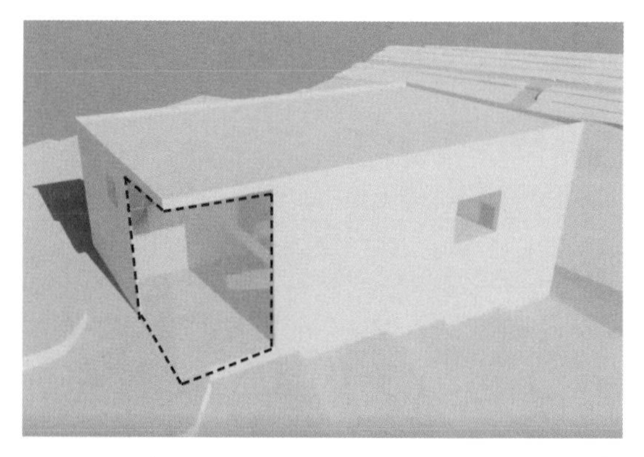

方案动画讲评：建筑角部的玻璃幕墙破坏了完形建筑形态的要求

1. 详见广西师范大学出版社《几何的秩序》第五章内容。
2. 详见广西师范大学出版社《几何的秩序》第六章内容。

方案动画讲评：联系上下层的共享空间和直跑楼梯对空间的趣味性发挥了较好的作用

方案动画讲评：在室内空间中，直跑楼梯的设置较好，在空间中具有戏剧性的效果

方案动画讲评：建筑入口与二层平台的空间形态没有按照完形要求设计，应将两者作为独立方形空间体块处理

方案动画讲评：空间中设置联系上下层空间的旋转楼梯，丰富了空间的戏剧性效果

课后练习

1. 根据课上动画讲评进行设计修改。

2. 围绕“空间序列和蒙太奇”“光与空间序列”专题重新制作建筑动画。

练习成果要求

1. 建筑模型中需要布置家具及必要设施。

2. 每个建筑动画时长为 1 ~ 3 分钟。

注意事项

1. 老师在讲评动画时需要注意建筑空间尺度是否符合使用要求。

2. 讲评时同样应注意建筑形态各部分的比例关系是否符合“宇宙法则”。

3. 讲评时还应注意内部空间的丰富性。

第3周
3-2

动画讲评，课后图纸表达

教学目标

通过动画讲评，一方面检验同学们的建筑模型的修改情况，另一方面检验同学们对“空间序列和蒙太奇”“光与空间序列”专题的理解和设计应用情况。

授课内容

1. 同学们通过动画展示自己设计的住宅建筑内空间序列呈现出来的戏剧性效果。

2. 老师针对同学们展示的建筑方案动画进行讲评。[1]

方案动画讲评：远观与近观不同场景下建筑形态的展示效果

1. 详见广西师范大学出版社《几何的秩序》第六章内容。

A 地块夜景下的建筑形态展示

B 地块夜景下的建筑形态展示

C 地块夜景下的建筑形态展示

方案动画讲评：3 个不同地块上建筑形态的夜景展示，一方面利用光影效果塑造丰富的建筑形态，另一方面借助光影和门、窗、洞口将内部空间的丰富性展示出来

室内空间 1 光影效果

室内空间 2 光影效果

室内空间 3 光影效果

方案动画讲评：室内光影是丰富空间效果的重要手段，通过动画，应将光影与室内家具结合，共同塑造空间的戏剧性效果，因此家具的位置、尺度、形式、数量对空间效果而言尤为重要

方案动画讲评：坡道与下沉庭院结合，能够营造出具有趣味性的、静谧的空间氛围

方案动画讲评：室内空间与室外景观形成了较好的对景效果

方案动画讲评：室内光影要能够展示出空间层次的丰富性和生动性

课后练习

1. 根据课上动画讲评，修改建筑空间序列与光的相关设计问题。

2. 绘制 3 个建筑方案图并排版。

练习成果要求

1. 建筑方案图包括建筑总平面图、平面图、剖面图、立面图、分层轴测图、剖透视图、室内效果图、室外效果图。

2. 每个方案不少于 4 张 A1 图纸。

3. 在建筑方案图绘制不完整的情况下，可以先把图纸排版完成。

4. 图纸排版要以“宇宙法则”的网格参考线为依据。

注意事项

在讲评建筑动画时，老师应注意空间序列中的对比、韵律、节奏，家具及设施的布置，光对空间的塑造等主要问题。

第 4 周

4-1

图纸讲评，课后图纸修改

教学目标

1. 训练同学们的图纸表达和版式设计能力。

2. 通过讲评，检验同学们的建筑空间的图纸表达和版式设计情况。

3. 通过图纸绘制，提高同学们对建筑空间的理解的深度和全面性。

授课内容

针对图纸的绘制和排版情况进行讲评。[1]

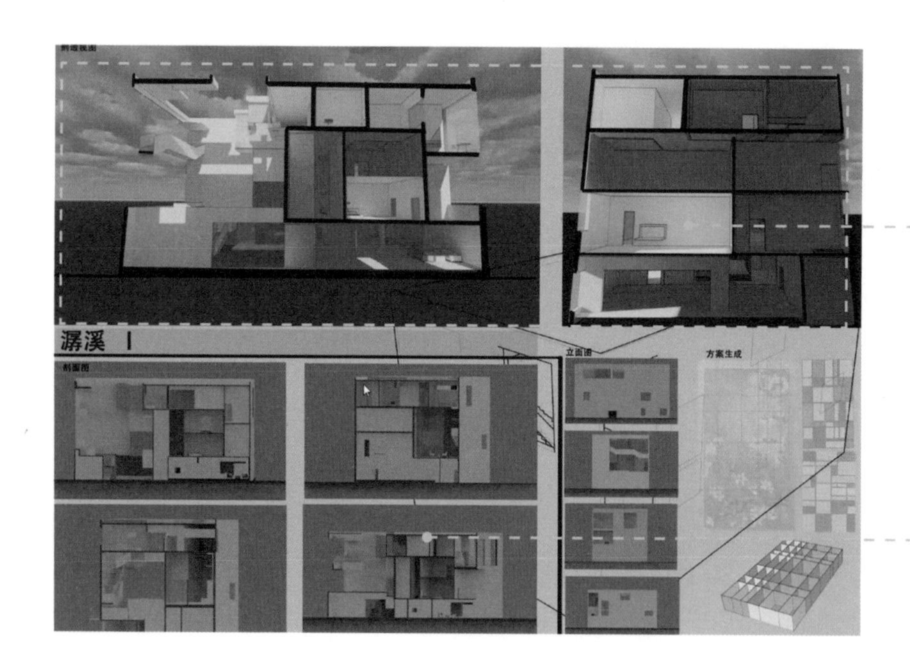

图纸讲评：剖透视图应该是一点透视视角下室内空间的透视表现，不能出现两点透视、三点透视的情况，以免影响空间效果的表现

图纸讲评：图纸表达的目标是表现建筑空间的真实性、完整性，这种与空间设计无关的图面手法破坏了图面表达的清晰性，不应在图纸表达中出现

1. 详细内容请参照广西师范大学出版社《几何的秩序》第 7 章。

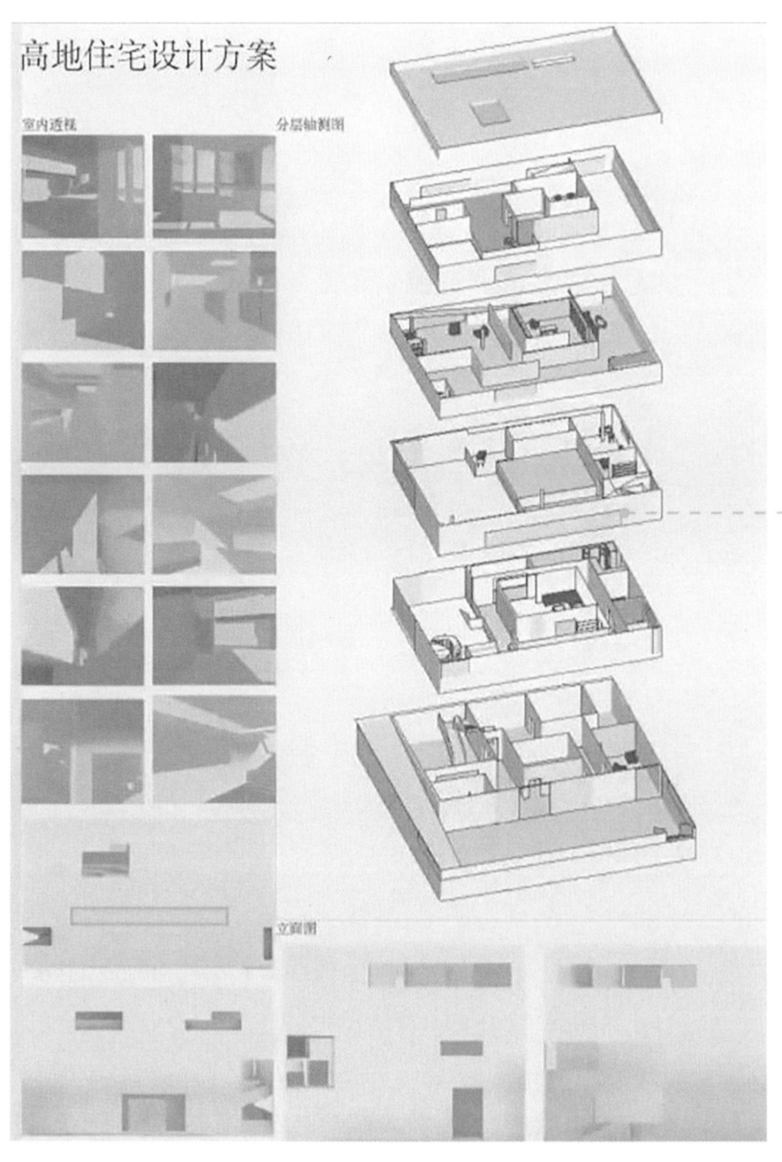

图纸讲评：图纸右侧的分层轴测图用线图表现，而左侧室内空间表现图用色彩和光影表现，从图面效果来看，两者表现风格不统一

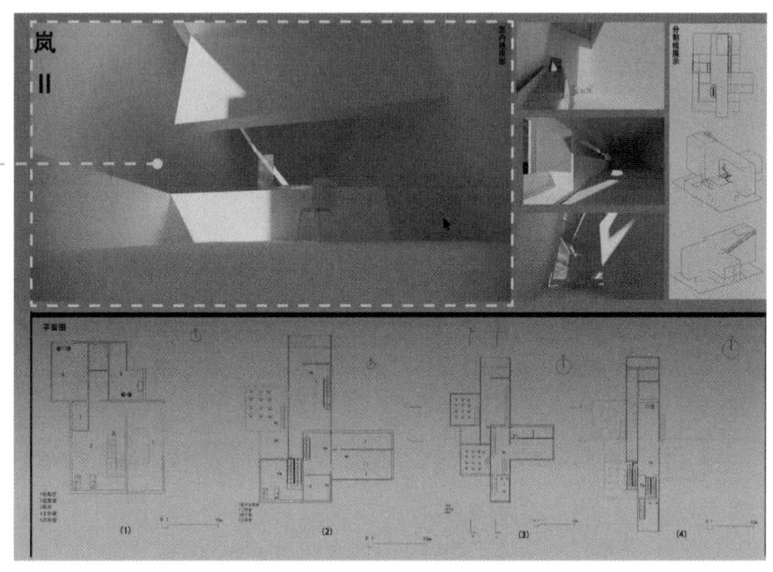

图纸讲评：室内空间效果图没能表现出空间形态的丰富性，图纸底部的平面图绘制较为细致，但所占图面较小，其丰富的空间细节不能得到表现，建议将其在单独的图纸上放大表现

图纸讲评：平面图中走廊宽度与房间宽度比例不协调，从平面图上看，空间尺度缺少韵律感，应将走廊尺度按照住宅规范适当变窄，此外，一层平面图缺少剖切符号、指北针等

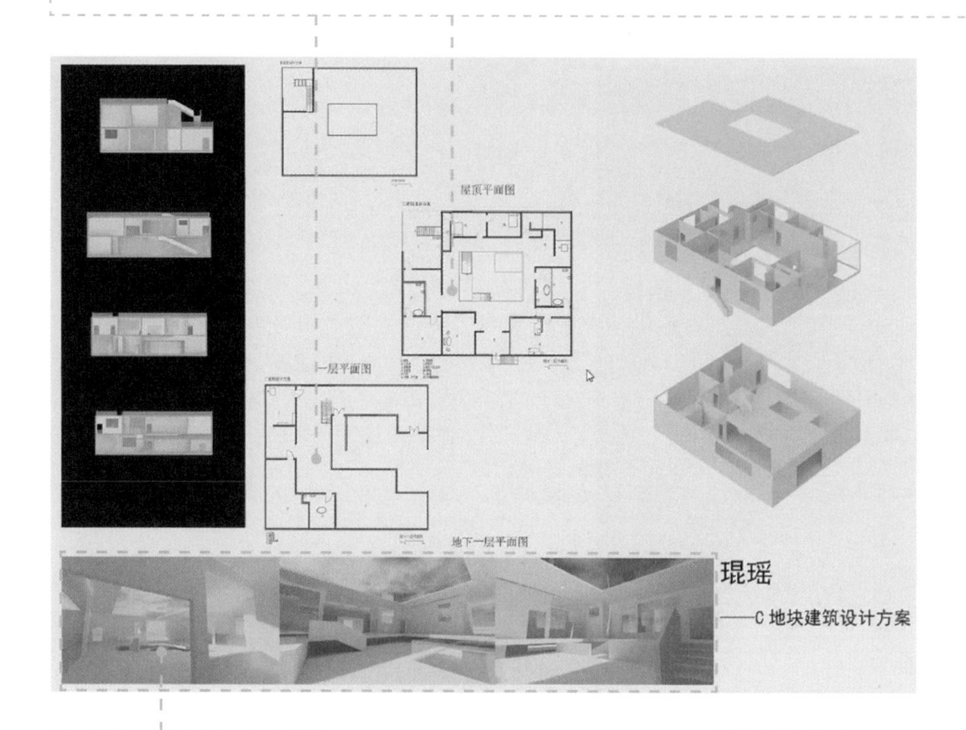

图纸讲评：室内空间效果图一方面要能够表现空间形态的丰富性、趣味性，另一方面应当保证空间视角的横平竖直

图纸讲评：首先，建筑室外效果图没有利用光影塑造丰富的建筑形态；其次，建筑形体要保证在竖直方向上不能出现透视视角

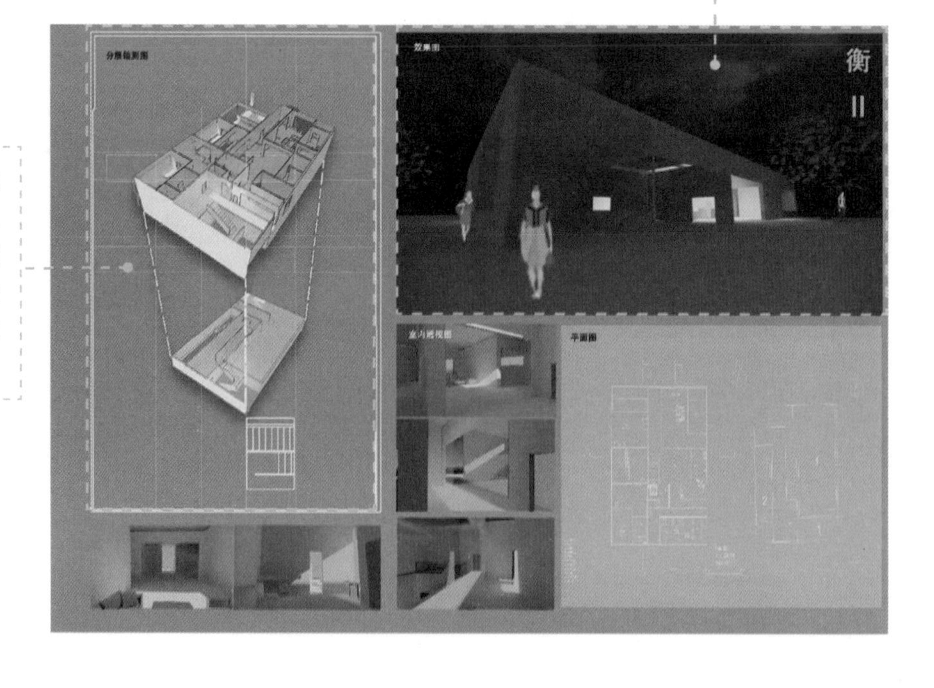

图纸讲评：分层轴测图在各个方向上都不能出现透视视角，否则会改变空间形态的比例和尺度关系

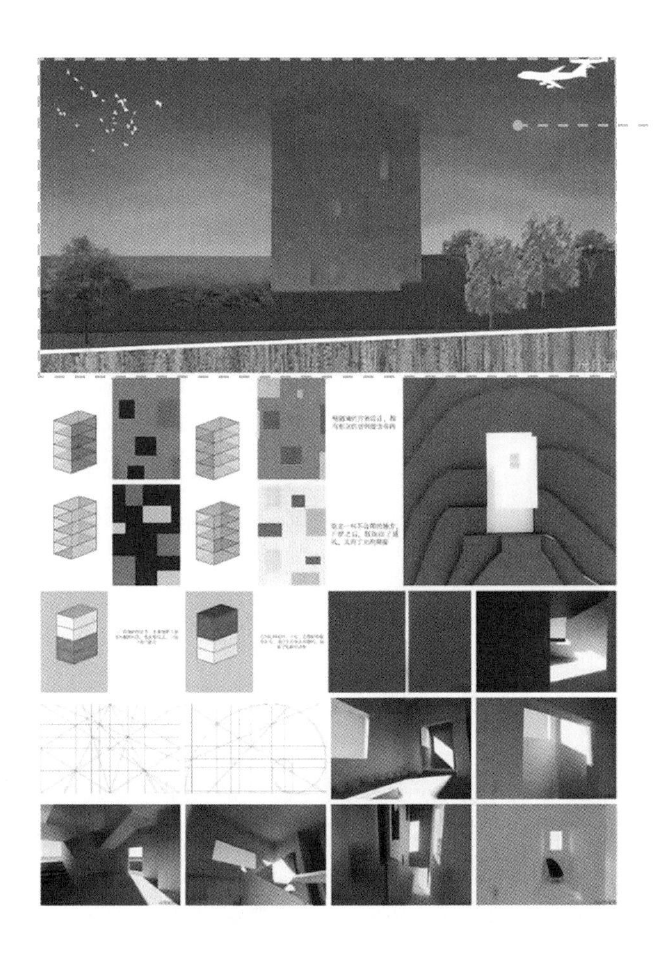

图纸讲评：图纸上部的建筑效果图缺少光影塑造，其丰富的建筑形态未能得到表现，而建筑环境表达过于丰富，使其视觉效果超过了建筑形态的表现

课后练习

针对课上讲评，同学们进行建筑图和版式的修改。

练习成果要求

1. 3个建筑方案的图纸要有各自不同的表现风格。

2. 建筑图注意线型的表达。

3. 建筑平面图统一要求用线描图表达。

4. 建筑剖透视图中可以作建筑效果图呈现。

5. 图纸排版要讲究对位、主次、色调关系。

注意事项

这节课的讲评内容较为庞杂，可概括为两大类，以便于老师讲评。

1. 图纸版式设计相关问题。

2. 建筑图表达的相关规范问题。

第4周
4-2

图纸讲评，课后完善细节并制作实体空间模型

教学目标

通过图纸讲评，检验同学们的图纸修改情况，进一步提高其图纸表达能力。

授课内容

针对建筑图的表达和图纸排版的修改情况进行讲评。

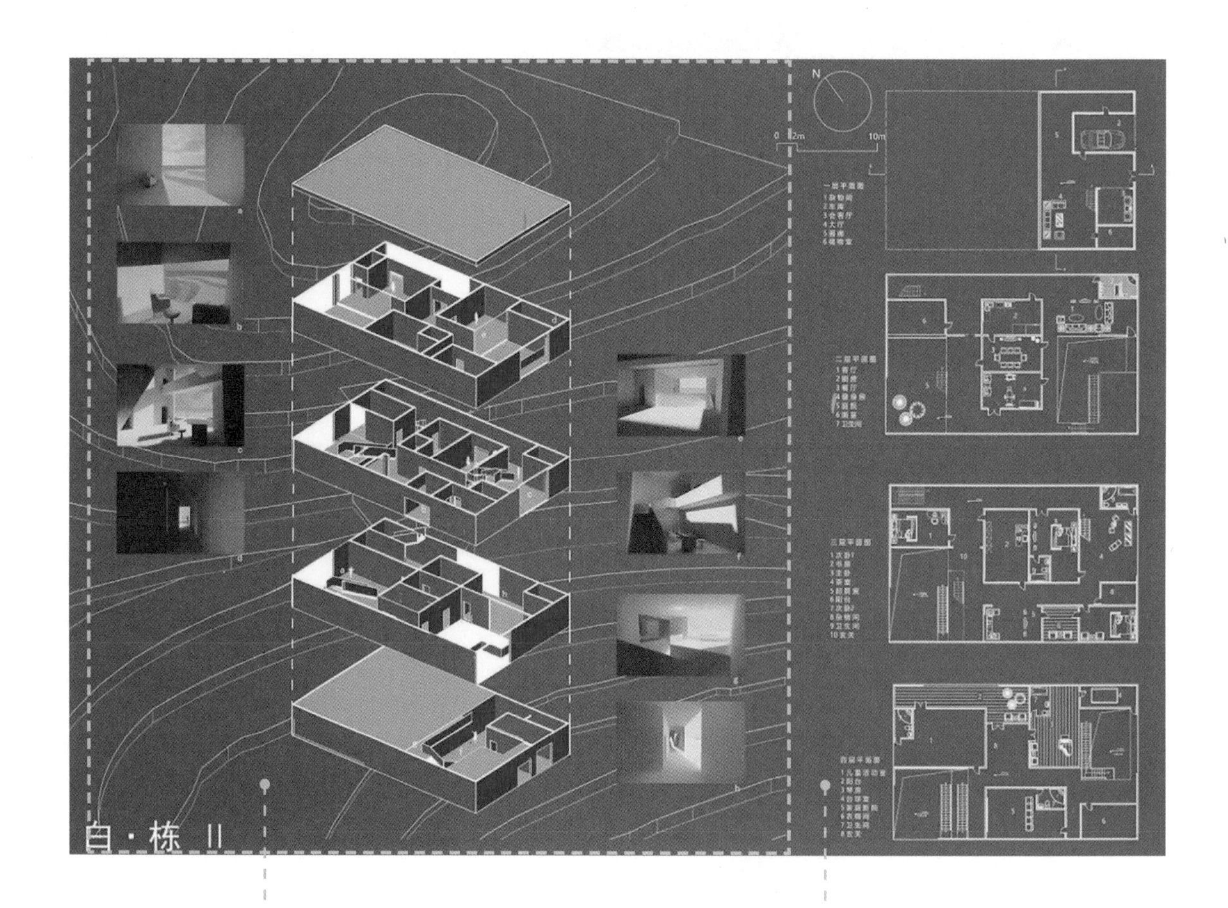

图纸讲评：该部分图面中的分层轴测图绘制较为准确，能够将各层空间较为清晰地表达出来，但其与两侧室内空间效果图的表现风格不统一，其线图与后者的光影表现风格差异较大

图纸讲评：建筑平面图的空间表达较为细致、丰富，但在空间细节的表达上缺少推敲，如图中房间内家具过多导致空间过于拥挤，无法展现空间应有的趣味性，因此在布置家具时，应当以表现空间魅力为主要依据

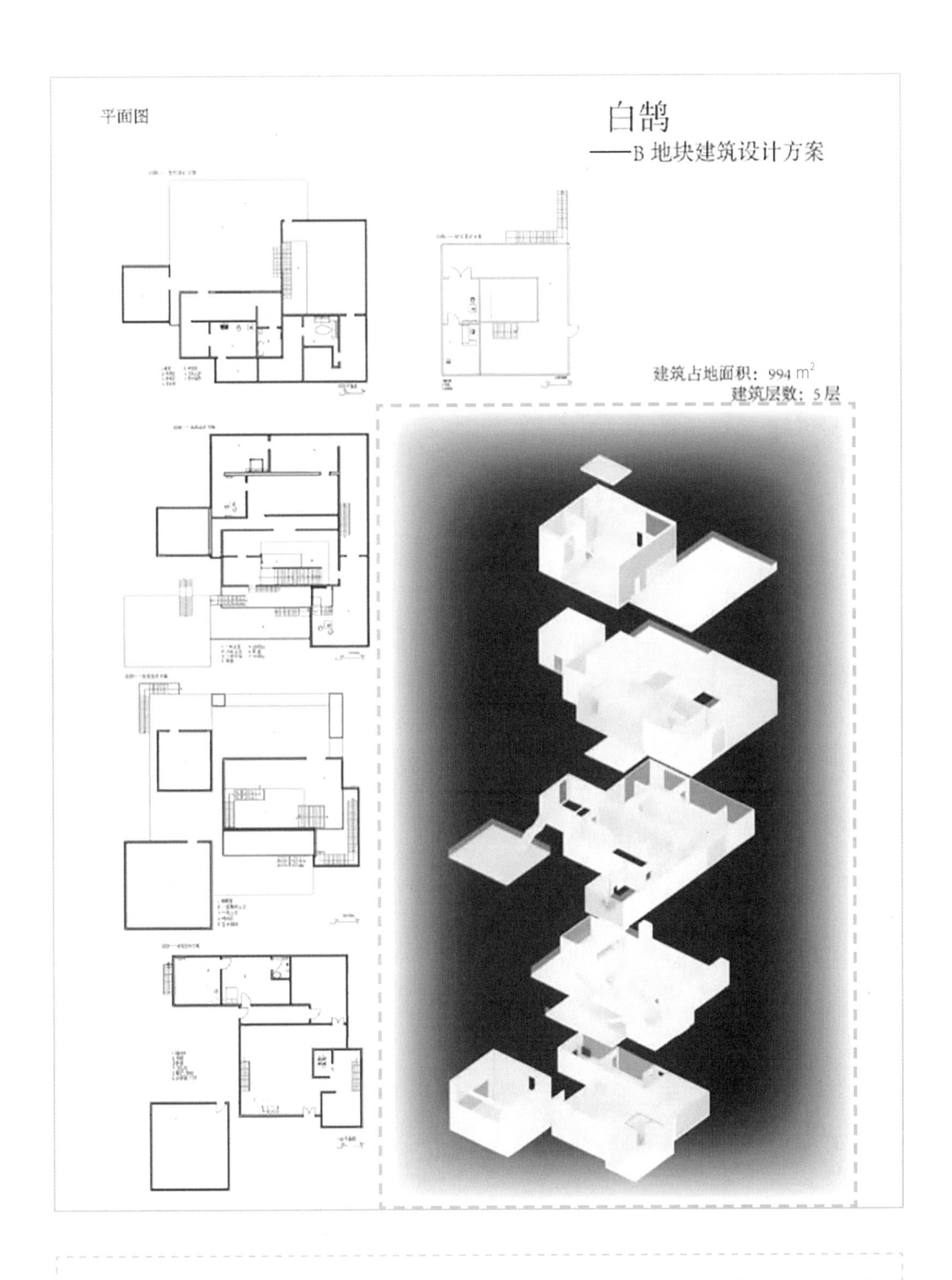

图纸讲评： 分层轴测图绘制得较为细致，但每层空间位置没有标注层数，其利用面的明暗表达空间的手法与图纸上平面图的线描风格不够统一。另外，版面黑色图底边缘部位的退晕效果无助于空间表达，显得有些累赘

图纸讲评：图纸上部利用剖透视图作建筑空间效果图，将室内丰富的空间形态呈现出来，但图纸底部的剖面图、立面图、室内效果图版面较小，未能表现建筑形态的丰富性，建议重新排版

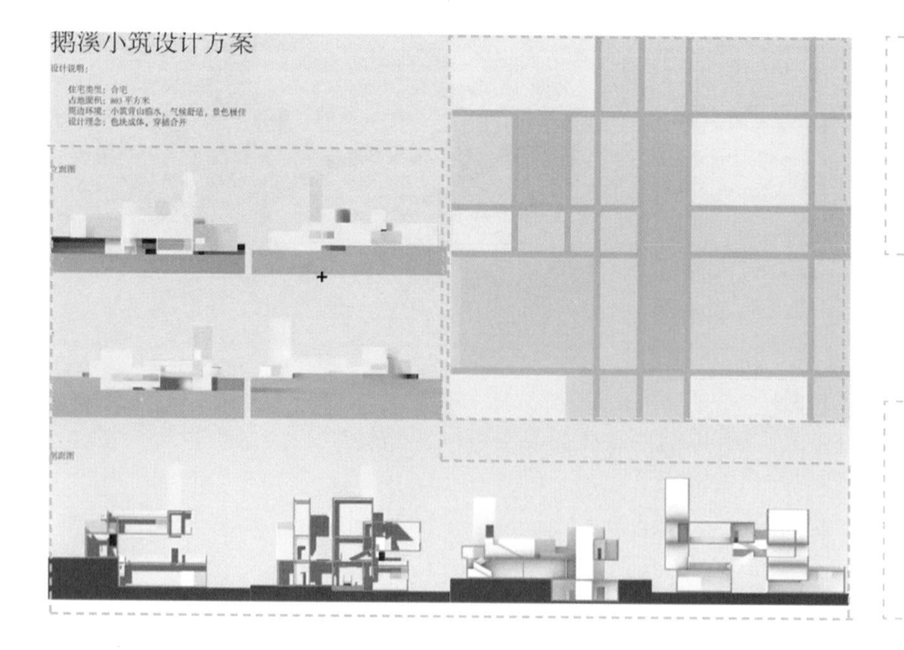

图纸讲评：图纸右上角抽象画作所占版面过大，此图在整个图纸版面中装饰性太强，且缺少对空间表达的说明

图纸讲评：图纸左侧建筑立面图和底部的建筑剖面图版面太小，不能将丰富的空间形态展示出来，建议放大表现

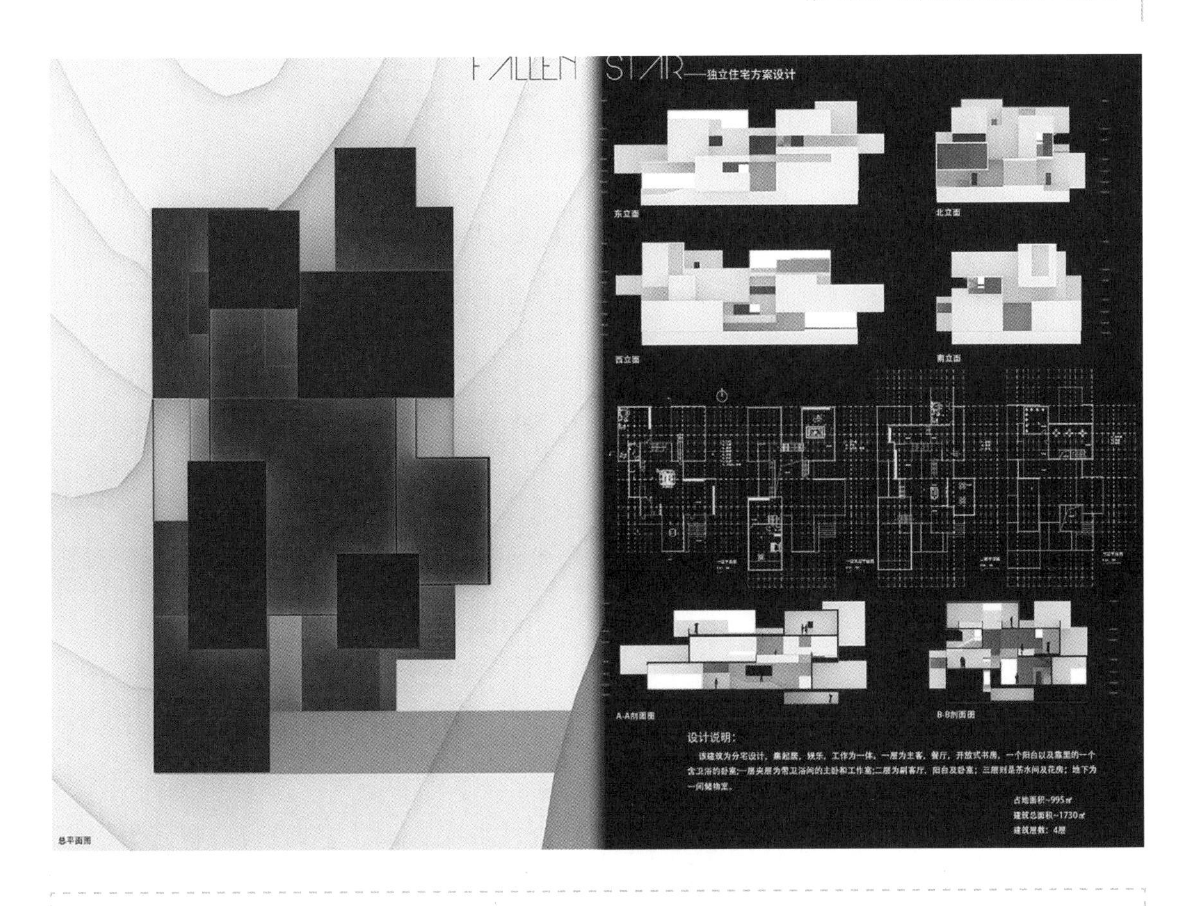

图纸讲评： 整张图面以黑白对比风格表现，图面效果较好，但图纸左侧总平面图缺少必要信息的表达，如指北针、比例尺等，图纸右侧中间位置的建筑平面图中网格线与建筑墙线太过接近，建议弱化处理

课后练习

1. 针对图纸排版和建筑图表达的细节问题做进一步完善。

2. 制作 3 个建筑方案的手工模型，拍照后分别在 A1 图纸上排版。

注意事项

1. 图纸讲评时除了注意图纸排版和建筑图的表达两方面的问题，同时还应注意室内家具的布置情况。

2. 讲评时，检验 3 个建筑方案的表现风格是否具有不同的特点。

第 5 周
5-1

最终评图，本单元结课

教学目标

通过图纸讲评，检验同学们图纸、模型的最终完成情况；通过专题总结提升同学们对“宇宙法则”的进一步理解，以及在建筑设计和版式设计中的应用能力。

授课内容

1. 图纸、模型讲评。

2. 专题总结。[1]

A 地块住宅设计方案
设计：董嘉琪

1. 详见广西师范大学出版社《几何的秩序》中的后记内容。

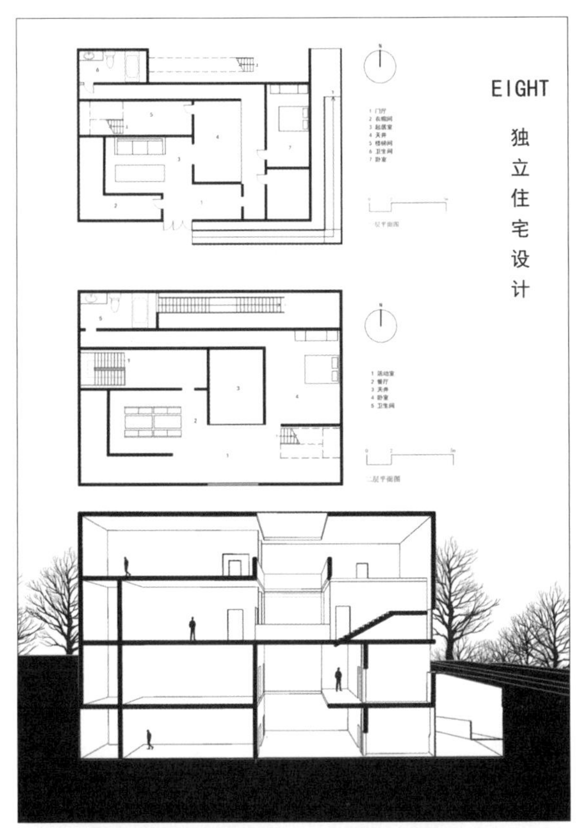

A 地块住宅设计方案　　设计：董嘉琪

B 地块住宅设计方案　　设计：李凡

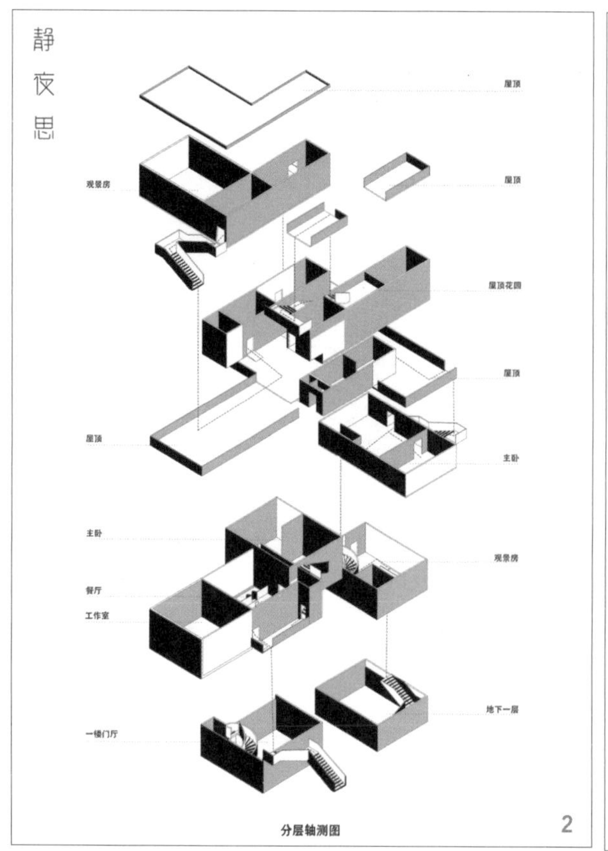

B 地块住宅设计方案　　设计：李凡

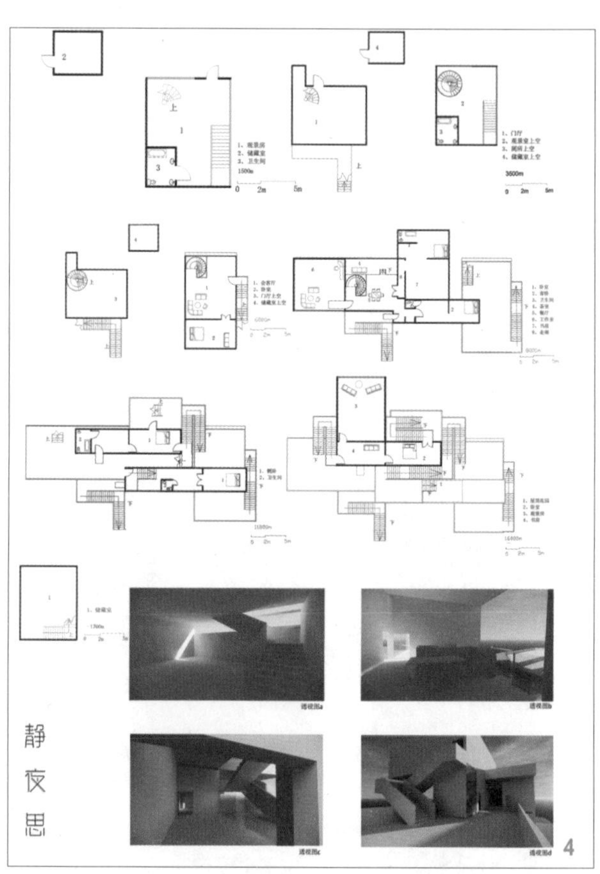

B 地块住宅设计方案　　设计：李凡

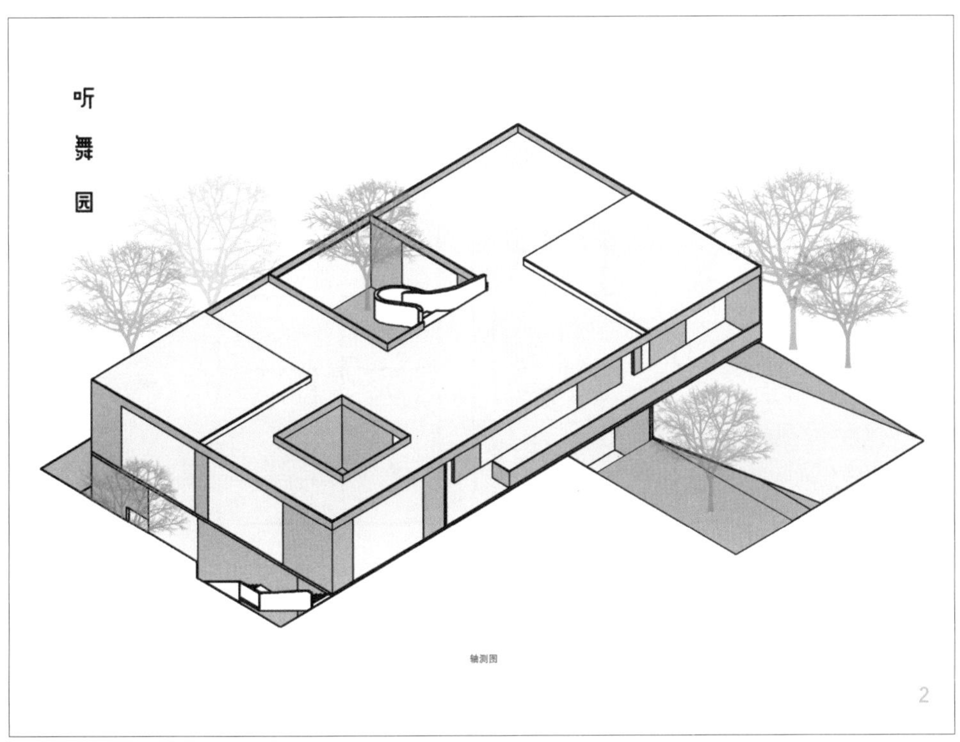

C 地块住宅设计方案　　设计：李凡

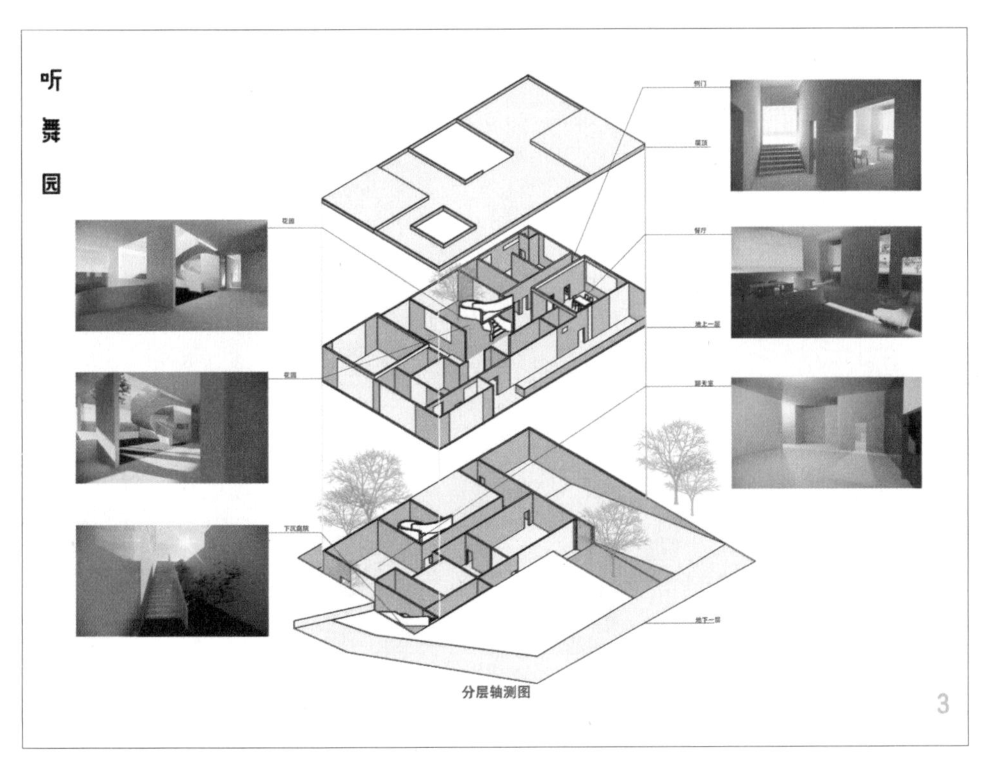

C 地块住宅设计方案　　设计：李凡

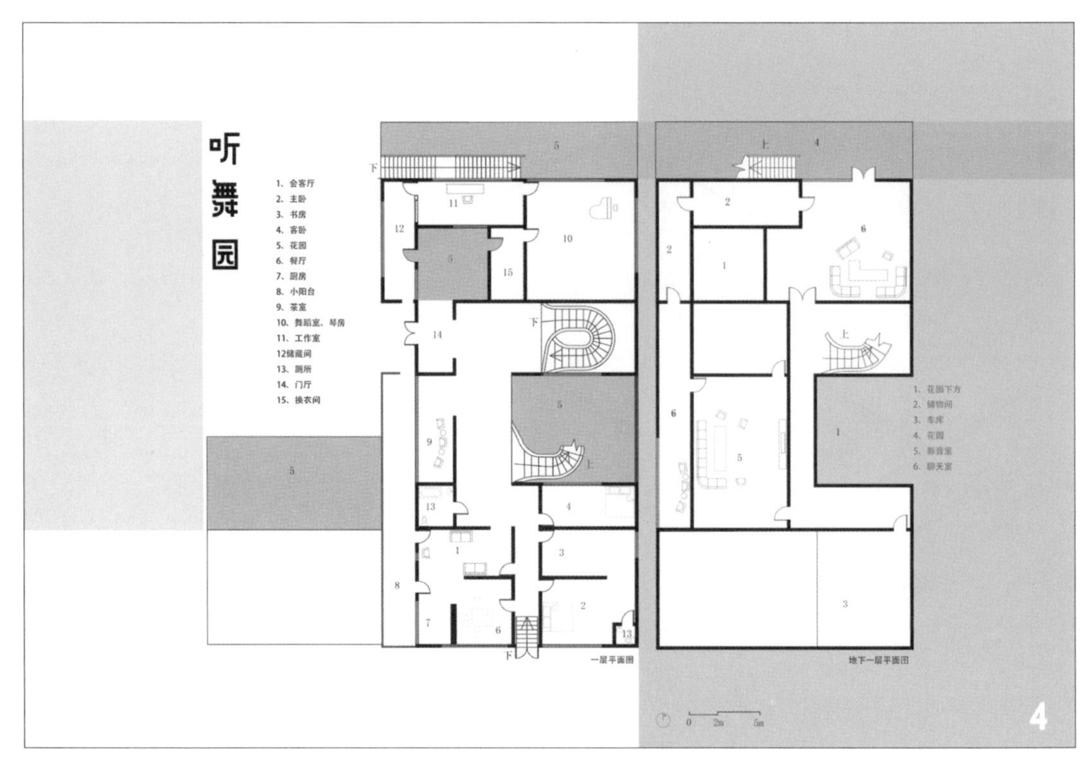

C 地块住宅设计方案　　设计：李凡

建筑方案模型

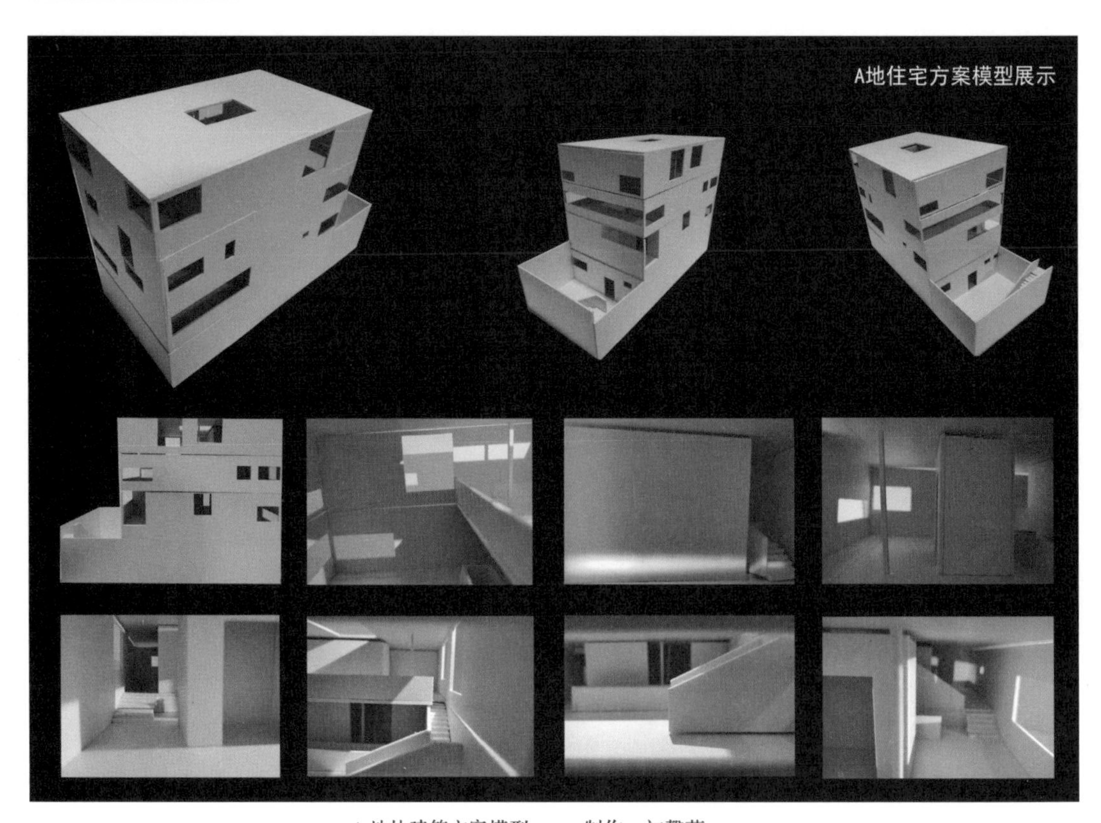

A 地块建筑方案模型　　制作：初馨蓓

B地住宅方案模型展示

B 地块建筑方案模型　　制作：初馨蓓

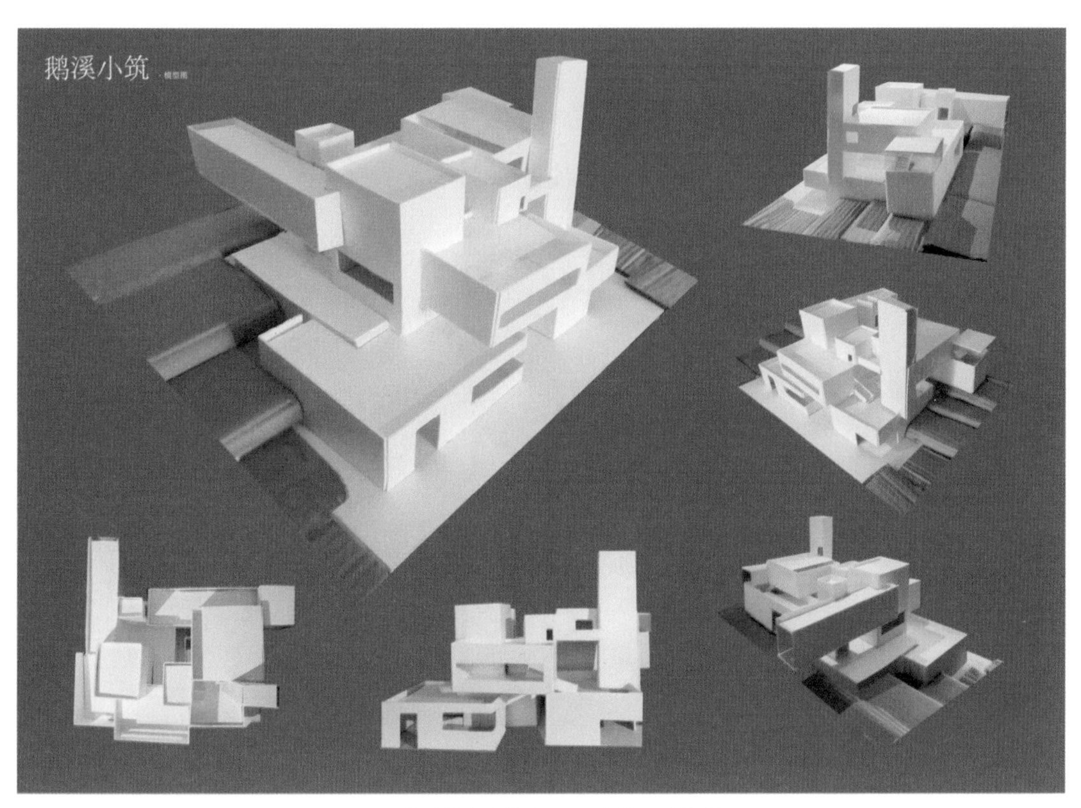

B 地块建筑方案模型　　制作：张皓月

实物模型图片

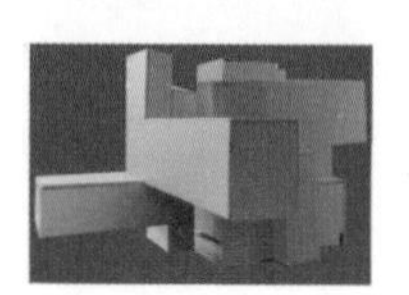

B 地块建筑方案模型　　制作：石丰硕

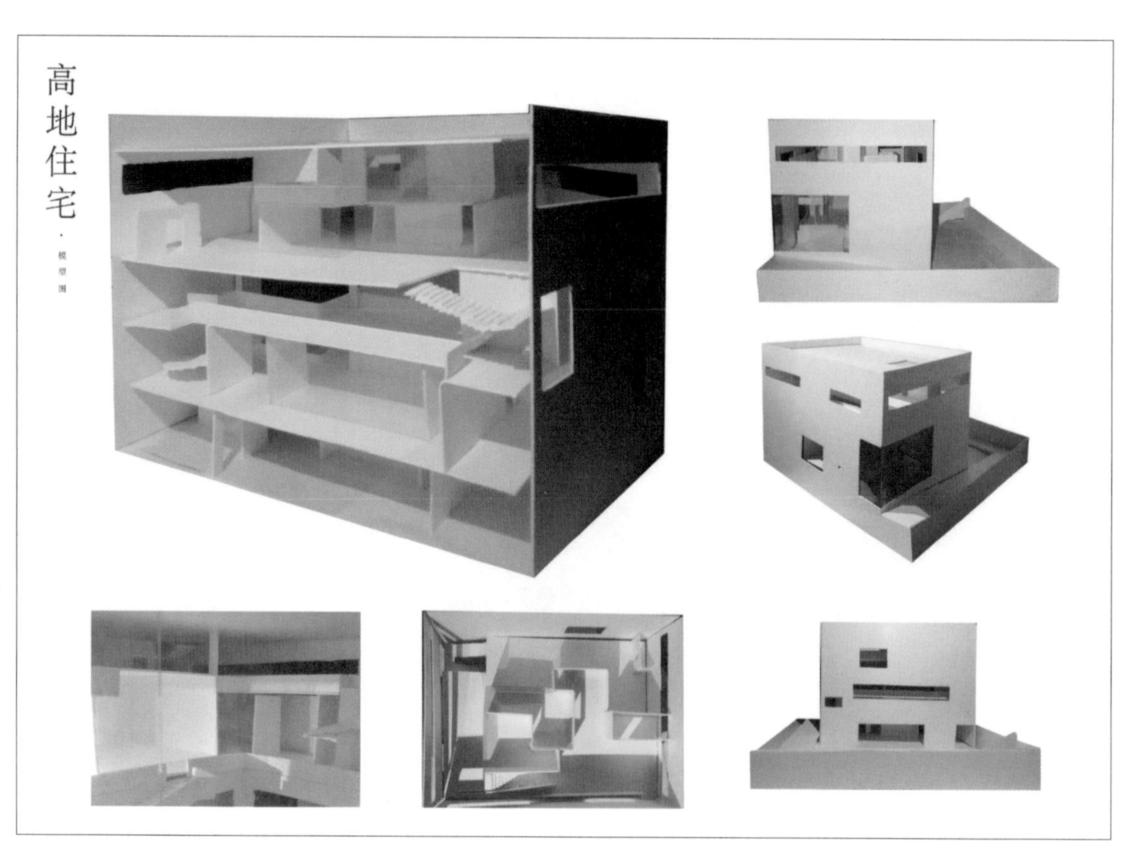

A 地块建筑方案模型　　制作：张皓月

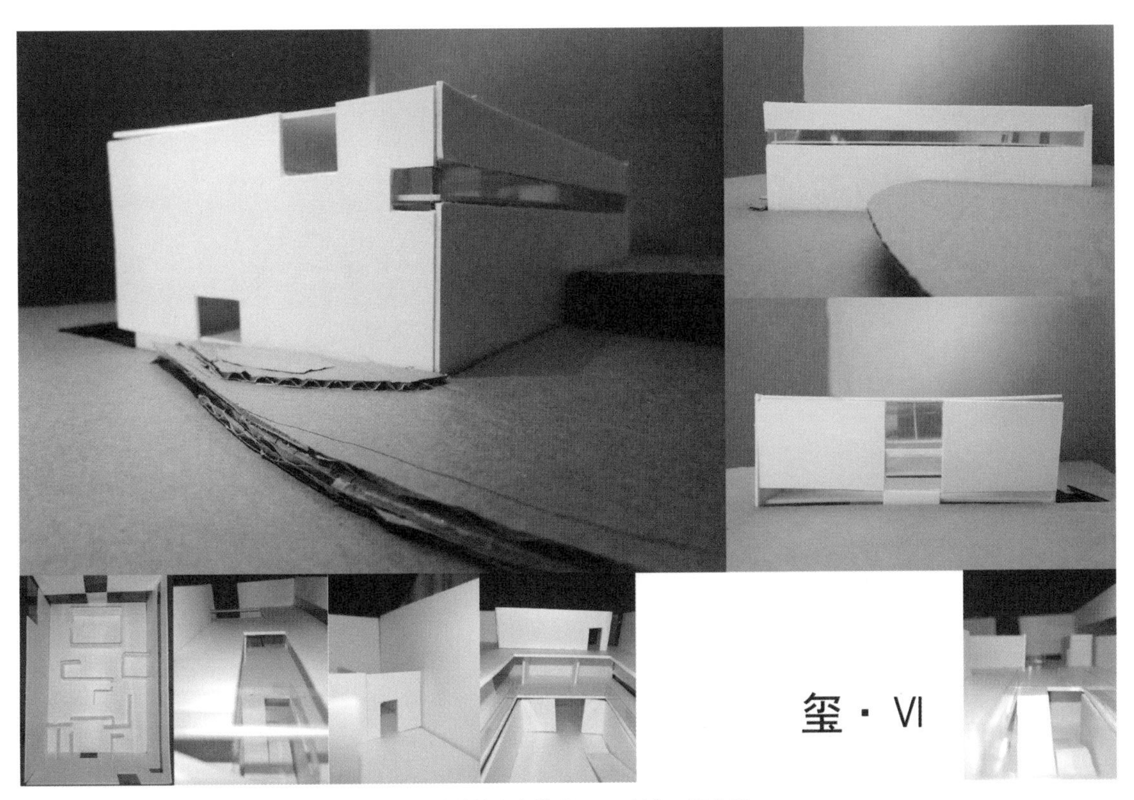

C 地块建筑方案模型　　制作：杨玲珺

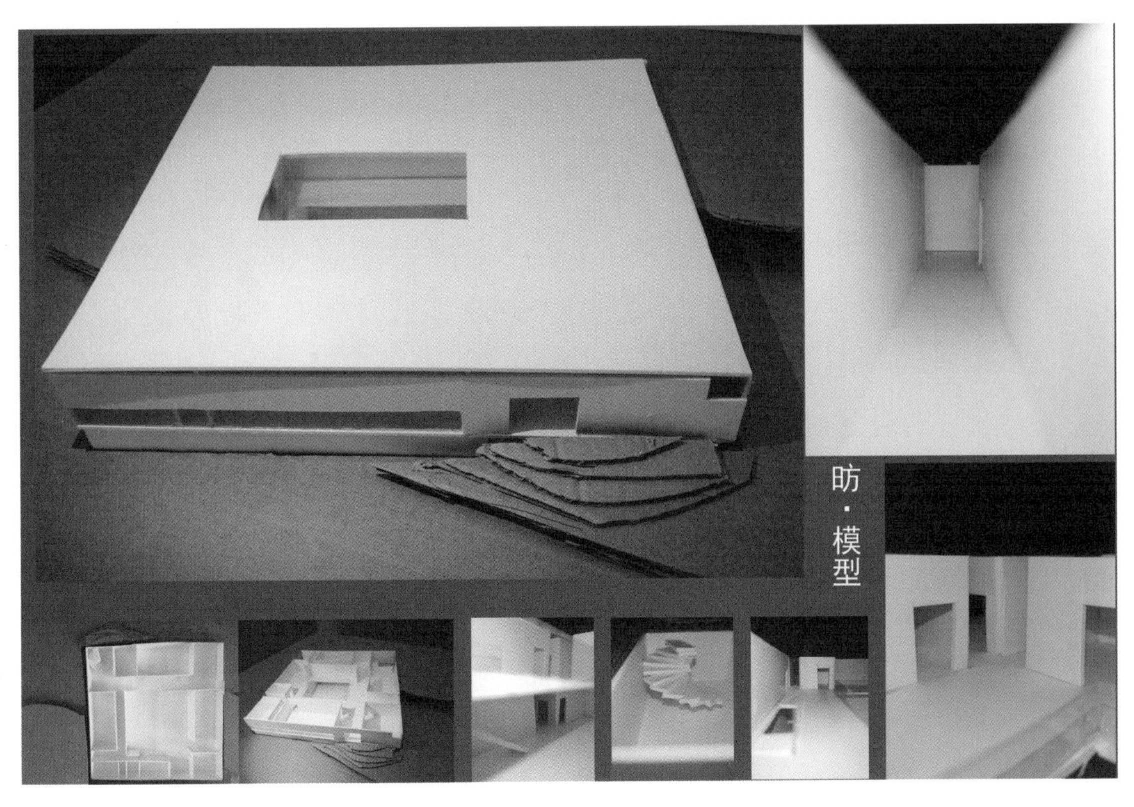

C 地块建筑方案模型　　制作：杨玲珺

B 地块建筑方案模型　　制作：宁思源

A 地块建筑方案模型　　制作：刘昱廷

B 地块建筑方案模型　　制作：徐维真

C 地块建筑方案模型　　制作：刘昱廷

注意事项

专题总结主要包括以下方面：

1.“宇宙法则”存在于一切客观存在之中。

2.“宇宙法则”在建筑设计与版式设计中的应用。

3.“空间序列和蒙太奇”“光与空间序列”的相关训练要点。

▼▼▼

第四单元

空间体块辩证构成组合与观念赋予设计法

4

空间体块辩证构成组合与观念赋予设计法，是在同学们掌握了前面三种整体空间形态的训练方法后所进行的空间单体组合训练。丰富的空间单体组群如何形成具有美的形态，是该方法的训练重点。

第 5 周

5-2

讲课并布置设计任务，课后完成建筑形态的设计方案

教学目标

通过讲授空间体块辩证构成组合与观念赋予设计法相关理论，让同学们理解美学秩序在二维平面和三维空间中的辩证关系，并帮助其初步掌握这一原理在建筑设计中的应用技法，为其设计出由自由空间体块组合而成的建筑形态奠定基础。

授课内容

1. 讲授空间体块辩证构成组合与观念赋予设计法的相关设计原理与应用手法。

2. 布置工艺美术馆和泉水博物馆两个建筑方案的设计任务。

课后练习

每位同学要完成工艺美术馆和城市文化博物馆两座建筑的建筑形态设计。

操作步骤

1. 每位同学先搜集构成主义、至上主义的相关画作。

2. 将这些画作导入 CAD 软件。

3. 选择画作中的图形轮廓进行描绘。

4. 在 CAD 软件中，将描绘出的图像轮廓线置入设计场地范围，等比例缩放至与建筑红线范围相适应。

5. 将带有图形轮廓线的设计用地范围图导入 SU 软件。

6. 在 SU 软件中，依据图形轮廓线生成三维空间体块，然后在竖向维度进行体块辩证组合，须保证体块的平面投影位置不变。

7. 在体块辩证组合完成后，选取相应的建筑立面，按照“宇宙法则”开设门、窗洞口。

步骤 1

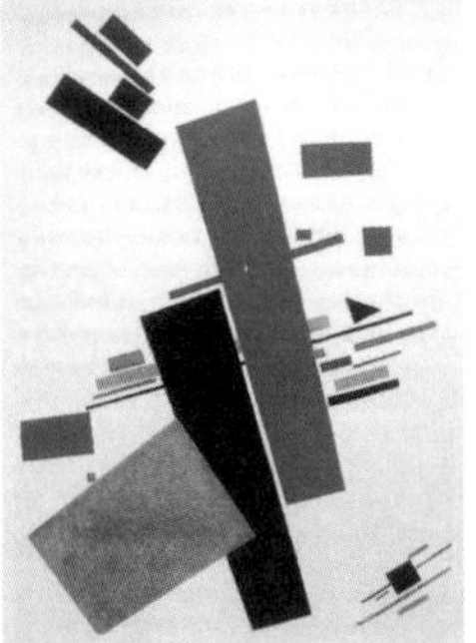

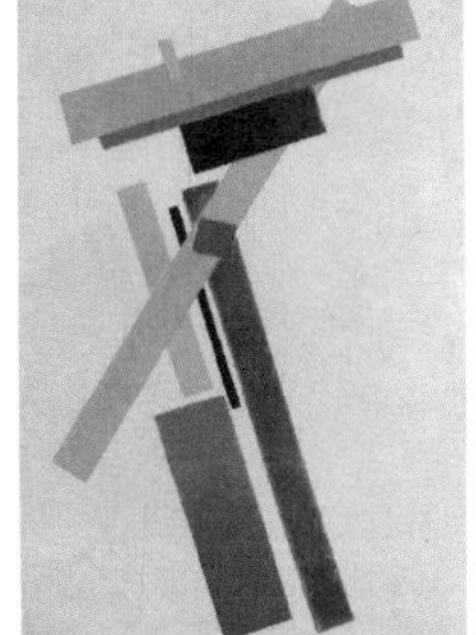

步骤 2

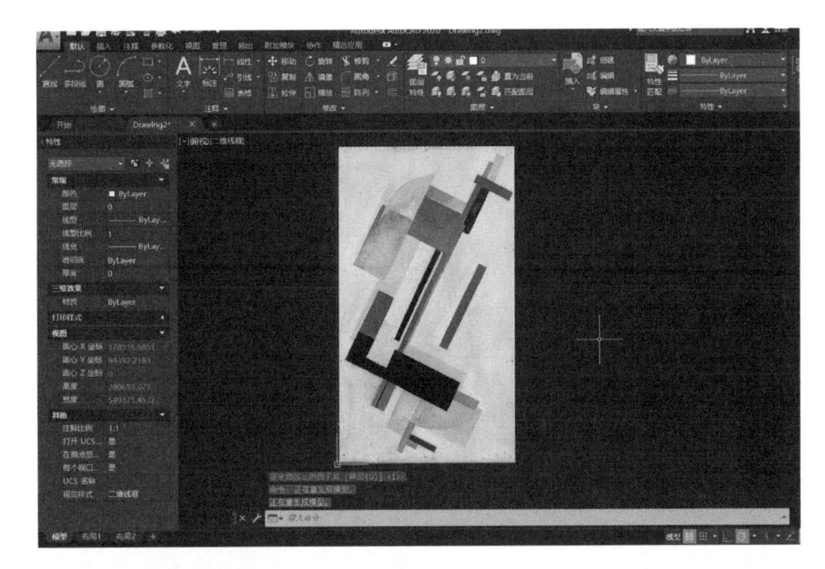

步骤 3

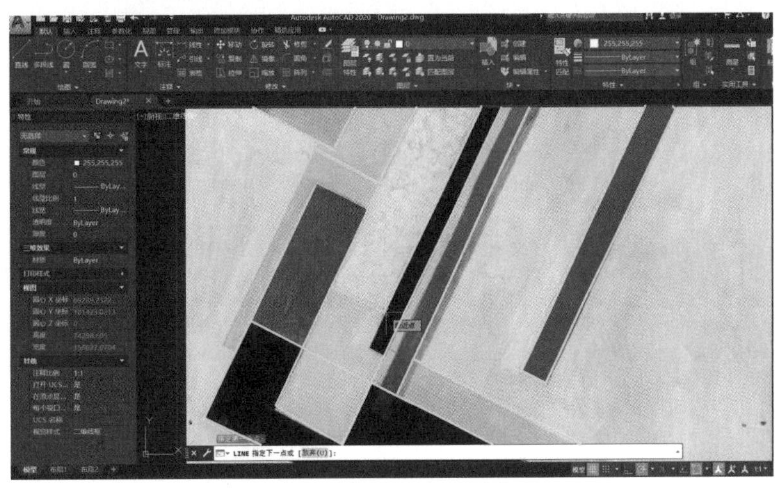

步骤 4

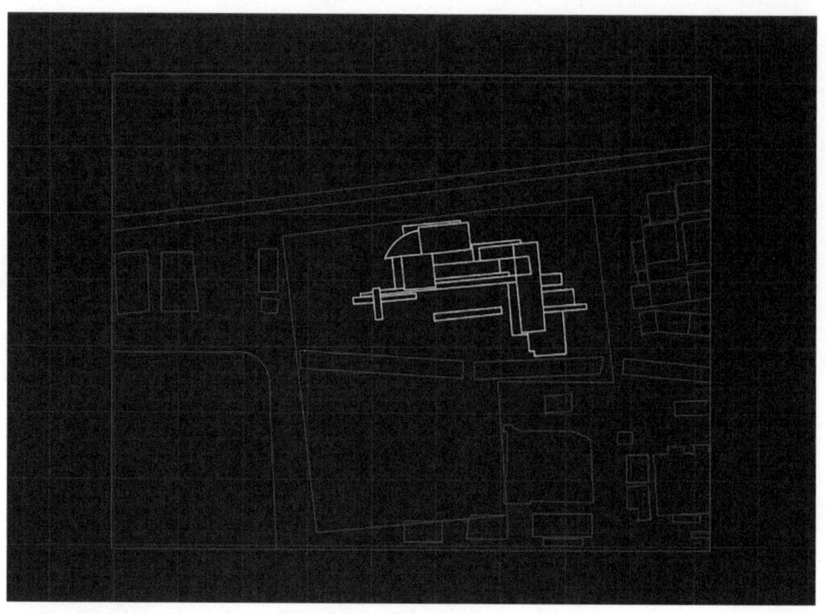

步骤 5

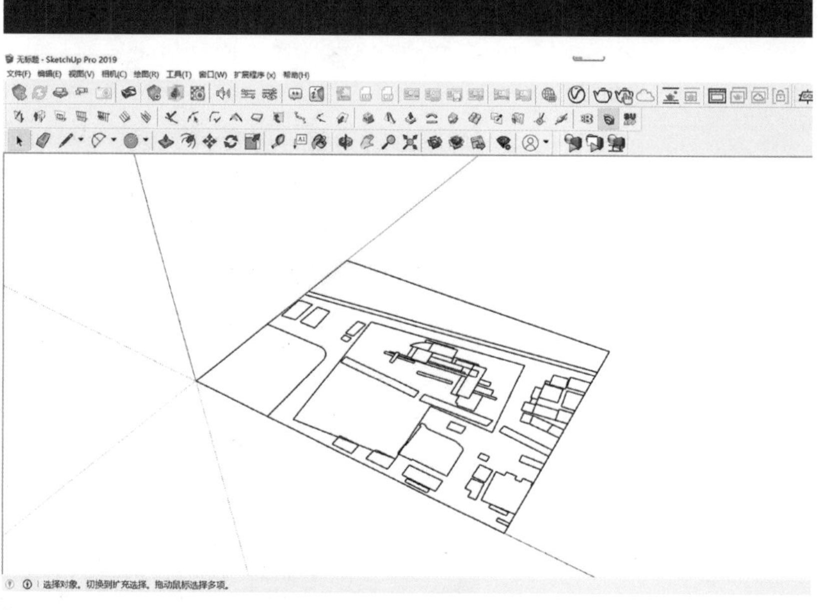

步骤 6

A1 - SketchUp Pro 2019
文件(F) 编辑(E) 视图(V) 相机(C) 绘图(R) 工具(T) 窗口(W) 扩展程序(x) 帮助(H)
选择对象。切换到扩充选择。拖动鼠标选择多项。

步骤 7

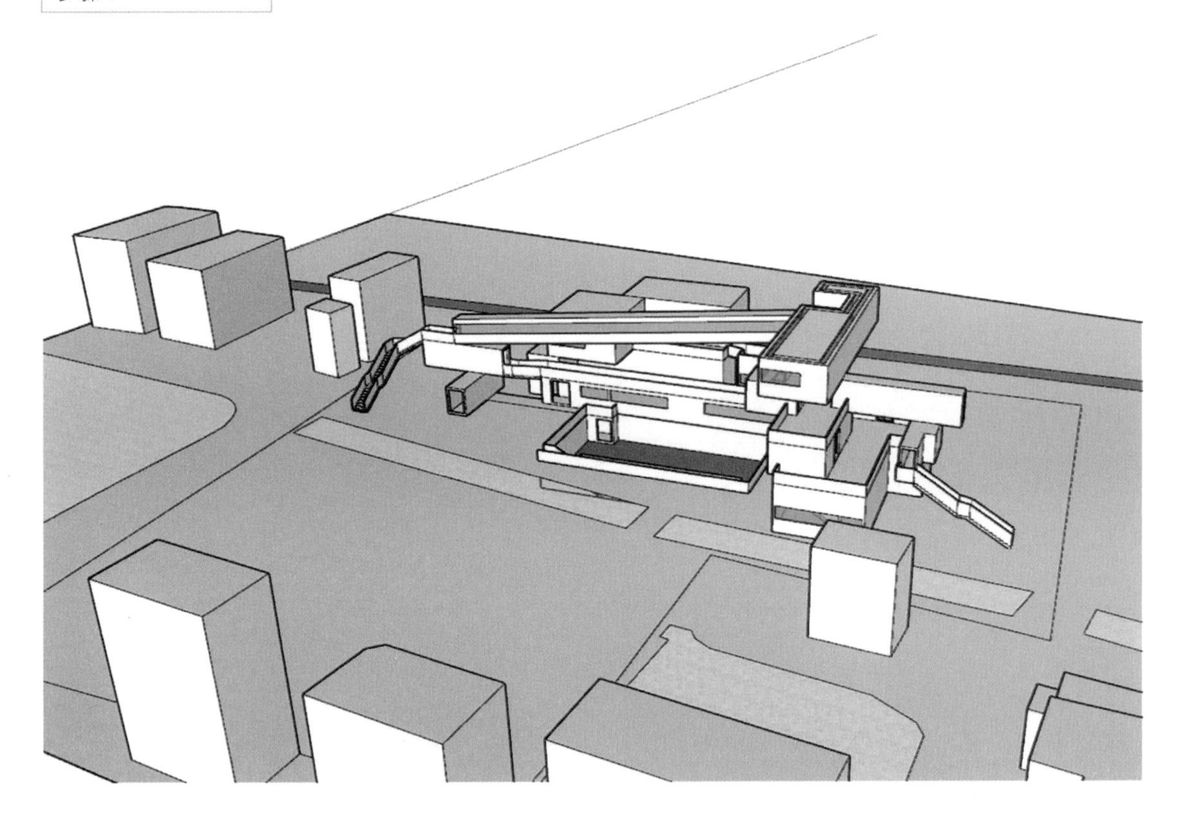

练习成果要求

1. 每个建筑方案需要完成两个不同的建筑形态设计。

2. 每个建筑形态设计须在指定场地的建筑红线范围内完成。

3. 每个建筑形态均须包含地下空间、室外地下广场。

4. 每个建筑形态均须以动画展示外部形态的构成关系。

5. 每个动画时长为 1 ～ 2 分钟。

6. 建筑形态设计先不考虑内部功能布置。

注意事项

1. 老师须提前准备构成主义、至上主义的相关知识。

2. 同学们可以通过网络、书籍、期刊等途径搜集构成主义、至上主义的相关画作。

第 6 周
6-1

动画讲评，课后修改建筑形态模型

教学目标

通过动画讲评发现同学们在建筑形态提取与辩证组合训练过程中的问题，进一步加深其对空间体块辩证组合的理解。

授课内容

1. 每位同学展示 4 个建筑形态设计的动画。

2. 老师就动画中暴露出的空间体块组合问题逐一讲评。

马列维奇画作

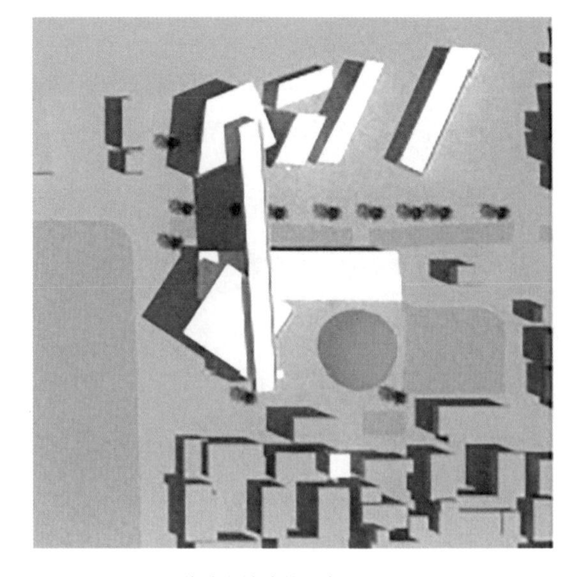

工艺美术馆建筑方案顶视图

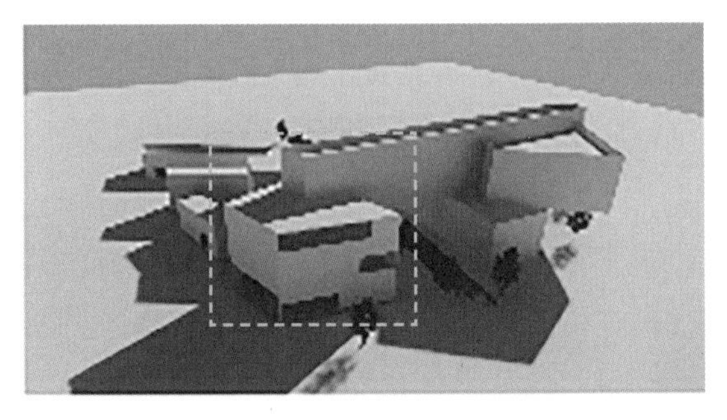

方案讲评： 建筑空间体块之间应当为“搭接”关系，目前动画显示的两个体块之间的组合为“穿插”关系，“搭接”关系要求在体块之间发生接触时，保证各自体块的独立性和完整性，而“穿插”关系没有遵守这一空间体块组合要求

康定斯基画作

方案讲评： 在从画作中提取空间体块时，应当将其简化成基于方形、圆形、三角形为母体的基本几何形体，目前这个方案中的两个空间体块过于复杂，不够简洁

方案讲评： 在组合时，建筑体块之间应当形成“搭接”关系，目前这组空间体块通过“穿插”组合，不符合训练要求

课后练习

1. 每位同学针对建筑形态中暴露出的空间体块的辩证组合问题进行修改。

2. 修改完成的4个建筑形态继续分别以动画展示。

练习成果要求

1. 每个动画时长为 1 ～ 2 分钟。

2. 动画不仅要展示外部空间体块的组合关系，还应展示内部空间形态。

注意事项

1. 每组建筑形态内空间体块之间的组合为“搭接”关系，每个空间体块均须保证完形性。

2. 空间体块在竖向上可以有倾斜变化，但是应保证平面投影位置不变。

第 6 周
6-2

动画讲评，课后修改建筑形态模型，并完善内部空间序列

教学目标

通过动画讲评，进一步提高同学们对空间体块自由组合的能力，强化其对空间体块“搭接”关系的理解。

授课内容

建筑动画讲评，检验建筑模型的修改情况，尤其是地下空间、空间体块的“搭接”、体块支撑等知识要点。

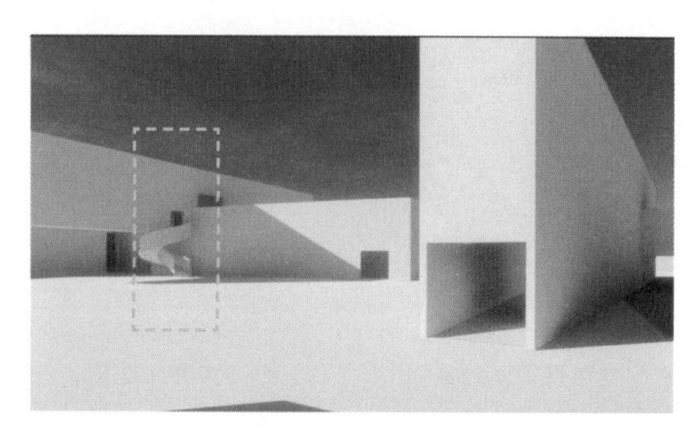

方案讲评：上下建筑空间体块之间互相“咬合”，破坏了每个空间体块的完形性，没有按照“搭接”手法处理空间体块的组合手法

方案讲评：互相垂直的两个长方体“穿插”组合，没有按照“搭接”组合的要求操作

方案讲评：在两组建筑空间体块中，局部之间互相“咬合”，破坏了单个空间体块的完形性

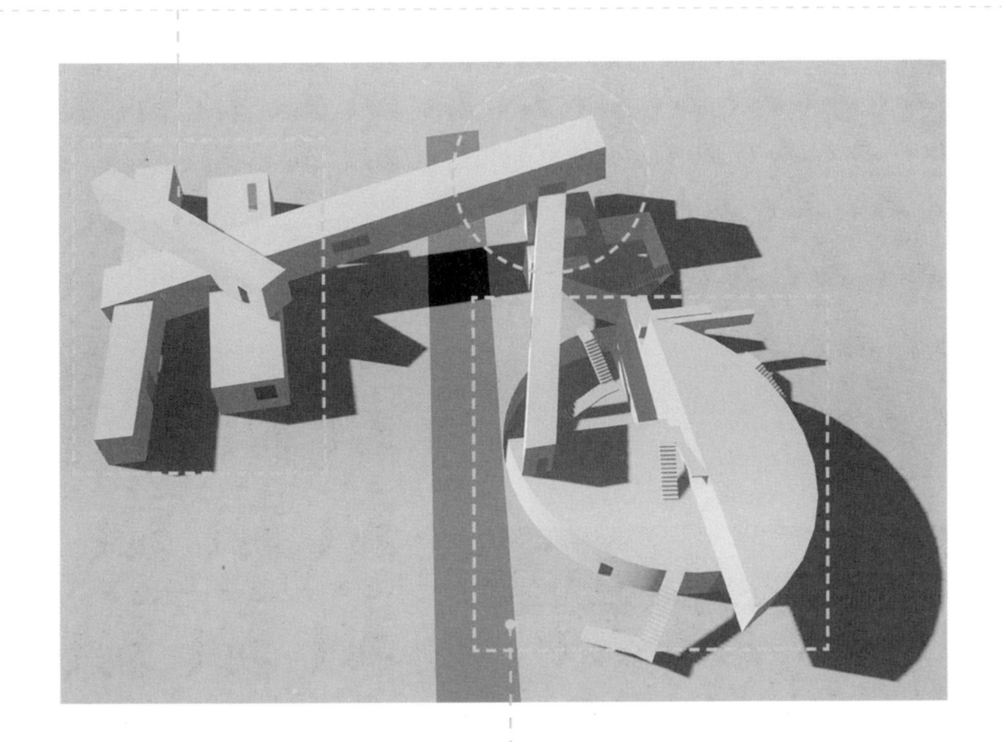

方案讲评：该部分体块之间互相“搭接”组合，保证了每个空间体块的完形性，操作较为准确

方案讲评：应注意各部分空间体块要满足建筑尺度要求，不能有装饰性体块

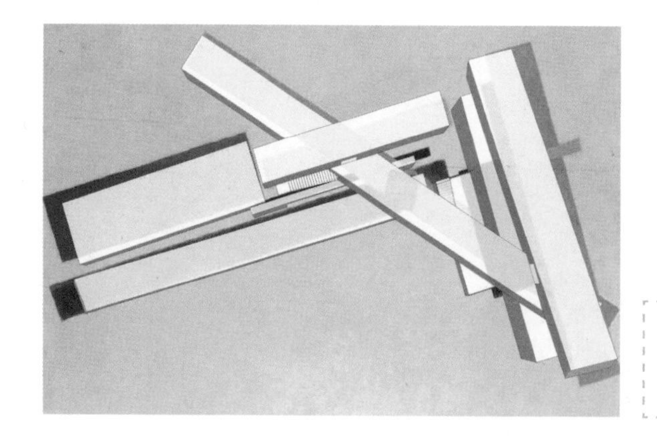

方案讲评： 此方案从画作原型中抽取空间体块原型，通过顶视图观察体块之间的“搭接”关系

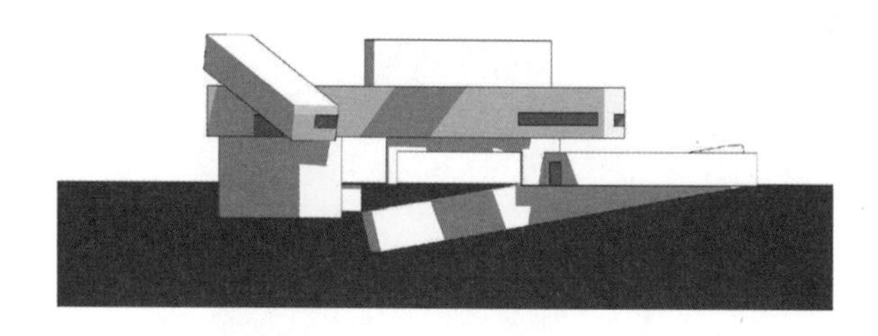

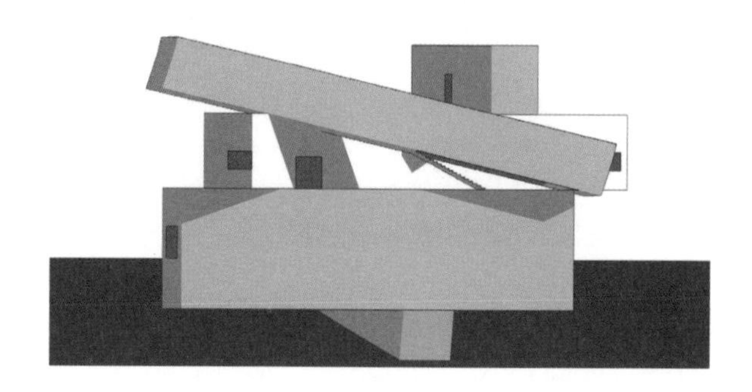

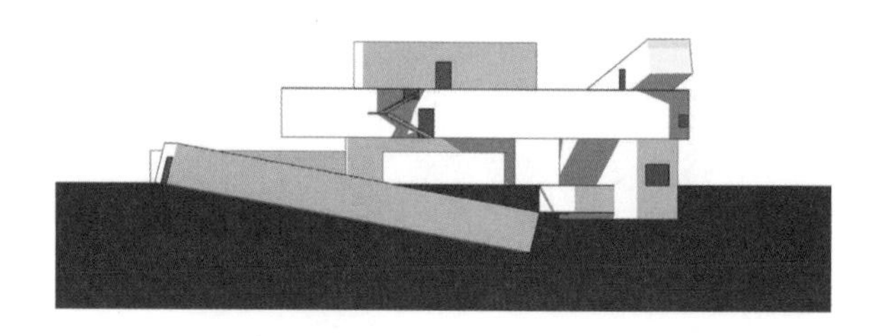

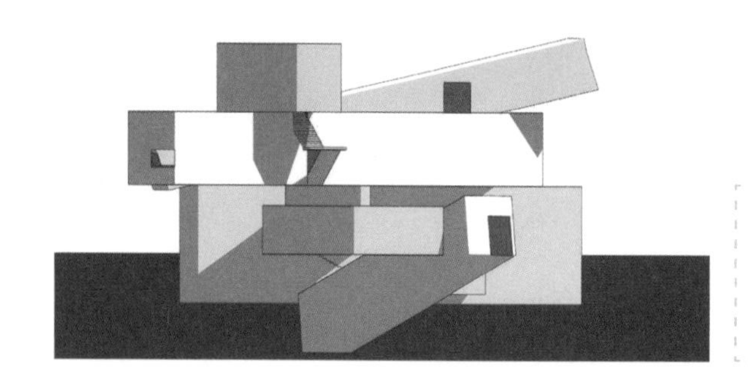

方案讲评： 从该组建筑体块的 4 个不同立面图中可以观察局部之间的“搭接”关系，每个体块保持了完形性

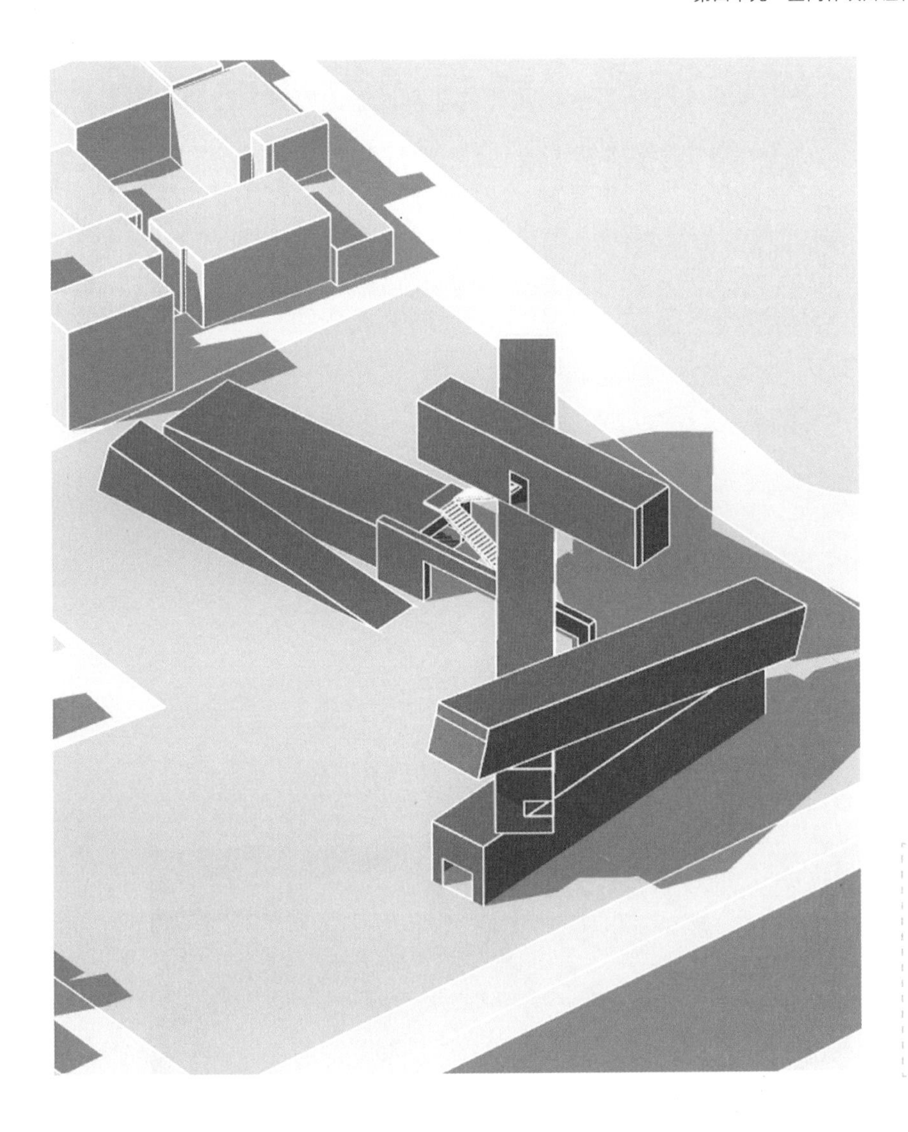

方案讲评： 为了丰富整体建筑形态，可以根据场地条件，将局部体块置入地面以下来创造地下空间

课后练习

1. 根据课上讲评，修改建筑形态模型。

2. 为丰富空间，在修改后的建筑形态中，加入楼梯、坡道、竖向共享空间，将各个空间体块联系起来。

3. 按照“宇宙法则”的网格线在建筑立面上开门、窗、洞口。

4. 修改并完善地下空间和下沉广场。

练习成果要求

1. 修改后，继续在动画中展示模型。

2. 本次动画展示不仅需要展示外部建筑形态，更重要的是要展示内部空间序列及形态。

3. 下沉广场平面形式仍以从底图中提取的图形轮廓为参照进行设计。

第 7 周
7-1

动画讲评，课后进行功能赋予，并完善模型内部空间、图纸表达

教学目标

通过动画讲评，进一步提高同学们对空间体块自由组合的能力，强化其对空间体块“搭接”关系的理解。

授课内容

动画讲评，主要针对下沉空间、空间序列、门窗、光影等问题进行讲评。

方案讲评：利用坡道连通地面空间与二层室内空间，一方面增加二层空间的可达性，另一方面使得进入建筑空间的方式更具趣味性

方案讲评：画作中的图形既可以向上生成空间体块，也可以反向生成下沉广场或下沉庭院，这些空间能够丰富建筑场地空间，同时增加了建筑空间与室外空间的联系

方案讲评：利用连廊将各个独立的空间体块进行连接，增加建筑空间的连续性和整体性，同时通过室内外空间的“穿插”，使人感受到空间的趣味性

方案讲评：画作中的图形既可以向上生成空间体块，也可以反向生成下沉广场或下沉庭院，这些空间能够丰富建筑场地空间，同时增强建筑空间与室外空间的联系

方案讲评：利用空间体块中的细长体块作为空中连廊，以增加空中室外空间的丰富性和趣味性

方案讲评：在建筑体块立面开窗时，需要按照比例网格线设计

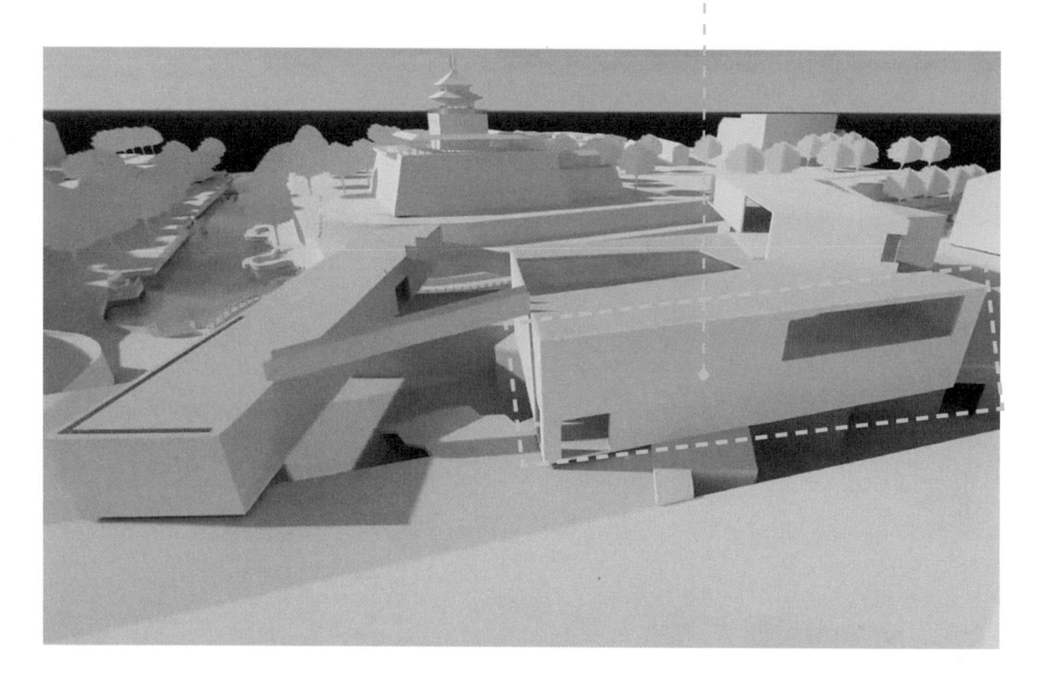

方案讲评： 利用直跑楼梯联系上下层空间，增加了各层空间的连续性和趣味性

课后练习

1. 根据课上讲评，对动画中的建筑模型相关问题进行修改、完善。

2. 根据设计任务书相关设计资料在建筑空间内赋予建筑功能。

3. 绘制 4 个建筑方案的设计图纸（包括总平面图、平面图、立面图、剖面图）。

练习成果要求

1. 每张建筑图单独在一张 A2 图纸上表现。

2. 在建筑空间内赋予建筑功能时，一方面需要参照设计任务书，另一方面需要参考《建筑设计资料集》中关于美术馆、博物馆的功能布置。

3. 内部功能空间仍以动画展示。

第 7 周

7-2

讲评动画和图纸，课后结合功能性与艺术性优化空间序列

教学目标

通过动画和图纸讲评，检验建筑功能的赋予情况。

授课内容

1. 每位同学通过动画和图纸展示建筑功能的赋予情况。

2. 老师针对动画和图纸中的功能空间进行讲评。

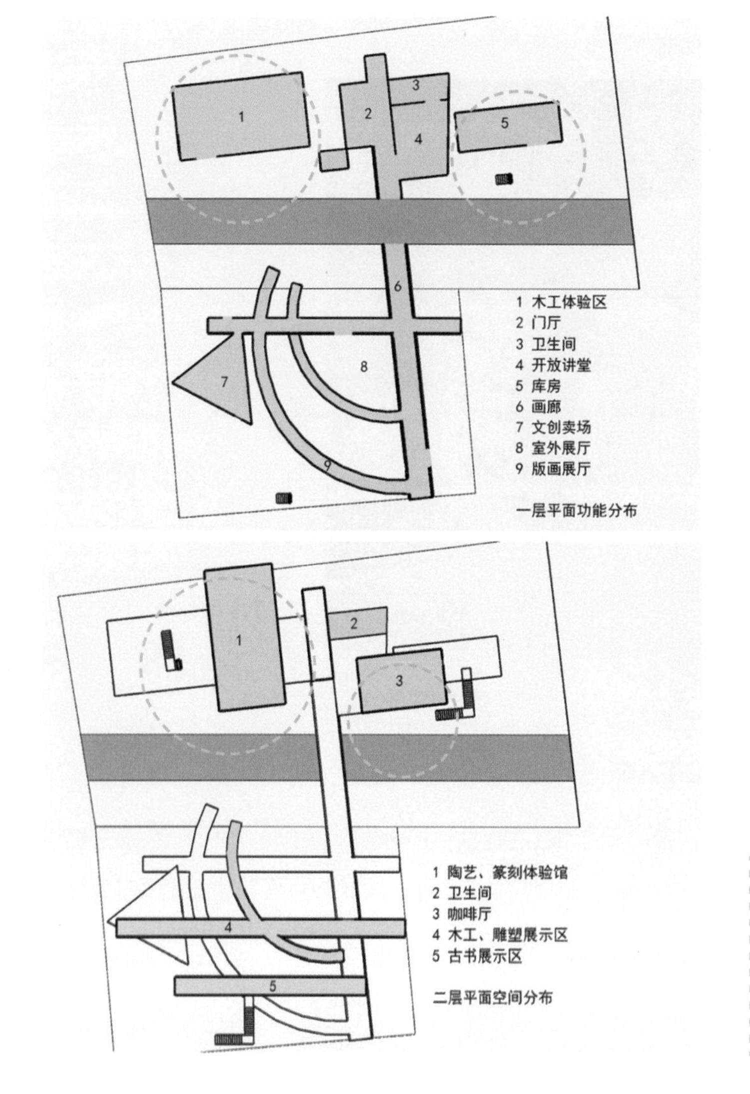

方案讲评：平面图中有些独立空间缺少必要的交通联系，应当从整体建筑空间序列角度考虑，将其纳入，以保证空间体验的完整性和生动性

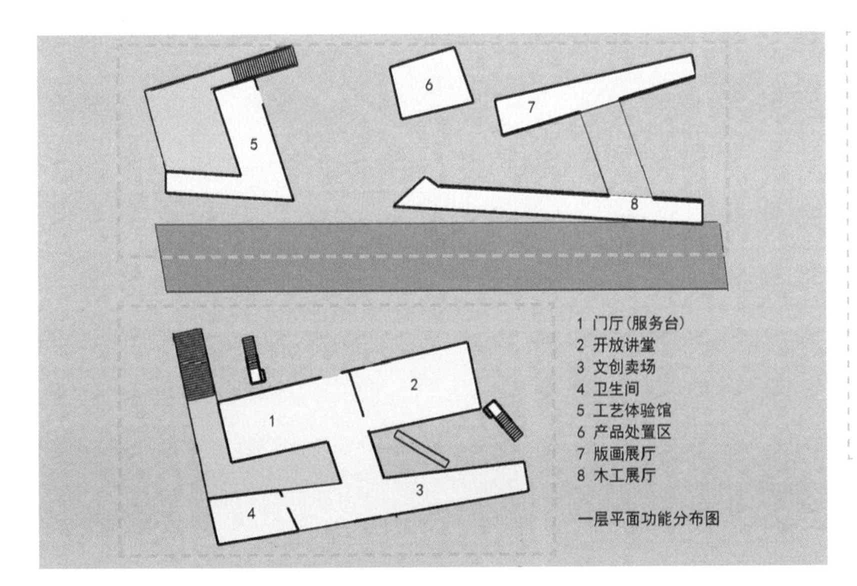

一层平面功能分布图

方案讲评：在一层平面图中，由于场地条件限制，空间组群总分为上、下两部分，对建筑空间整体性而言，其空间整体性不够，建议通过地下空间、下沉庭院或广场等大空间形式，让各组空间形成具有序列性的空间整体，避免独立、单一空间的存在

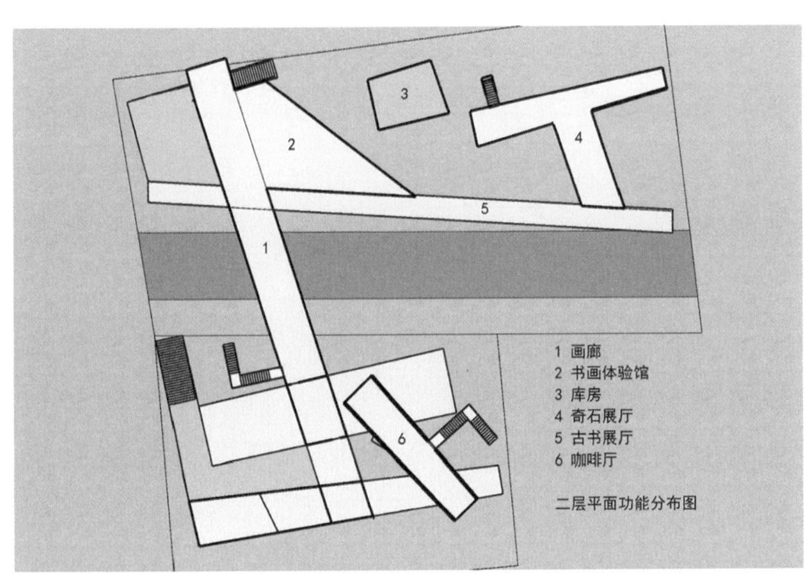

二层平面功能分布图

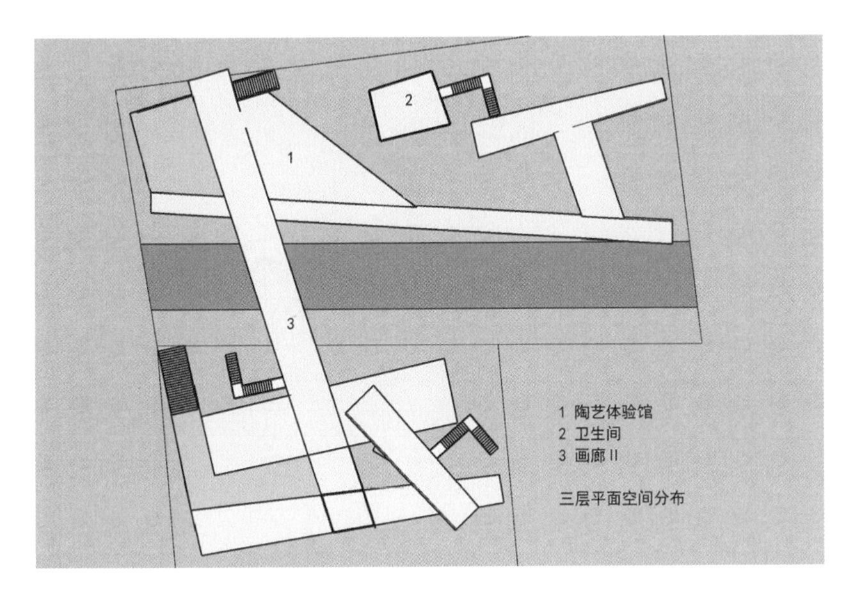

三层平面空间分布

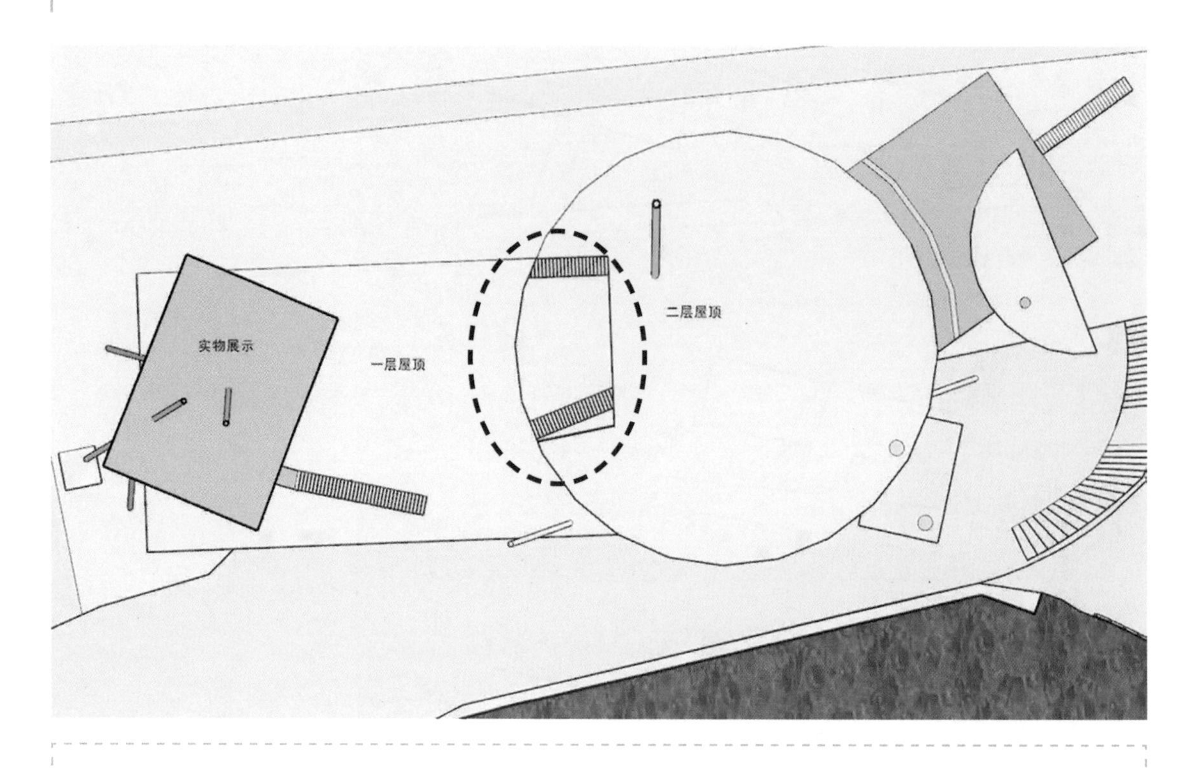

方案讲评：可以利用两个空间体块的相交位置设计上下层共享空间，其形式应当顺应原有空间的肌理

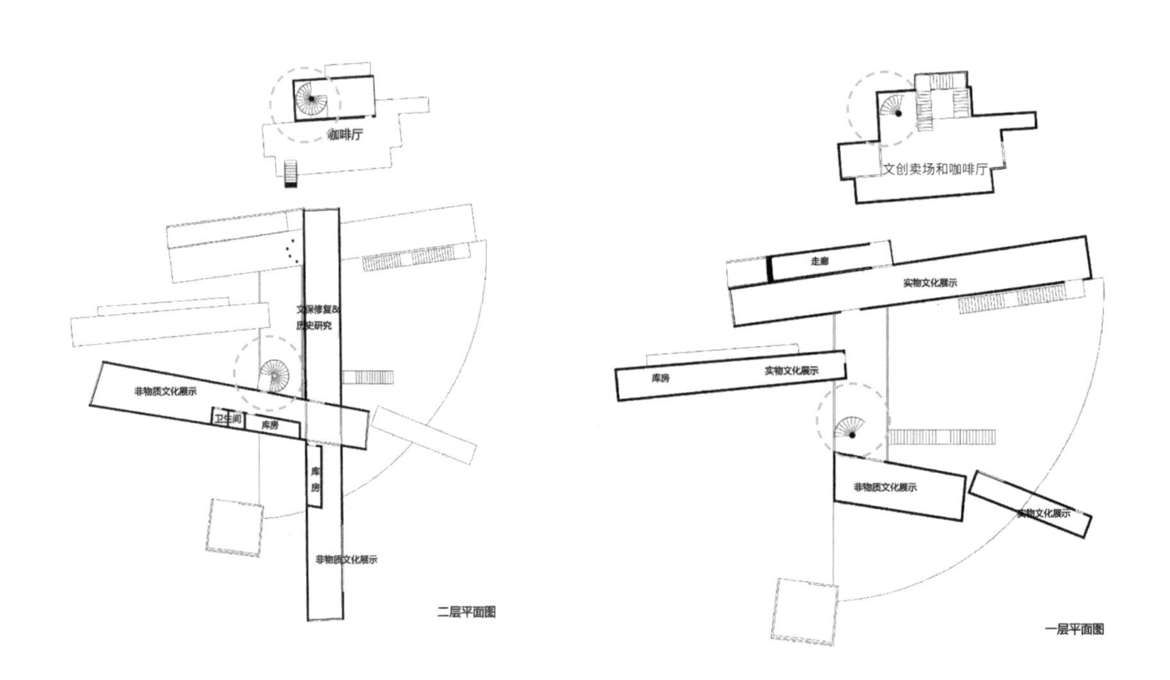

方案讲评：图中旋转楼梯与所在建筑空间的尺度比例不协调，建议将楼梯宽度适当变窄

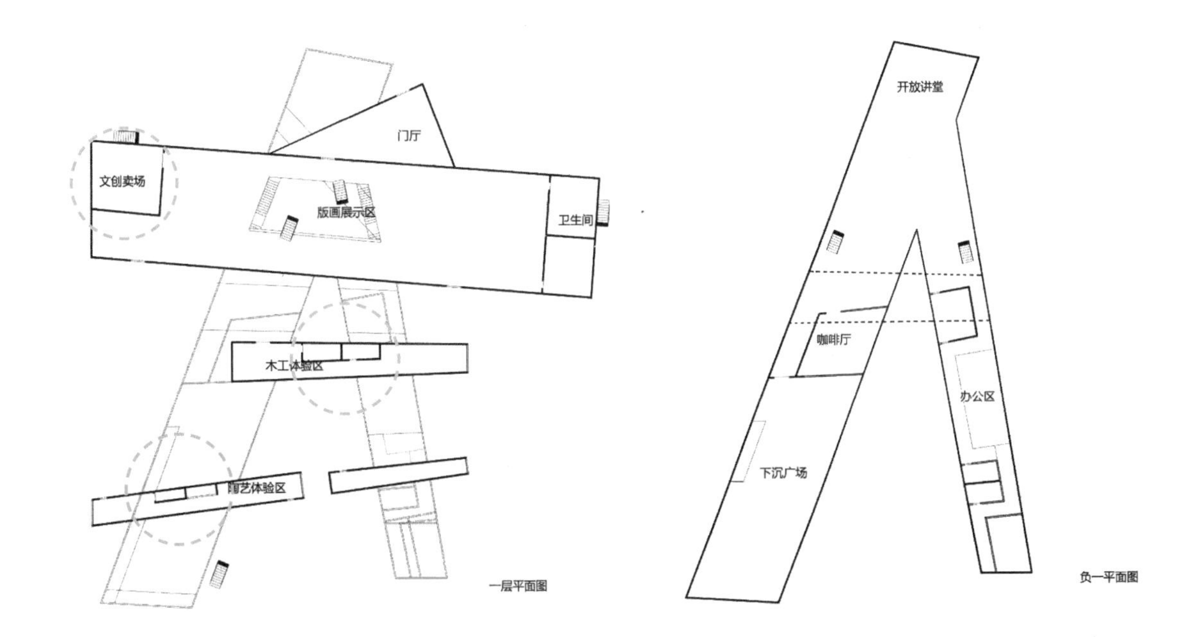

方案讲评：在展区空间中应避免附属空间对展览空间整体性的破坏，建议将这些附属功能空间设置到其他位置

课后练习

1. 每位同学结合功能性和艺术性两方面对空间序列进一步梳理优化，并对光影进行优化设计，以建筑动画形式展示空间序列的优化结果。

2. 在建筑模型中根据功能布置增加家具、展陈设施。

练习成果要求

1. 每个动画时长 1 ~ 2 分钟。

2. 光影效果要能烘托空间序列的艺术性。

3. 家具、展陈设施的布置不能破坏空间的艺术氛围。

第 8 周
8-1

动画讲评，课后绘制图纸并排版

教学目标

通过动画讲评，检验建筑空间序列的功能性与艺术性的融合以及光影设计问题，强化同学们对空间序列的理解和设计能力。

授课内容

1. 对建筑空间序列的功能性与艺术性的融合进行讲评。

2. 对光影设计进行讲评。

3. 对家具、展陈设施相关问题进行讲评。

共享空间 1

方案讲评：结合光影，室内连通上下层的共享空间，既可以增加空间的丰富性和趣味性，又可以作为大型艺术品的展览空间

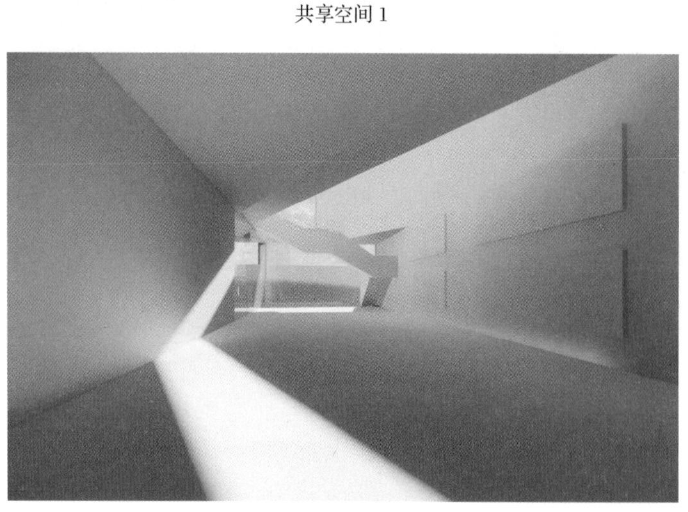

共享空间 2

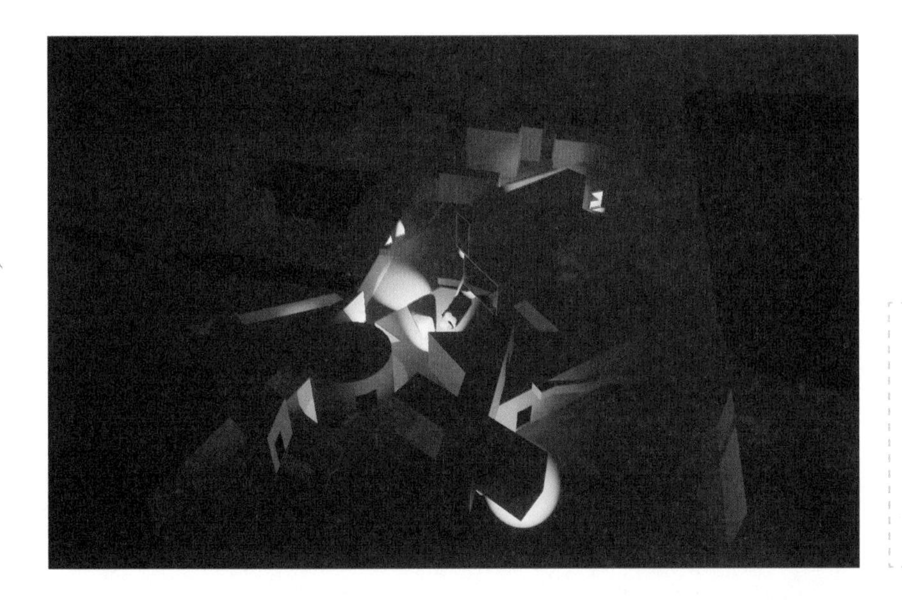

方案讲评：利用夜景下灯光对建筑光影的塑造，将空间与体块之间的辩证关系勾勒得更为明晰，使空间具有一定的静谧氛围

方案讲评：空间中光影对展品和展览空间的烘托，营造出一定的艺术氛围

方案讲评：下沉广场应当有通往各层空间的交通设施，以增加其可达性，同时丰富人在空间行进时的趣味性

借景视角 1

方案讲评：建筑空间序列的处理中应注意对周边环境的利用，左侧两个场景是利用解放阁形成借景的设计手法

借景视角 2

展览空间 1

方案讲评：展览空间中展品位置应按照平面比例网格划分结果进行布置，需要注意展品不能破坏建筑空间的整体性

展览空间 2

连续长窗视角

方案讲评：在建筑设计中，不同的开窗方式可以营造不同的空间感受，应鼓励学生进行多种尝试

高侧窗视角

落地窗视角

课后练习

1.每位同学根据课上讲评，对相关问题进行修改。

2.图纸绘制与排版。

练习成果要求

1.每个方案不少于 4 张 A1 图纸。

2.建筑图包括总平面图、平面图、立面图、剖面图、剖透视图、鸟瞰图、室内效果图、分层轴测图。

3.4 个方案的图纸须分别具有不同表现风格。

第 8 周
8-2

图纸讲评，课后修改图纸

教学目标

通过图纸讲评，发现建筑图表达与图纸排版中的问题，一方面提高同学们对建筑形态与空间的理解，另一方面提高其建筑图纸的表达能力。

授课内容

老师针对 4 个方案的建筑图和排版进行讲评。

图纸讲评： 建筑鸟瞰图不仅要表达出建筑外部形态，而且要将周边环境表达完整，目前该图中缺少周边环境信息

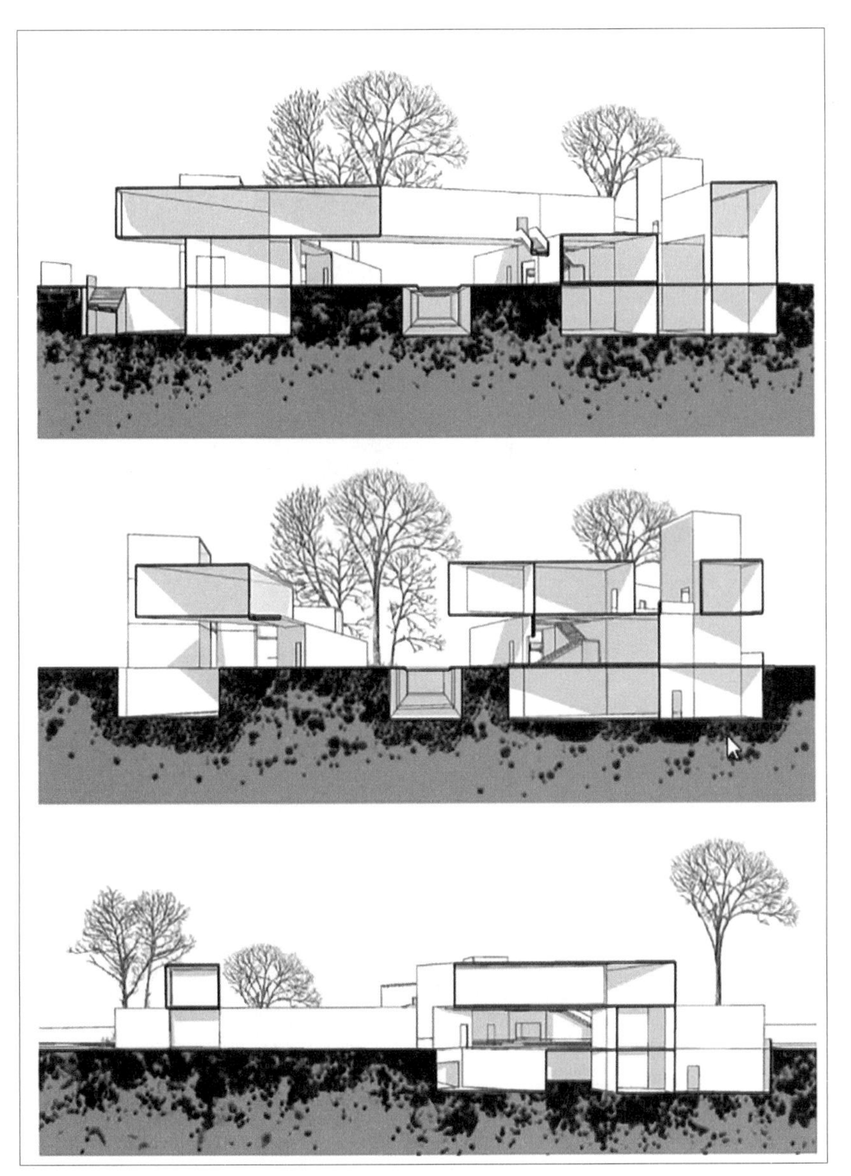

图纸讲评： 图纸中建筑剖面图与配景树的比例不协调，树的比例偏大，造成建筑尺度偏小的视错觉。建筑剖面图中楼板剖切面的厚度要比墙体剖切面大。另外，土层的表现力太过突出，甚至超越了建筑剖面图的表现力

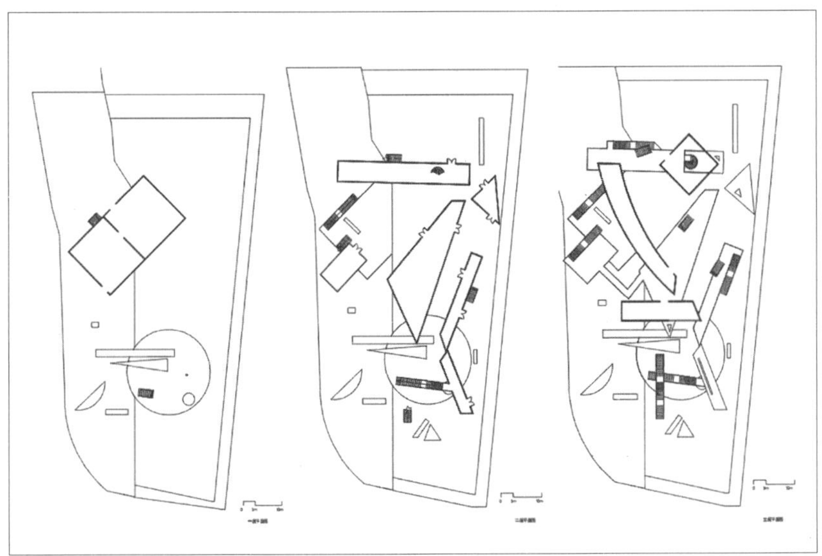

图纸讲评： 建筑平面图用线图表达较为清晰，但应标注每个空间的功能布置。三张建筑平面图在一张图纸上，表达深度不够，版面细节不突出，建议每张平面图单独在一张 A1 图纸上表现

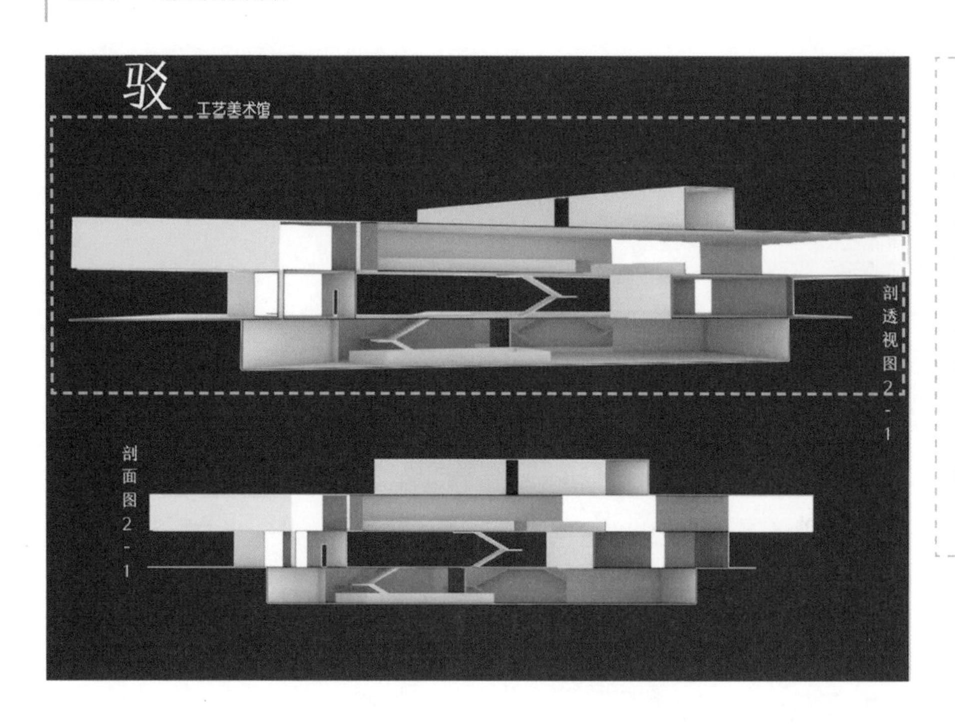

图纸讲评：图纸上部的剖透视图视角倾斜，导致建筑空间失真，尺度感失衡，因此应将该视角摆正。另外，该剖透视图在版面中的位置推敲不够，两端距离图纸边缘过于靠近，应有足够的留白

图纸讲评：平面图以线描和色块结合的方式绘制能够表现出原抽象画作的空间魅力

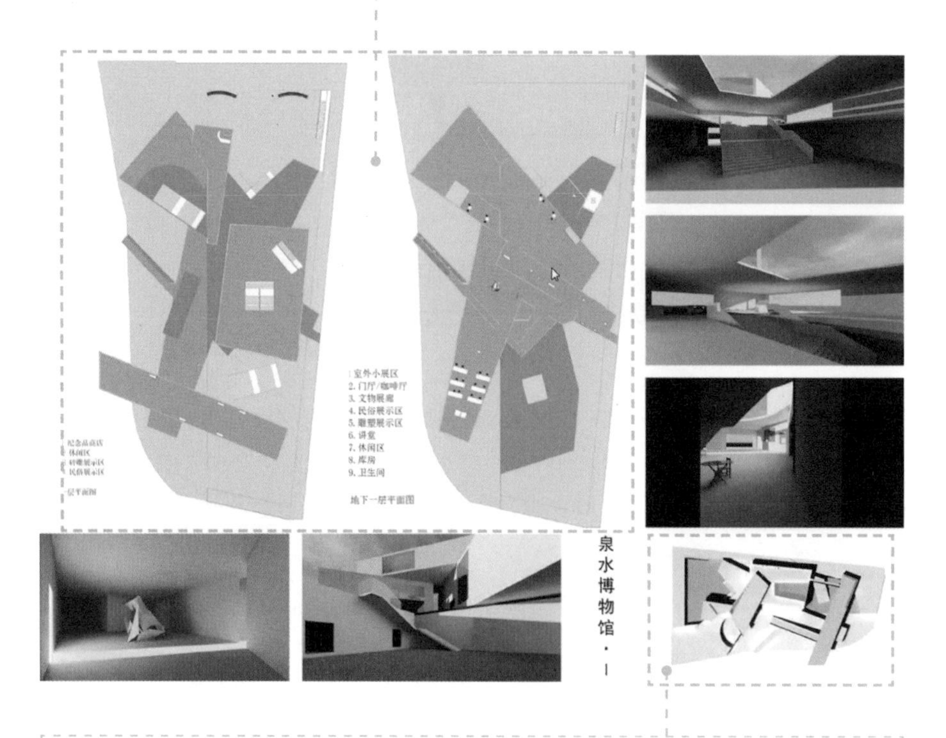

图纸讲评：建筑屋顶平面图用色块和光影的表现风格与平面图的表现风格不协调，另外，该图的灰、绿色调与整张图面的赭石暖色调冲突，且该图较小，其形态丰富性表现不够，建议将此图单独在一张 A1 图纸上放大表现

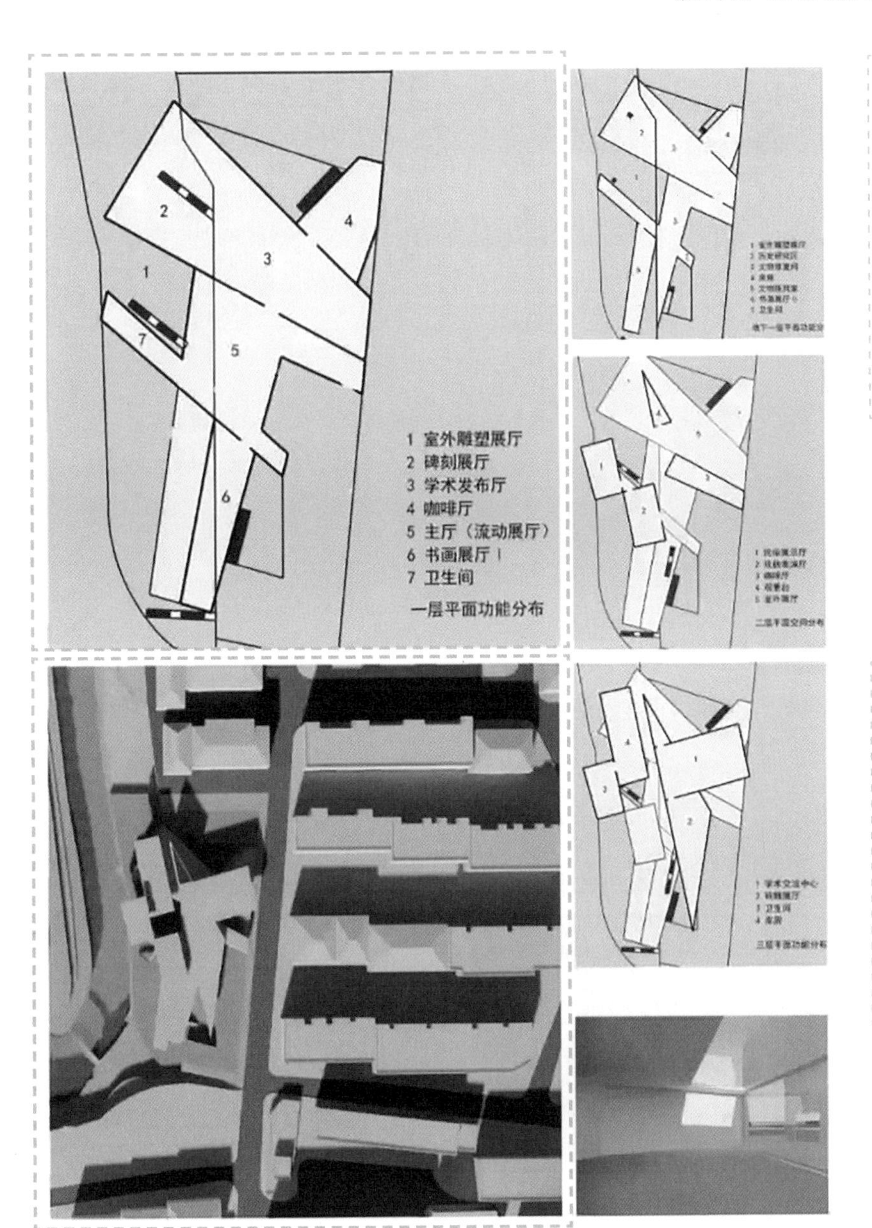

图纸讲评：建筑平面图的表达深度不够，门、窗、室内展陈设施没有表达，同时，平面图的线描表现方式与图纸底部的总平面图和空间透视图的光影表现风格不统一

图纸讲评：建筑总平面图中周边环境的图面表现深度与主体建筑没有区分，导致主体建筑的表现力不够突出，建议将周边环境表达范围缩小，同时应弱化其表现深度，以突出主体建筑

课后练习

根据课上讲评，修改图纸。

练习成果要求

4 个方案的图纸须分别具有不同的表现风格。

注意事项

1. 图纸表现应注意建筑图的主次关系。

2. 图纸表达的核心是展现建筑空间，切勿有过多图面装饰。

第 9 周 9-1

图纸讲评，课后修改图纸、制作模型

教学目标

检验同学们的图纸修改情况，进一步提升同学们的图纸表达能力，为最终出图做最后的准备。

授课内容

对建筑图绘制和图纸排版的细节问题做最后讲评。

图纸讲评：从版面视觉效果看，主图纸底部缺少细节，建议将设计说明补充在这一位置

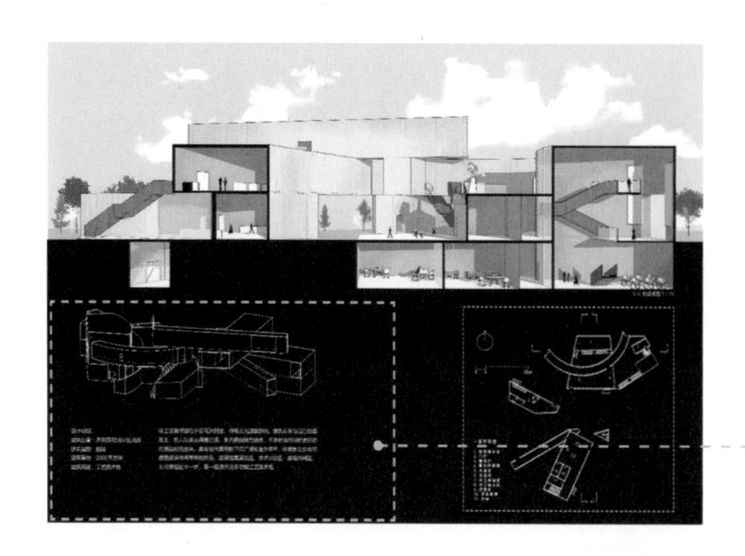

图纸讲评：图纸上部剖透视图的表达效果较好，但图纸左下角的图形与文字构图较分散，没有在图面上形成完整的板块

图纸讲评：在建筑鸟瞰图中，主体建筑色调较暗，同时版面较小，导致视觉效果不够突出

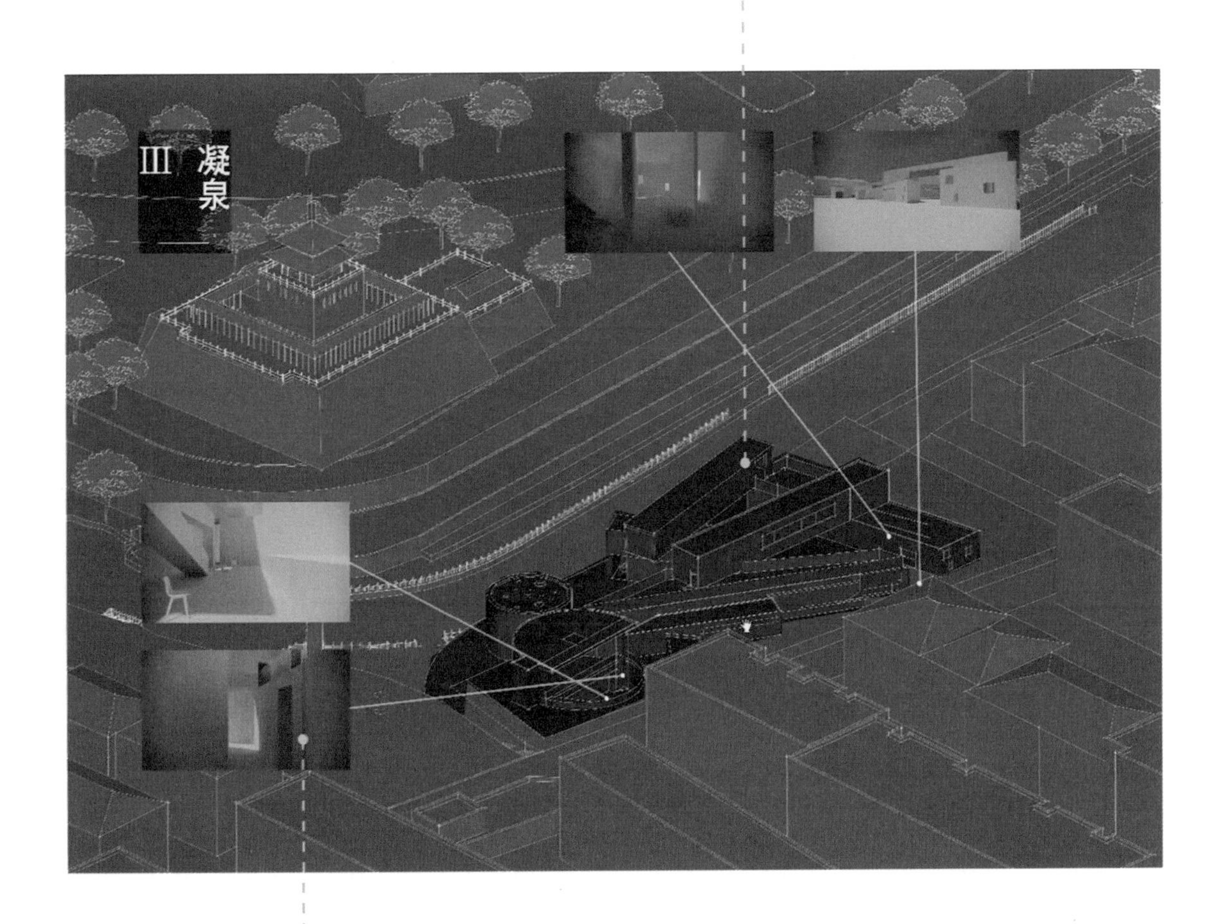

图纸讲评：主体建筑周边用光影和色块表现的建筑透视图与建筑鸟瞰图表现风格冲突

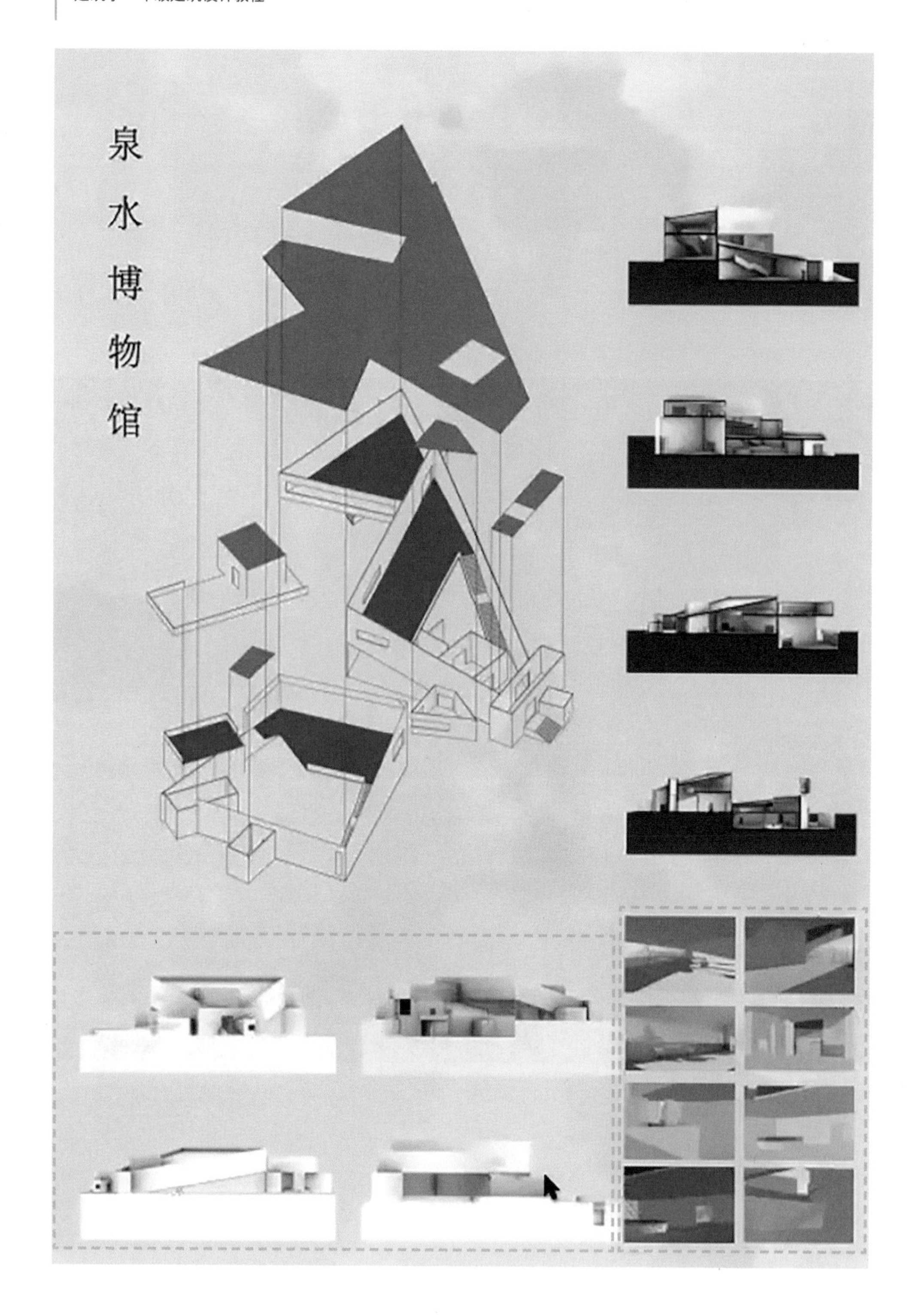

图纸讲评：图纸版面整体效果较好，但底部的建筑立面图与室内透视图的色调不够统一

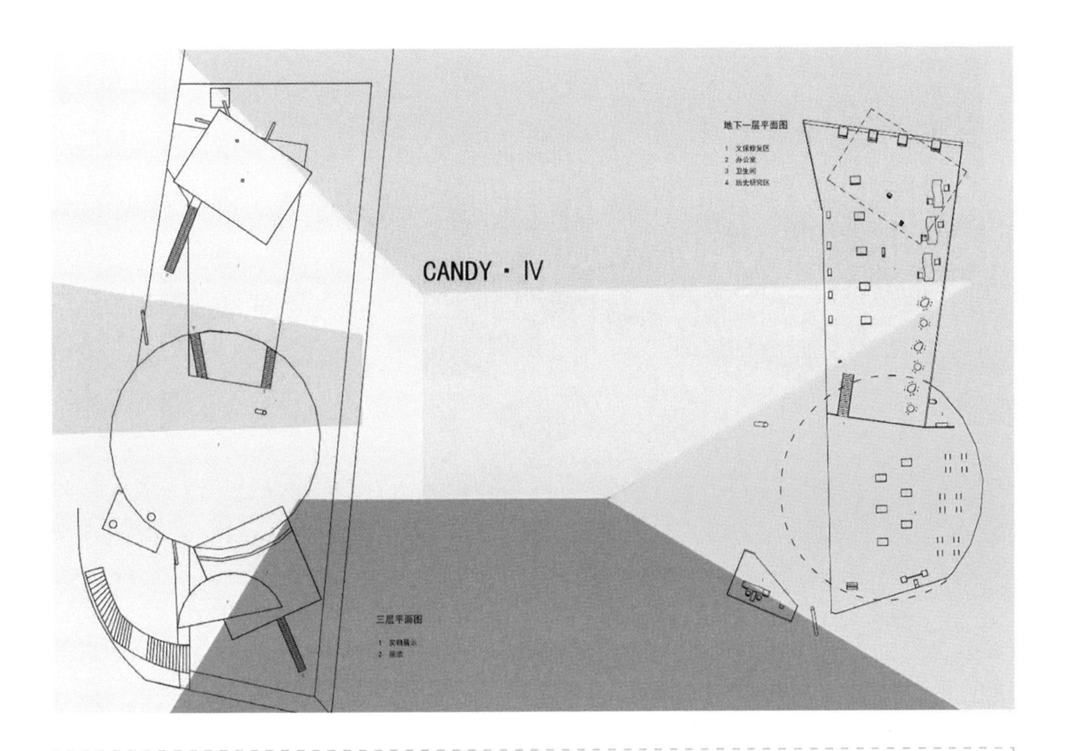

图纸讲评：图纸背景以抽象色块作为底图，与所要表现的建筑平面图的线描效果风格不协调，由于色块的视觉效果较强，导致平面图在图面中的表现力不足，同时平面图的线型区分不够清晰，须进一步完善

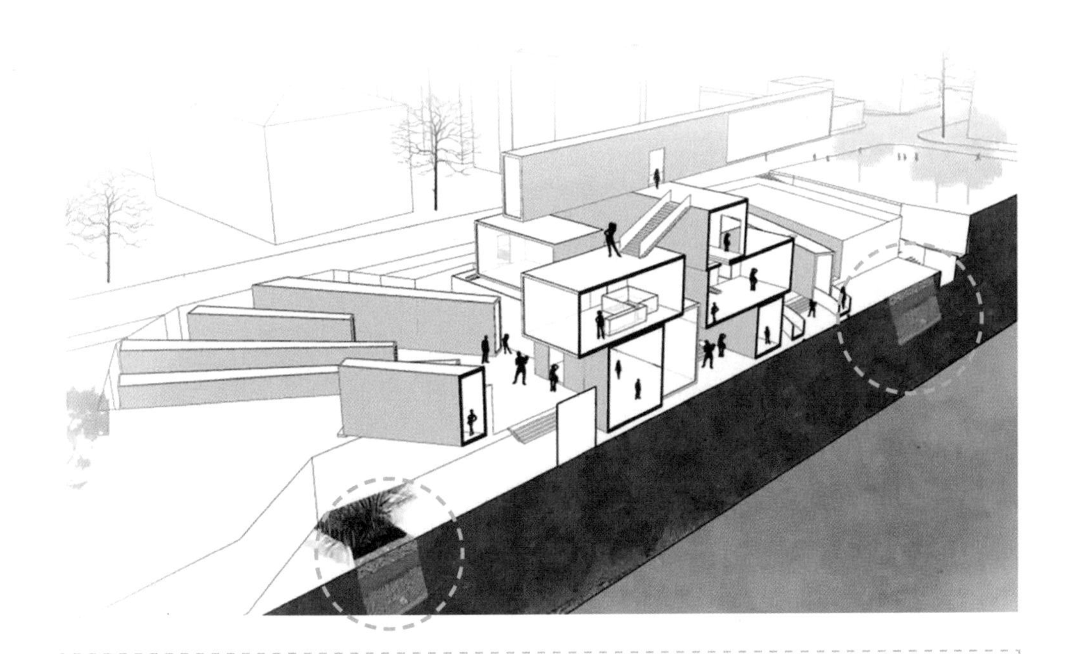

图纸讲评：主体建筑用剖透视图表现，既能表达内部空间效果，又能强调空间体块的组合关系，整体图面效果较好，但局部场地信息表现细节过多，且用色块表现的表达手段与主体建筑不统一

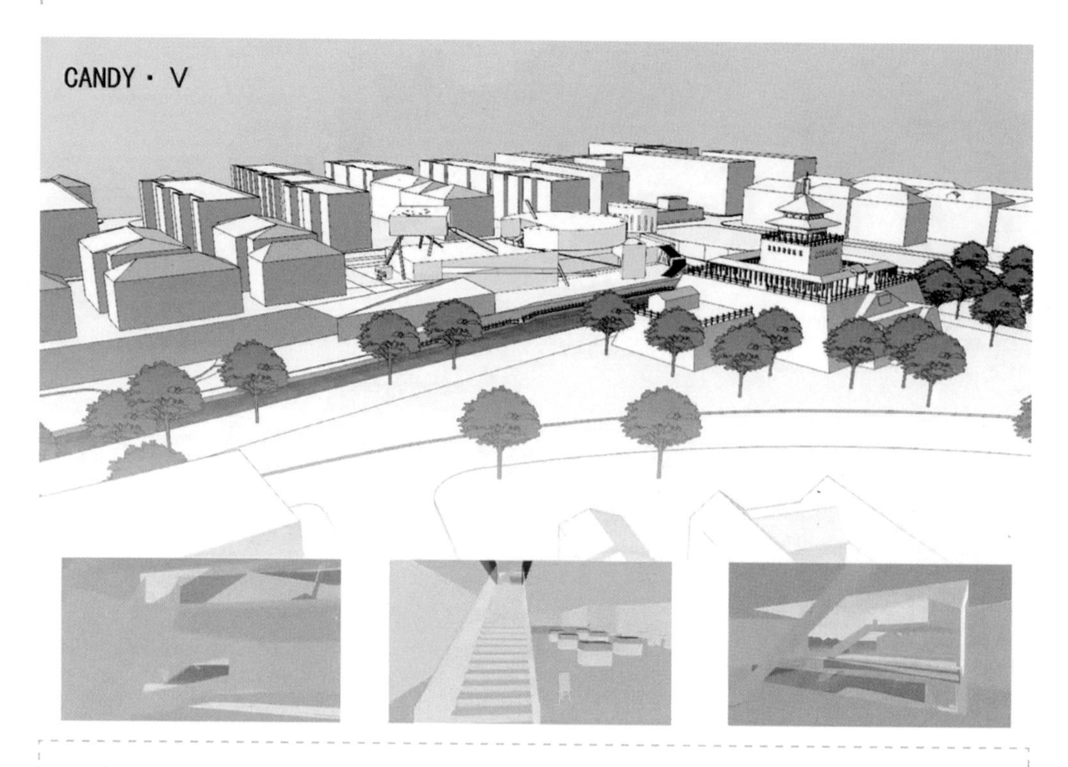

图纸讲评：图纸上部的建筑鸟瞰图，由于建筑周边环境表现细节较多，因此主体建筑不够突出，建议将环境表现弱化，同时将环境表现范围缩小

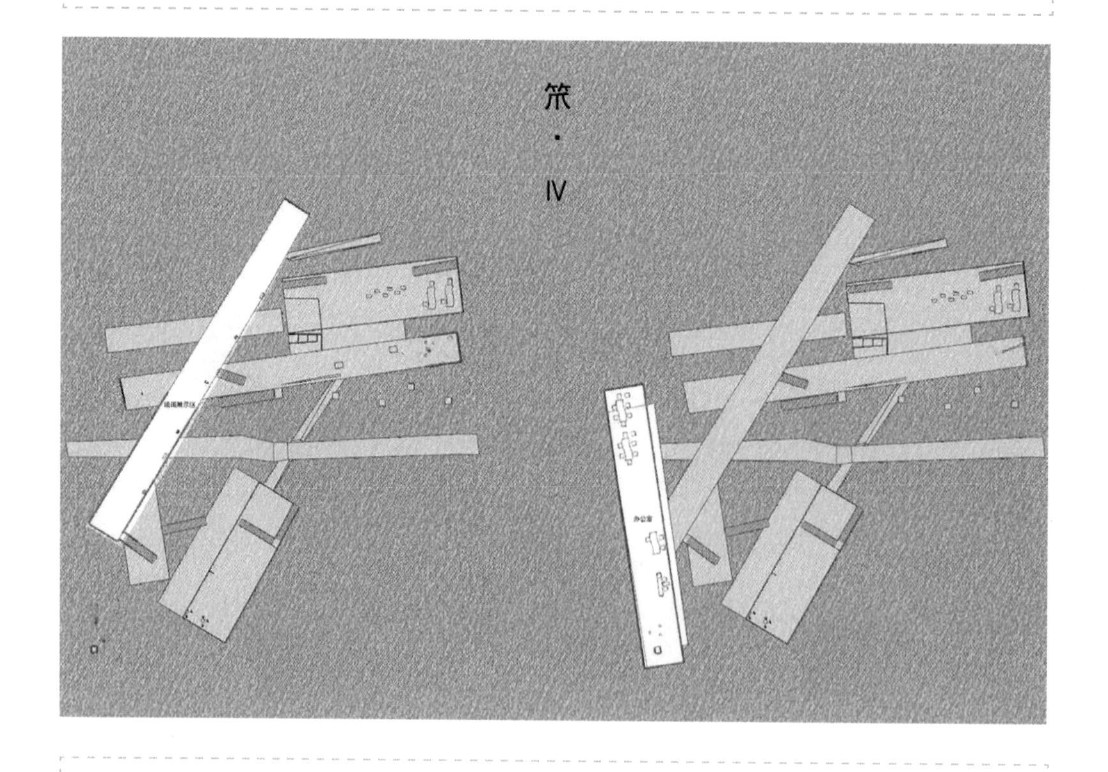

图纸讲评：建筑平面图表达较为清晰，但需要对空间功能、楼梯坡道、比例尺等其他细节进行补充标注。另外，图纸底图纹理效果细节较为明显，导致建筑平面图的表现力不够突出

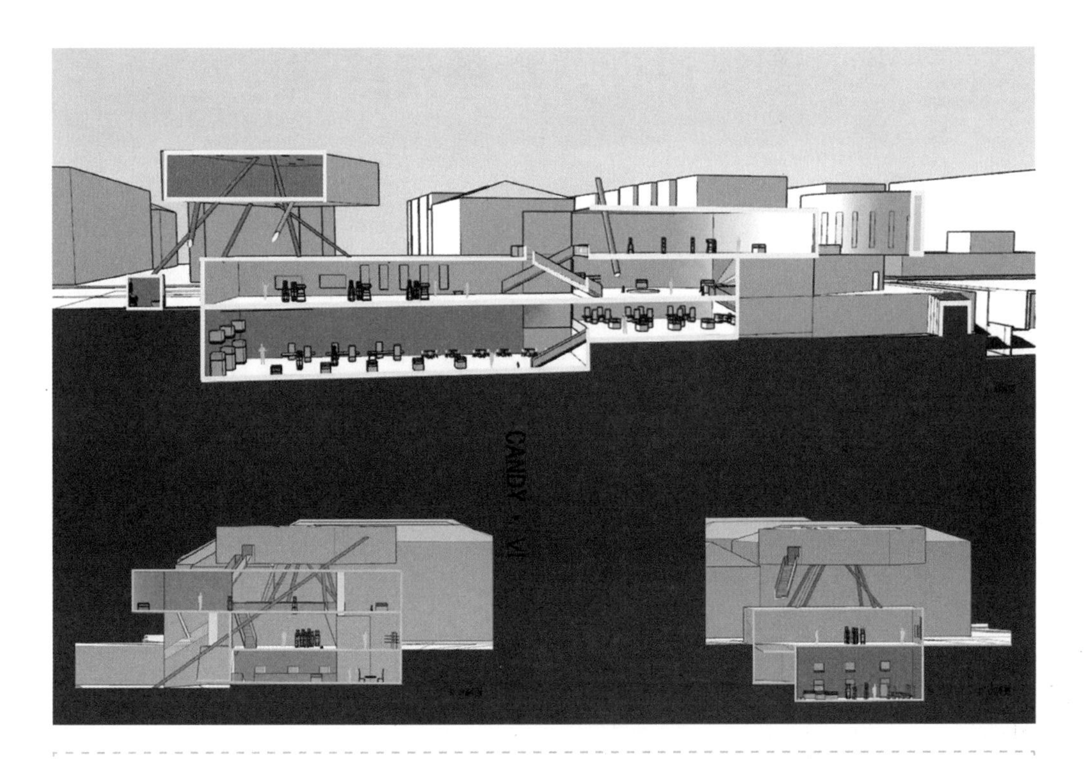

图纸讲评：整张图纸的图面效果较好，但上部建筑剖透视图中的展览设施、家具线型较粗，导致图面效果较为粗糙，建议将整个剖透视图的线型进行修改、完善，进一步提高图面表现效果

课后练习

1. 根据课上讲评修改图纸。

2. 制作 4 个建筑方案的手工模型。

练习成果要求

1. 模型制作不仅包括建筑单体模型，而且包括建筑周边环境模型。

2. 每个方案模型制作完成后均要拍照，并单独在 A1 图纸上排版。

第9周
9-2

图纸讲评，本单元结课

教学目标

1.通过对图纸和模型最终成果的讲评，检验在本单元课题中同学们最终的训练情况。

2.通过课题总结、回顾，帮助同学们梳理、理解该训练课题的原理、设计手法。

授课内容

1.图纸、模型讲评。

2.课题训练总结，具体内容包括空间体块辩证构成组合与观念赋予设计法的原理、设计手法、关键知识点等。

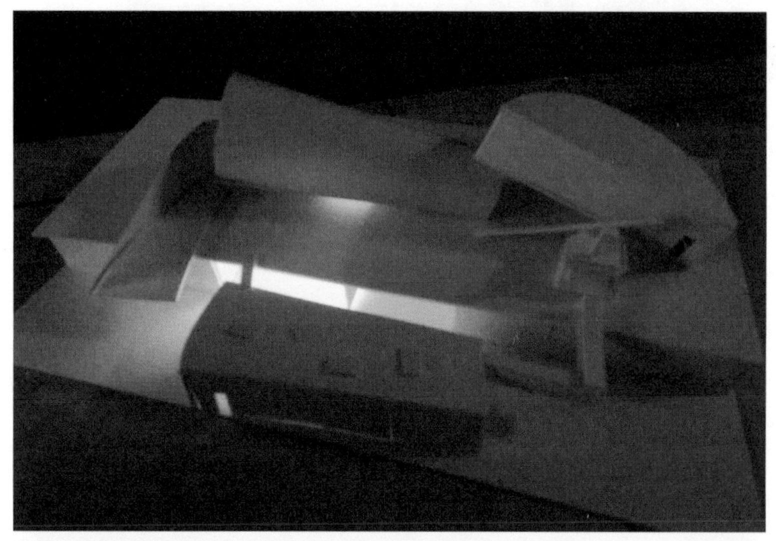

泉水博物馆设计方案　　设计：杨玲珺

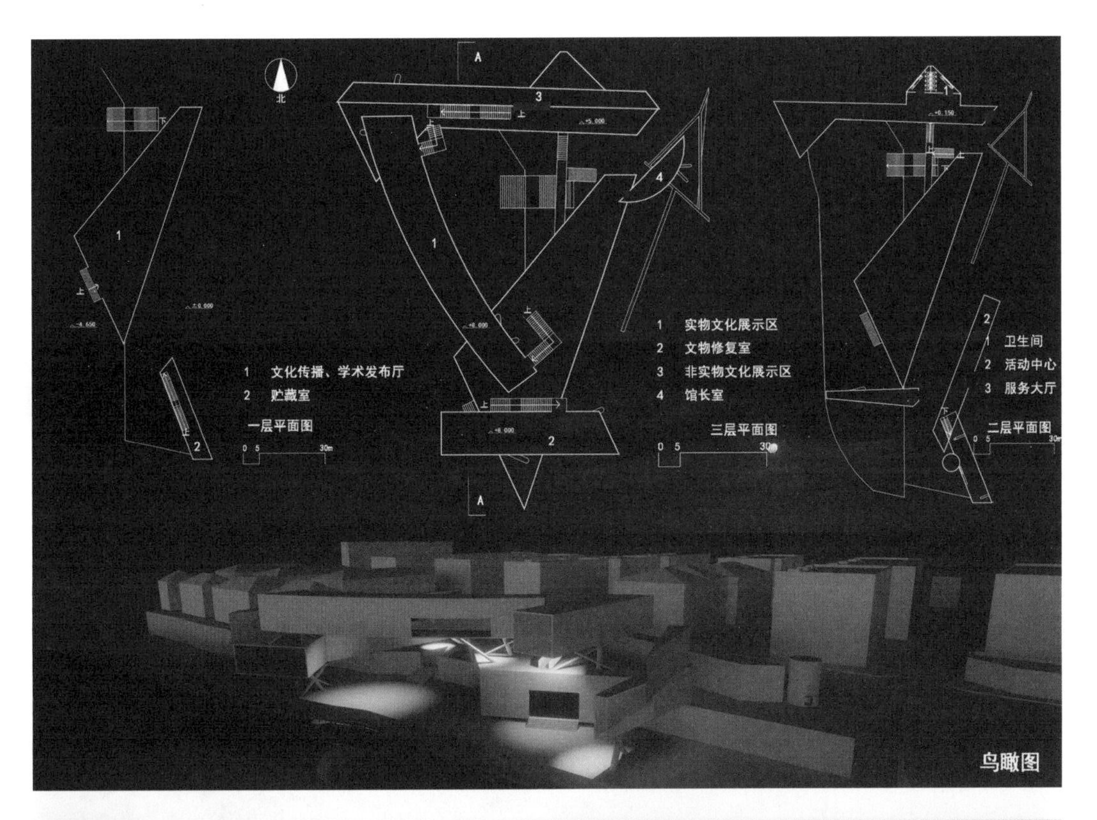

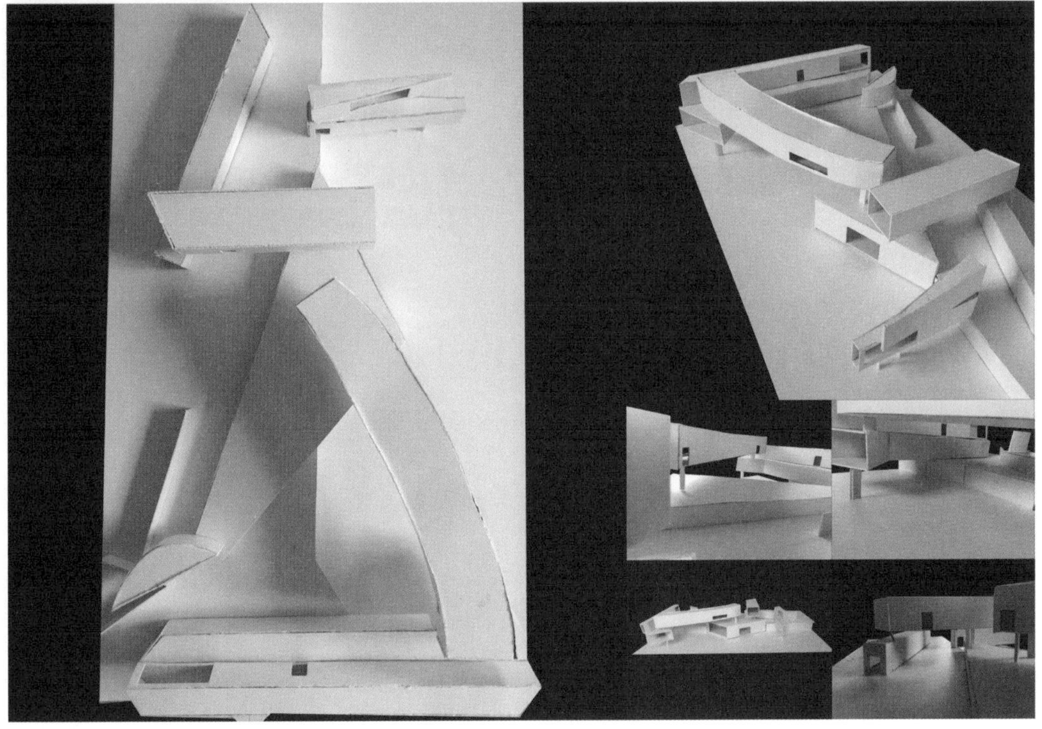

泉水博物馆设计方案

设计：刘源

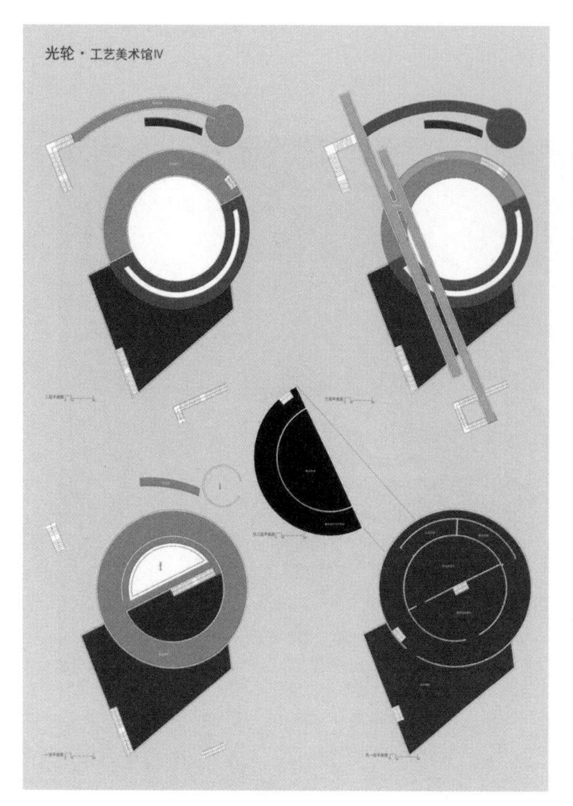

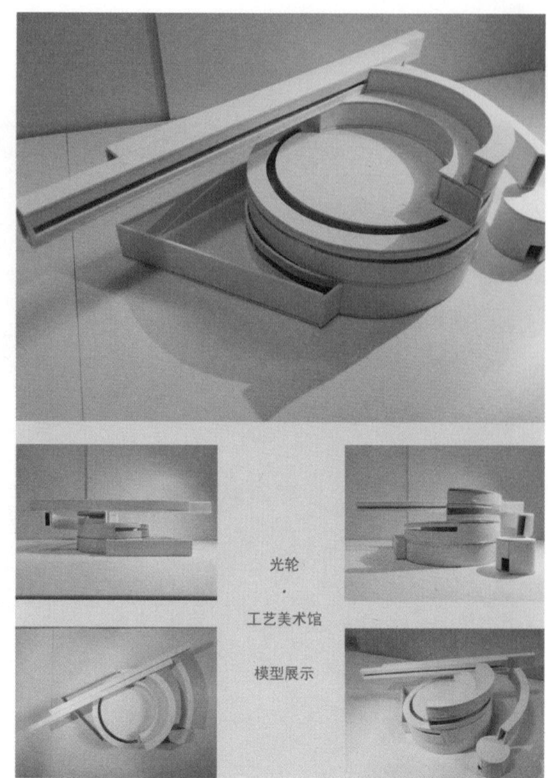

工艺美术馆设计方案　设计：初馨蓓

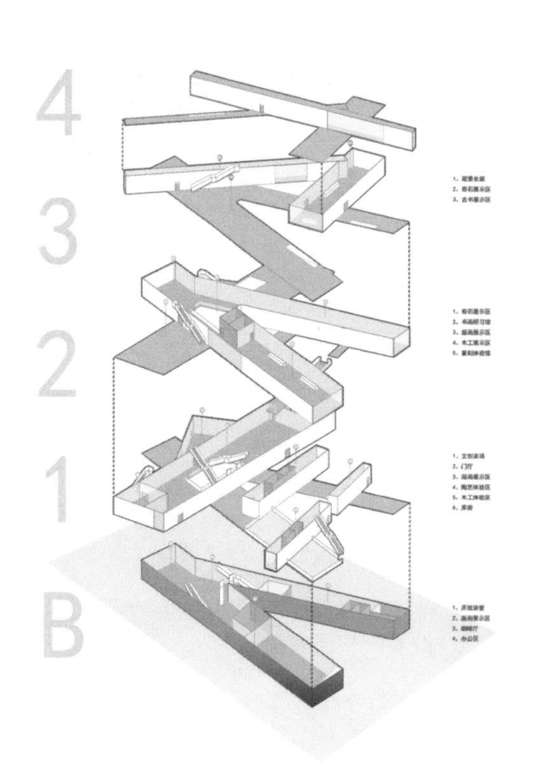

工艺美术馆设计方案　设计：刘昱廷

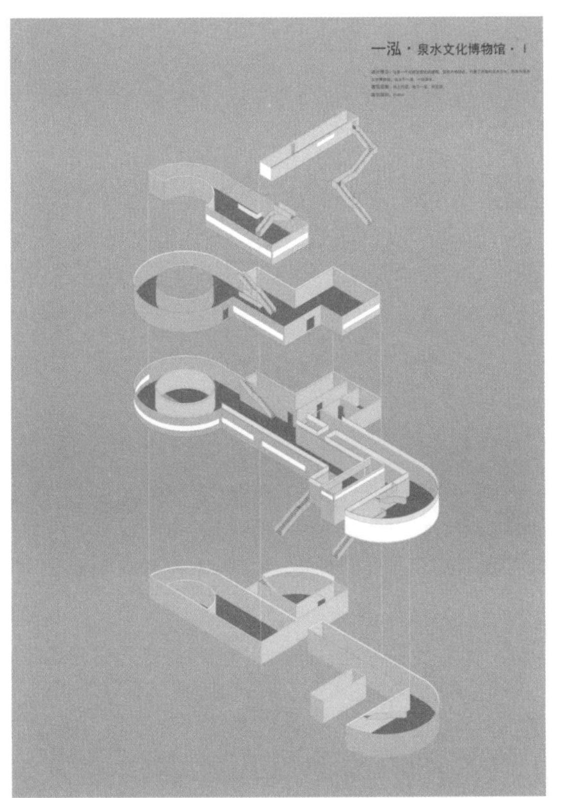

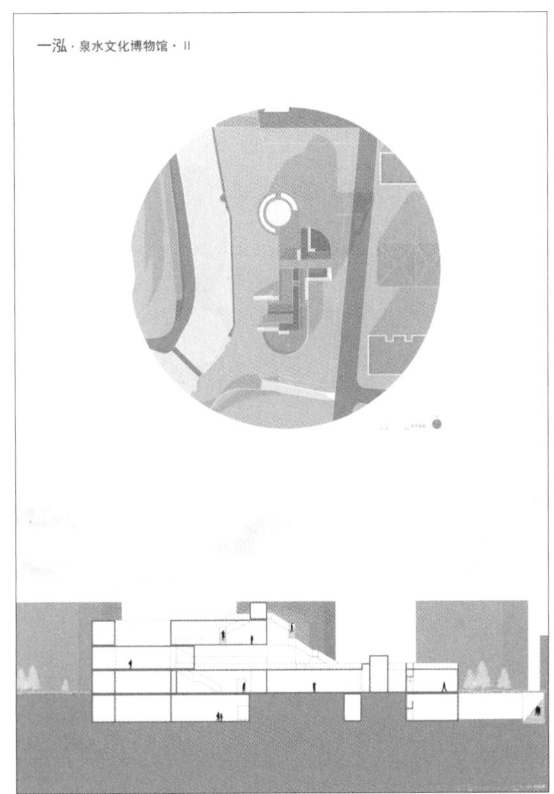

泉水博物馆设计方案　设计：初馨蓓

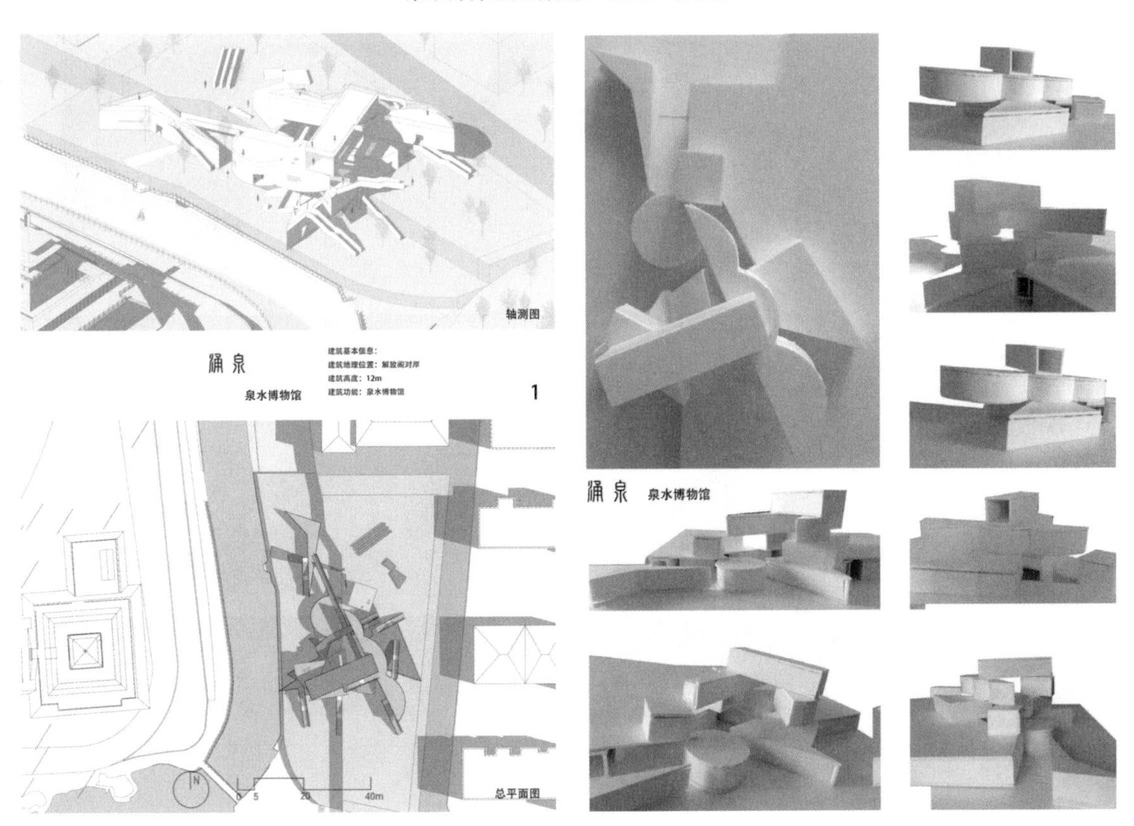

泉水博物馆设计方案　设计：李凡

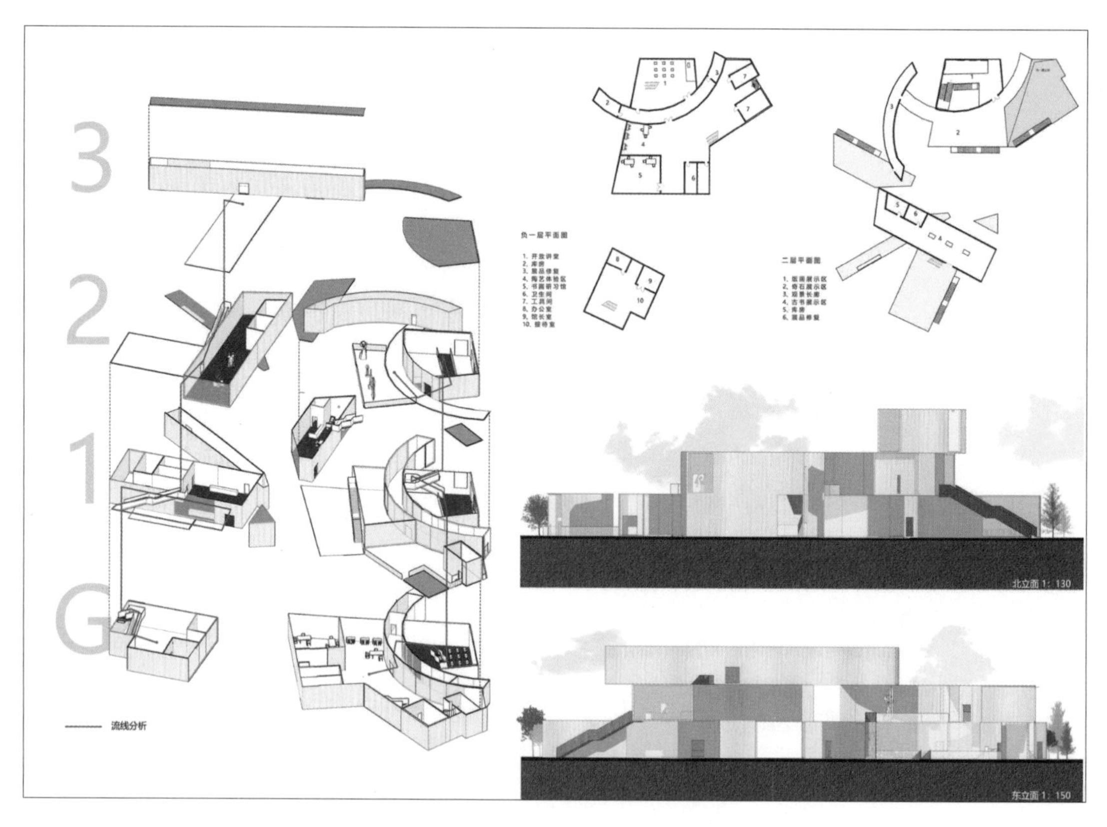

工艺美术馆设计方案　设计：刘昱廷

工艺美术馆设计方案　设计：刘昱廷

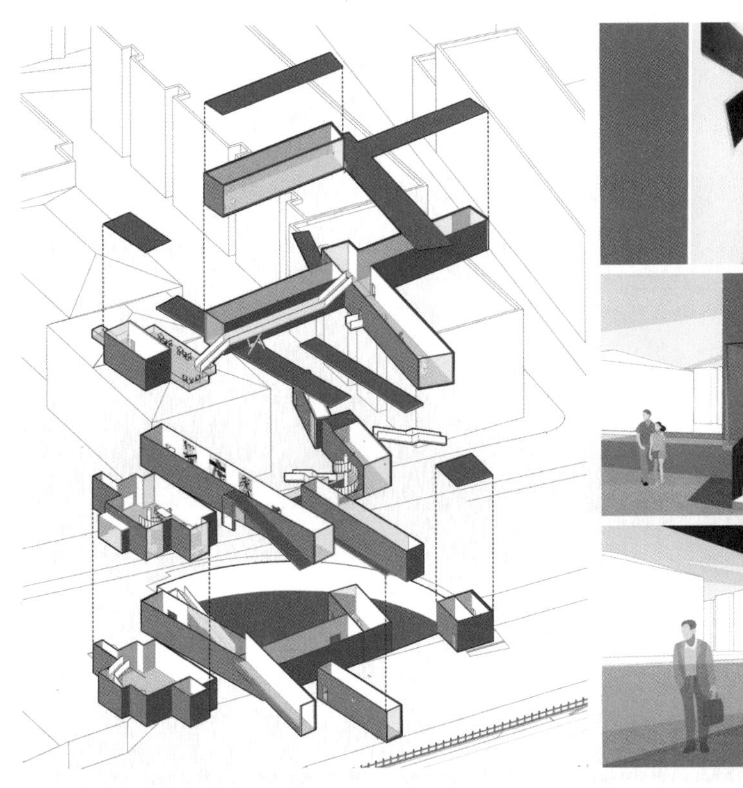

工艺美术馆设计方案　设计：刘昱廷

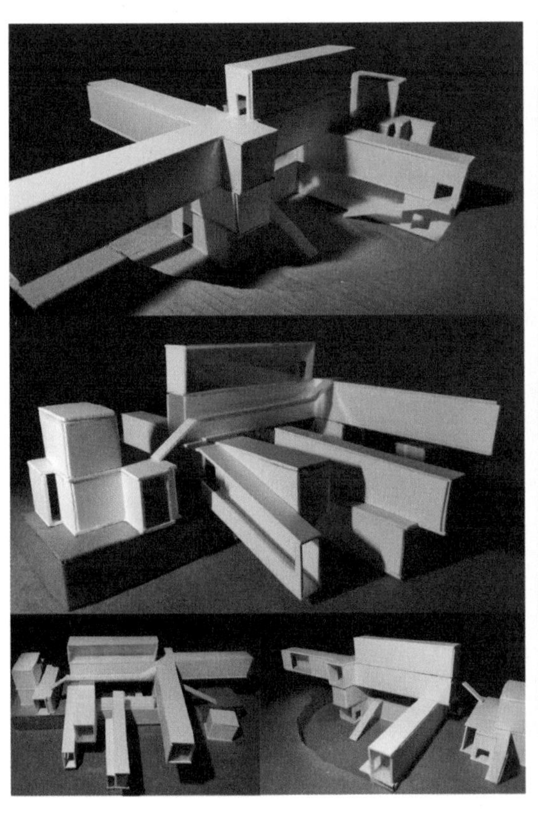

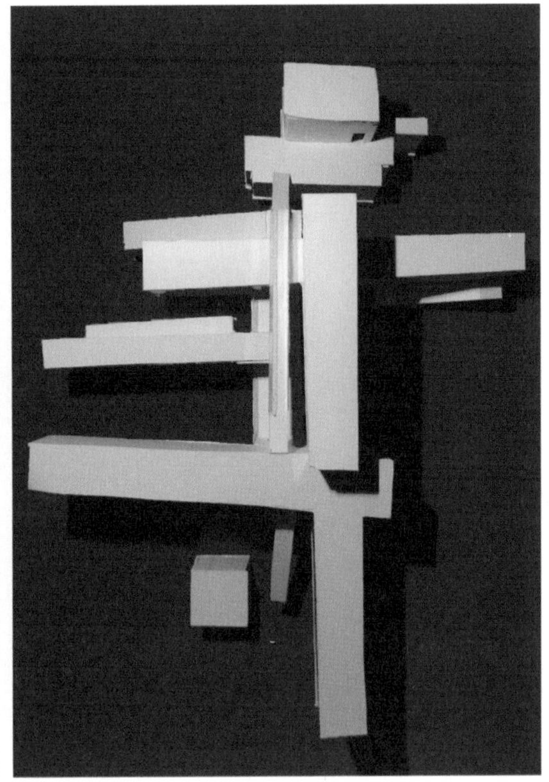

工艺美术馆设计方案　设计：刘昱廷

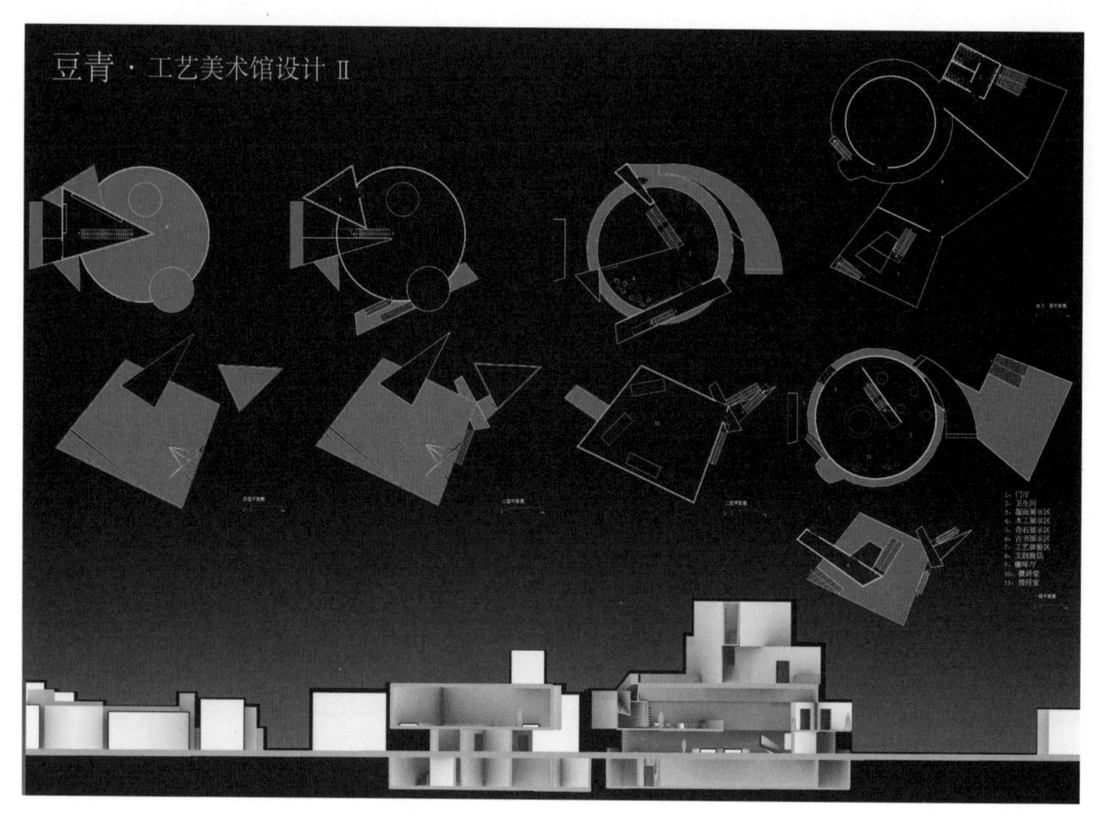

工艺美术设计方案　设计：张皓月

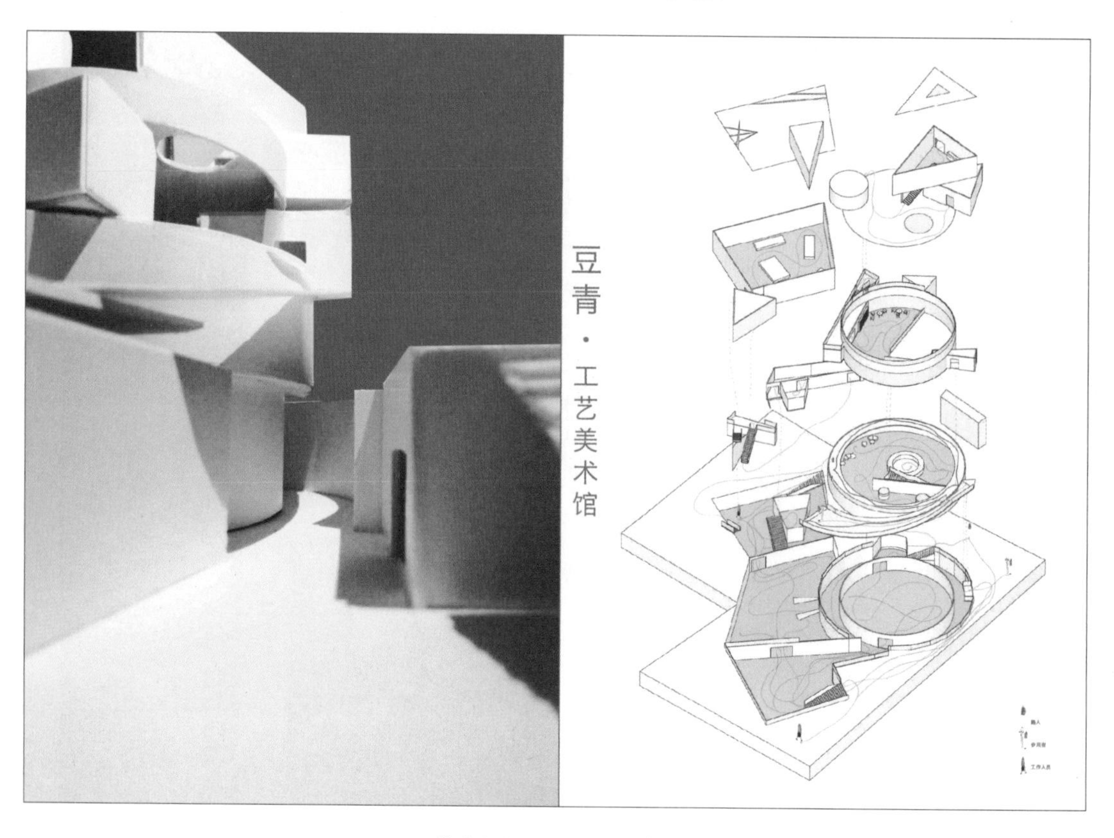

工艺美术设计方案　设计：张皓月

▼▼▼

第五单元

场地与城市视角设计

场地与城市视角设计是在前四种空间形态训练方法的基础上，对建筑所处场地与城市环境的设计，也是对这两种限定的基本认知训练。该训练阶段不止于建筑空间的设计训练，同时也包括关于所在场地以及建筑所处城市尺度的训练内容。因此，这一训练阶段要运用前面四种空间训练方法来完成两个设计场地的四个不同方案。

第10周
10-1

讲课，布置设计任务，课后进行场地观察、步测

教学目标

帮助同学们理解城市视角下建筑在一定场地内的城市适应性设计，包括建筑与场地、建筑与周边道路、建筑与周边建筑关系的初步认知设计。

授课内容

老师讲授场地与城市视角设计的相关概念、内容及设计要求与要素，然后布置“华阳社区中心”“济南市艺术文化中心广场”两个建筑设计任务。

华阳社区中心建筑方案设计任务要求

1. 场地概况。

拟建基地位于济南市历城区经十路CBD金融中心区域，建筑用地范围北邻农副产品批发市场，东临山东省历史博物馆广场，西邻华阳名苑住宅区，南邻经十路（见194页图）。该建筑用地地形平坦，用地范围内无已建成建筑。

2. 设计要求。

（1）规模

建筑以多层、20 000m^2（建筑面积），且服务人数不超过2000人为宜。根据实地调研情况，明确地块或周边适当区域内的实际需求，明确建筑主要面向的使用人群、设定规模及场地要求，可采用新建、改建、扩建和调整、共享、租赁等多种灵活形式。

（2）功能（包括但不限于以下几种类型）。

本任务书设定的功能为初案，各功能空间面积自定。

3. 建筑的主要功能模块。

（1）主体功能模块。

设定建筑的主要功能模块，如社区文化功能、社区活动功能、社区服务功能、社区保障与医疗功能等。

（2）多功能活动模块。

集会、交流的多功能使用模块，如报告厅（300 人）、小剧场（300 人）等。

（3）后勤保障模块。

按管理功能需要设立相关职能部门，如后勤办公、服务等。

除以上主要功能外，还应考虑具有共享属性的次要功能，如展示展览、休闲娱乐、体育健身、团队活动、慈善互助等。

4. 设计成果。

图纸尺寸：A1（594mm×841mm），张数不限，表现手法不限。

表达内容：区位图、总平面图、各层平面图（包括家具布置）、立面图（2 ~ 3张）、剖面图（1 ~ 2张）、轴测图，以及适当的设计概念图示分析、文字说明以及模型照片。

比例：根据构图自行选定，其中平、立、剖面图比例不小于 1：150，总平面图比例不小于 1：500，区位图比例不小于 1：1000，成果模型比例不小于 1：100，每个方案需要完整的动画展示。

能源大厦
中国人寿大厦
中弘广场
济南万象城
山东省档案馆
山东省美术馆
山东省历史博物馆
农副产品批发市场
华阳社区中心建筑用地
华阳名苑
财富花园住宅区
财富花园住宅区
财富花园住宅区
济南市文化艺术中心广场建筑用地
历下广场
济南奥体金融中心
济南拉菲公馆住宅区
国开大厦
洪山大厦
人民传媒大厦
名士豪庭住宅区
经
十
路
N
0
100
300m

拟建设用地周边环境

济南市艺术文化中心广场设计任务要求

1. 场地概况。

拟建基地位于济南市历城区经十路 CBD 金融中心区域，建筑用地范围北邻经十路，东临财富花园住宅区，西邻历下广场商业中心，南邻财富花园住宅区（见 196 页图）。该建筑用地地形平坦，用地范围内无已建成建筑。

2. 设计要求。

（1）设计对象。

为丰富济南市东城区市民的艺术文化生活，扩大文化产业规模，提升城市文化品质，拟在该用地范围内兴建一处以演艺、文化产业为主的城市艺术文化中心。该中心既要满足市民的艺术文化生活需求，又要具备文化创意产业的办公、展览、研发功能。

（2）设计内容。

a. 城市剧院，包括一个满足 800 人观演需求的大剧场、一个满足 300 人观演需求的小剧场、一个容纳 300 人的多功能会议厅。同时，城市剧院还应满足临时展览、市民观光游览的需求。

b. 文化创意大厦，包括两栋高度不超过 150m 的高层建筑。每栋建筑 1 ~ 4 层为文化商场，以满足文化艺术品的交易及展览需求，4 层以上为办公场所。

c. 城市剧院和文化创意大厦均需要设计地下空间以及相应配套、附属功能空间。

d. 利用城市剧院和文化创意大厦围合出满足市民休闲、娱乐需求的文化广场。该广场可以利用高差在竖向上形成丰富的文娱场所。

3. 设计成果。

图纸尺寸：A1（594mm×841mm），张数不限，表现手法不限。

表达内容：区位图、总平面图、各层平面图（包括家具布置）、立面图（2 ~ 3张）、剖面图（1 ~ 2张）、轴测图，以及适当的设计概念图示分析、文字说明及模型照片。

比例：根据构图自行选定，其中平、立、剖面图比例不小于 1：150，总平面图比例不小于 1：500，区位图比例不小于 1：1000，成果模型比例不小于 1：100。每个方案均需要完整的动画展示。

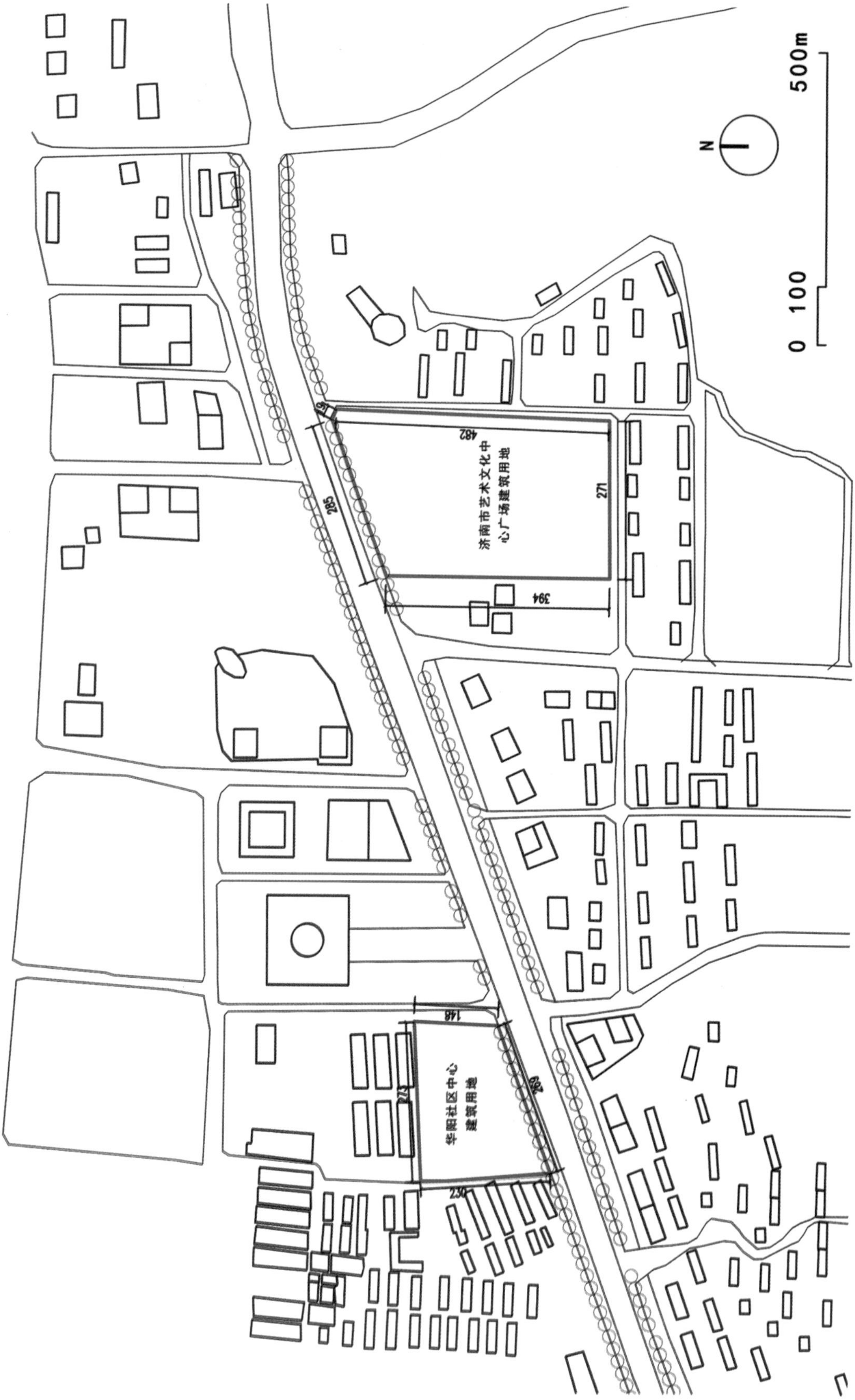

拟建设用地范围示意图

课后练习

每位同学分别完成“华阳社区中心”的 2 个城市设计方案模型和“济南市艺术文化中心广场”的两个城市设计方案模型。

练习成果要求

1. 每位同学共计完成 4 个城市设计方案模型。

2. 4 个城市设计方案需要分别用空间与观念赋予、形态与观念赋予、几何与观念赋予、空间体块辩证构成组合与观念赋予 4 种设计方法设计。

3. 在完成深度上，4 个城市设计方案只需要具有初步建筑形态即可。

4. 每个方案须设计地下空间和下沉广场。

5. 在开始设计前，老师须带领同学们到设计场地勘测，现场感受周边环境，并用脚步粗略测量场地的现实尺度。

注意事项

1. 每个方案模型以 SU 或犀牛软件制作。

2. 在方案设计时须将室外广场设计同时考虑在内。

3. 每个方案中只能用一种设计方法。

第 10 周
10-2

方案模型讲评，课后修改模型并制作方案动画

教学目标

一方面，通过 4 个城市设计方案的空间形态模型讲评，检验同学们对前 4 种设计法的掌握与应用能力；另一方面，发现问题，帮助同学们进一步优化空间形态模型。

授课内容

讲评 4 个城市设计方案模型，主要讲评建筑形态与场地的适应关系，包括比例、尺度、形式等。

模型讲评： 主体建筑形态、比例、尺度与场地较协调，同时具有一定的地标性，但建筑场地的处理未按照建筑形态肌理统一规划，尤其是下沉空间形态需要修改、完善

运用形态与观念赋予设计法设计的艺术文化中心方案

运用形态与观念赋予设计法设计的艺术文化中心方案

模型讲评：主体建筑中的4个建筑体块各自独立，没有形成统一的建筑整体，且建筑体量较小，与场地尺度不配，在设计之初，场地应与建筑统一设计，在此方案中，场地未按照建筑形态肌理设计

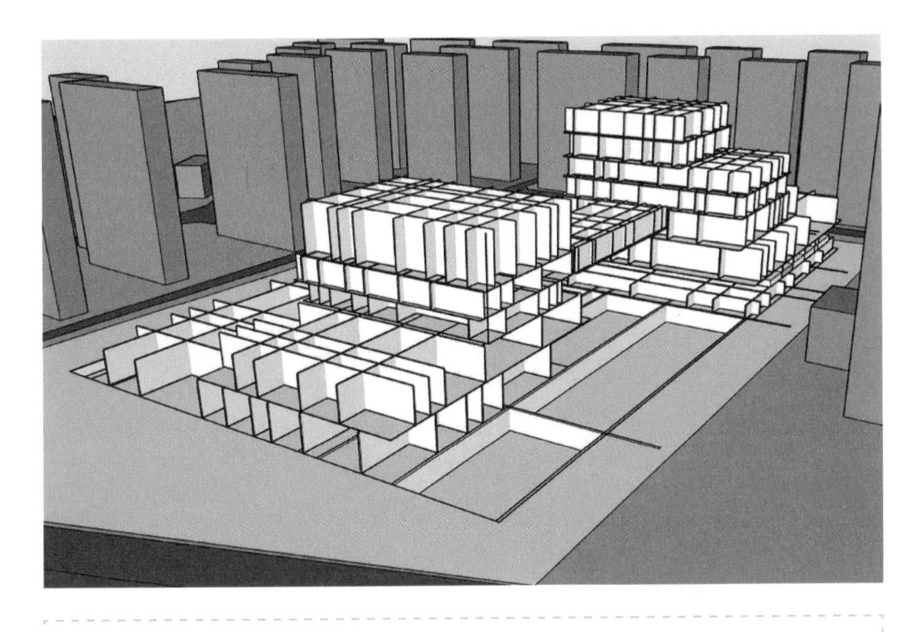

运用几何与观念赋予设计法设计的艺术文化中心方案

模型讲评：将不同的正交体系的网格模型通过缩放和上下叠加的方式运用到城市艺术文化中心的设计中，其构思较为巧妙，建筑形态与场地的尺度、比例较为协调，且具有明显的构成感，但图中底部场地的设计未考虑全面，需要进一步按照建筑形态的同一秩序设计完善

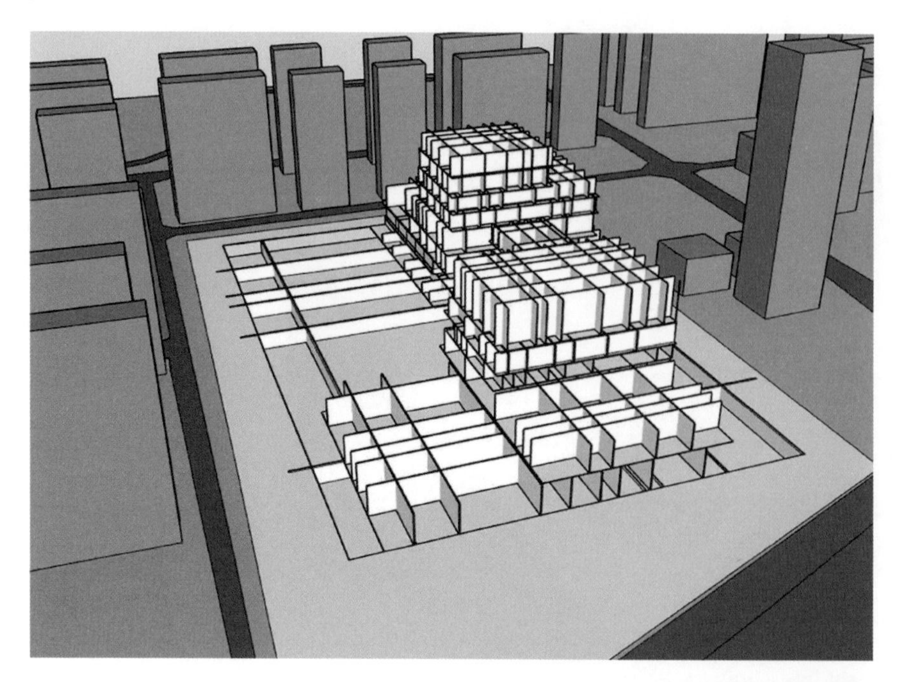

运用几何与观念赋予设计法设计的艺术文化中心方案

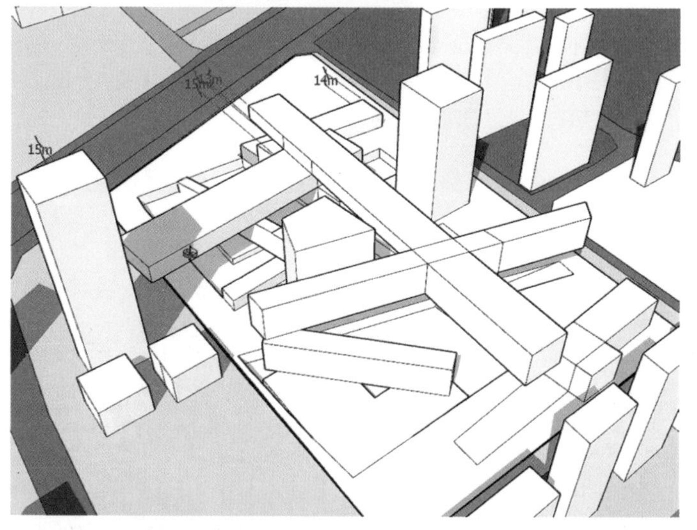

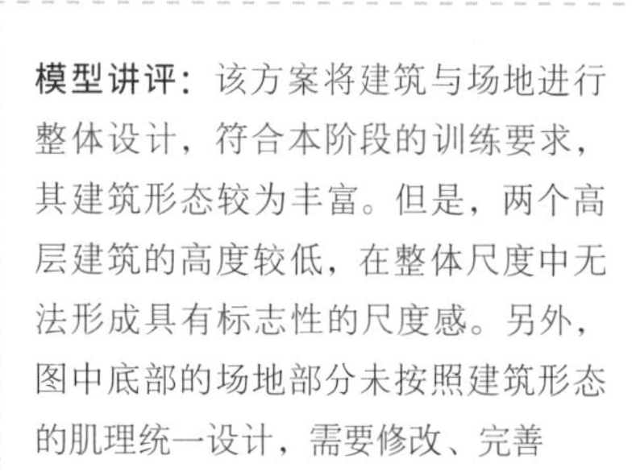

模型讲评：该方案将建筑与场地进行整体设计，符合本阶段的训练要求，其建筑形态较为丰富。但是，两个高层建筑的高度较低，在整体尺度中无法形成具有标志性的尺度感。另外，图中底部的场地部分未按照建筑形态的肌理统一设计，需要修改、完善

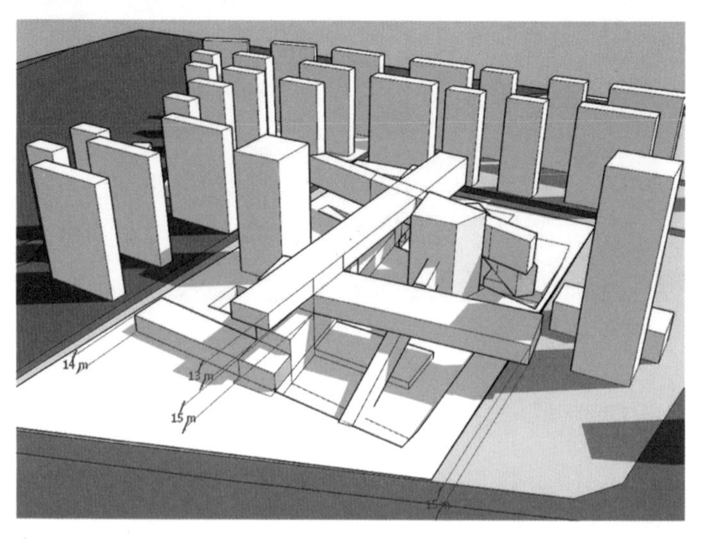

运用自由空间体块辩证组合与观念赋予设计法设计的艺术文化中心方案

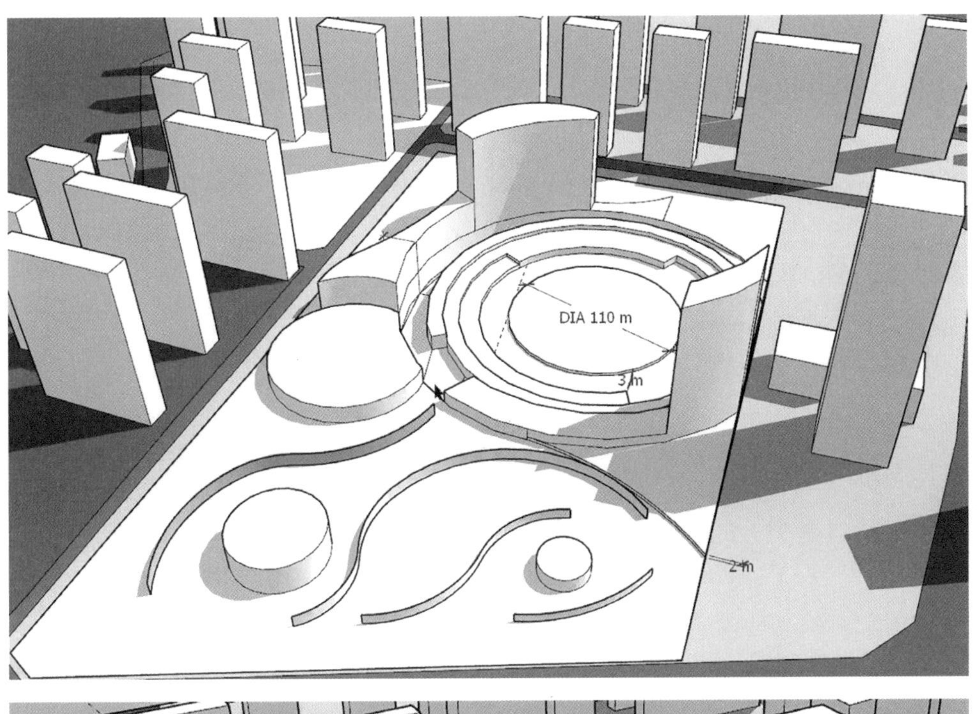

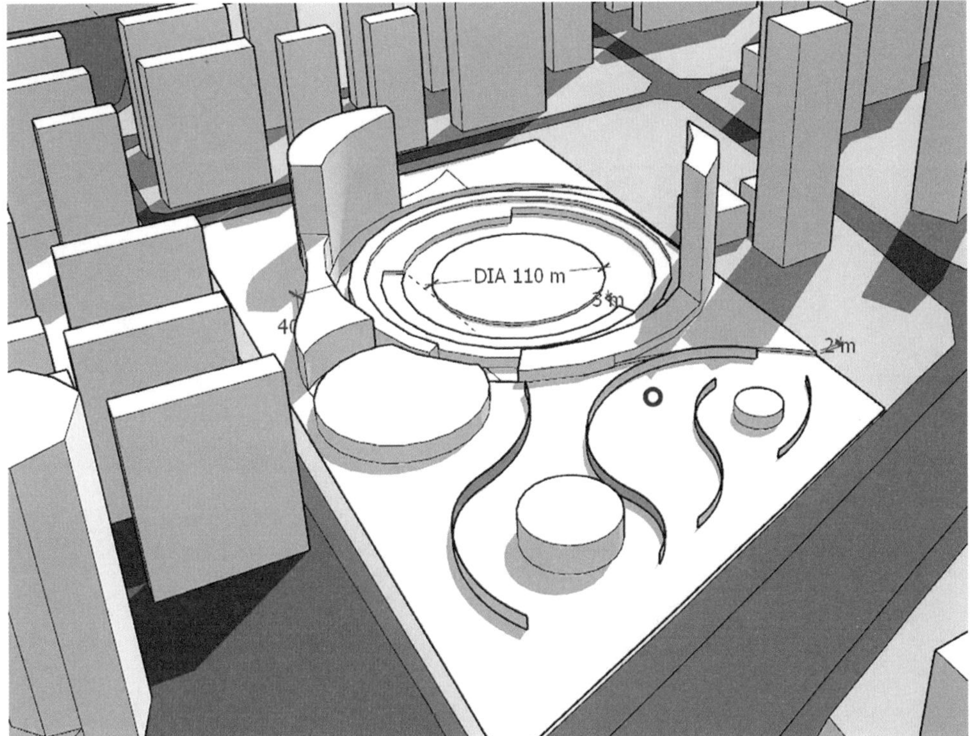

运用空间与观念赋予设计法设计的艺术文化中心方案

模型讲评：该方案运用空间与观念赋予设计法将建筑形态与场地进行统一设计，形成了具有整体性的空间形态，尤其是场地形态设计较为生动。但也存在不足之处：两座高层建筑高度较低，与周边建筑相比未形成地标性，同时在场地尺度下，未与场地尺度协调，需要进一步完善

模型讲评：运用几何与观念赋予设计法将建筑与场地进行统一设计，形成了统一、丰富的建筑场地形态，在设计过程中，设计者运用对角线法打破了正交网格限制，使得建筑与场地形态更为自由

运用几何与观念赋予设计法设计的城市艺术文化中心方案

模型讲评：该方案中虽然各个建筑体块都具有自由形态的特征，但是这些体块各自独立，没有按照统一的形态肌理布置，因此缺少整体感。另外，场地没有与建筑同时设计

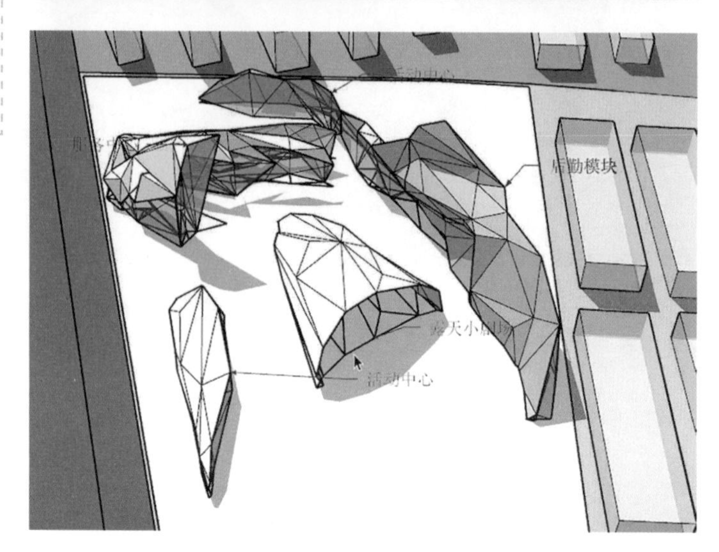

运用形态与观念赋予设计法设计的综合社区中心方案

模型讲评： 该设计中建筑形体的尺度、形态与场地及周边建筑较为协调，但缺少对场地设计的统筹考虑

运用形态与观念赋予设计法设计的综合社区中心方案

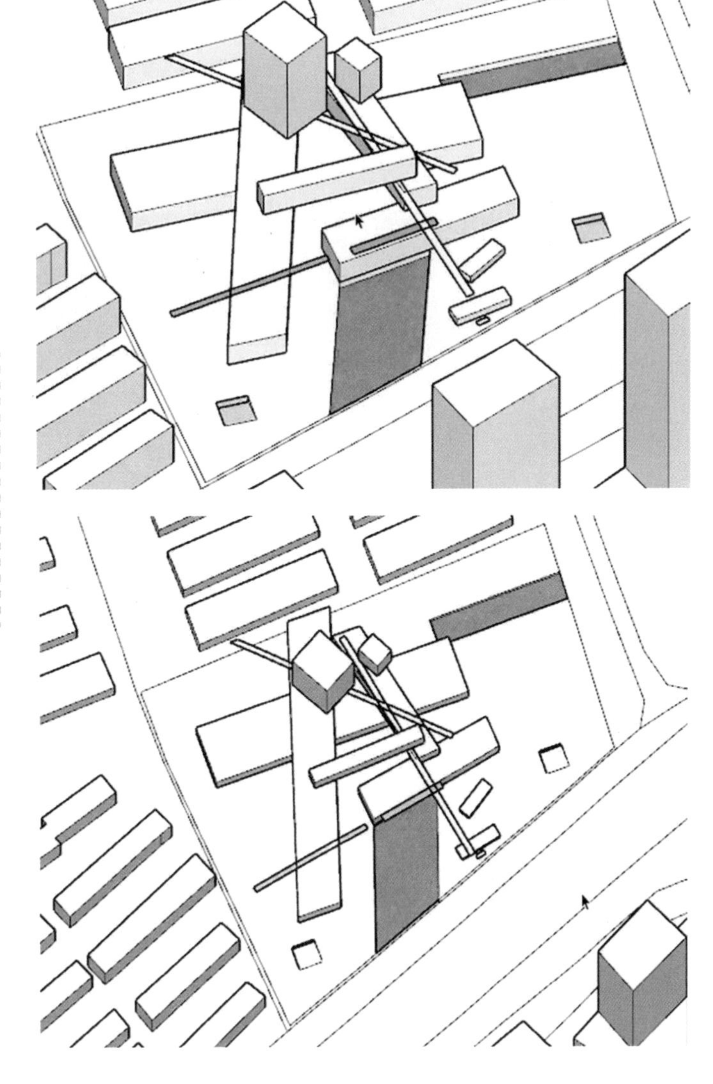

模型讲评： 运用自由空间体块辩证组合与观念赋予设计法使得建筑与场地形态设计较为统一，在接下来的深化过程中，建议将建筑形态肌理的方向以适当的角度旋转，使其与周边建筑体块的方向更为统一

运用自由空间体块辩证组合与观念赋予设计法设计的综合社区中心方案

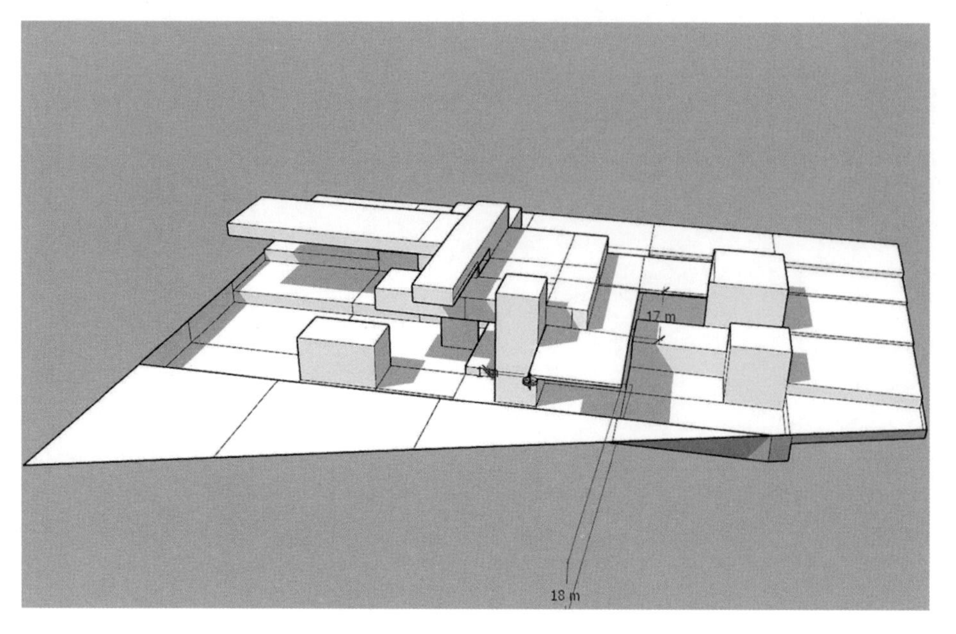

运用几何与观念赋予设计法设计的综合社区中心方案

模型讲评：建筑形态本体不存在问题，但是从“场地与城市设计”的训练来看，该设计没有将场地置入城市环境，因此，无法判断建筑比例、尺度，以及与周边环境的关系，需要在设计之初便从场地与城市环境整体进行设计

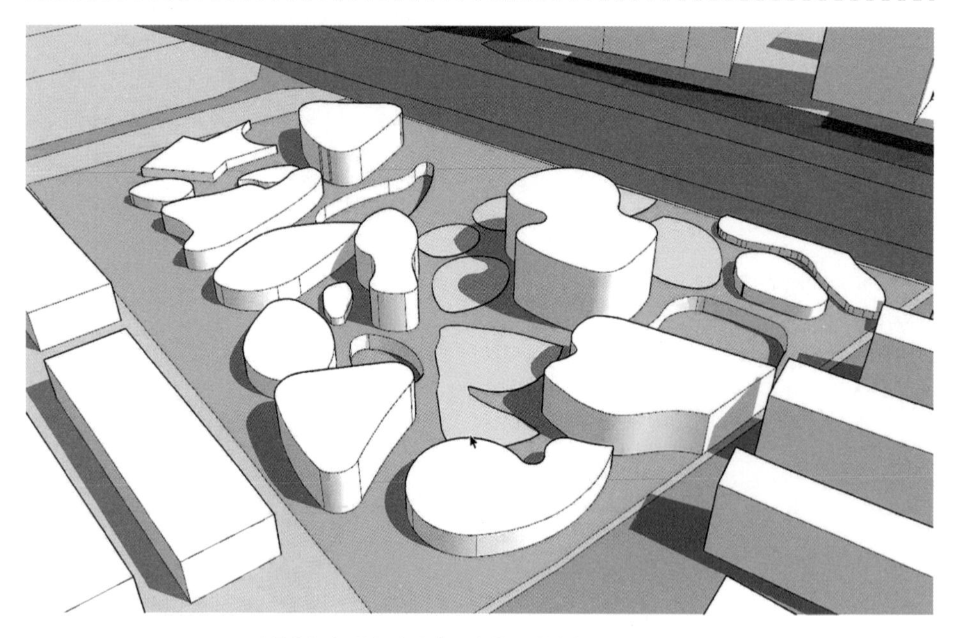

运用空间与观念赋予设计法设计的综合社区中心方案

模型讲评：设计者运用空间与观念赋予设计法从建筑与场地整体进行设计，实现了两者在形态上的统一性，分散、灵活的建筑单体从建筑形态上看具有较好的趣味性，整体较为生动，但这些分散布置的空间体块如何形成整体的空间序列，需要设计者在接下来的时间里深化、完善，还要注意建筑与场地边缘需要退让 5m 建筑红线

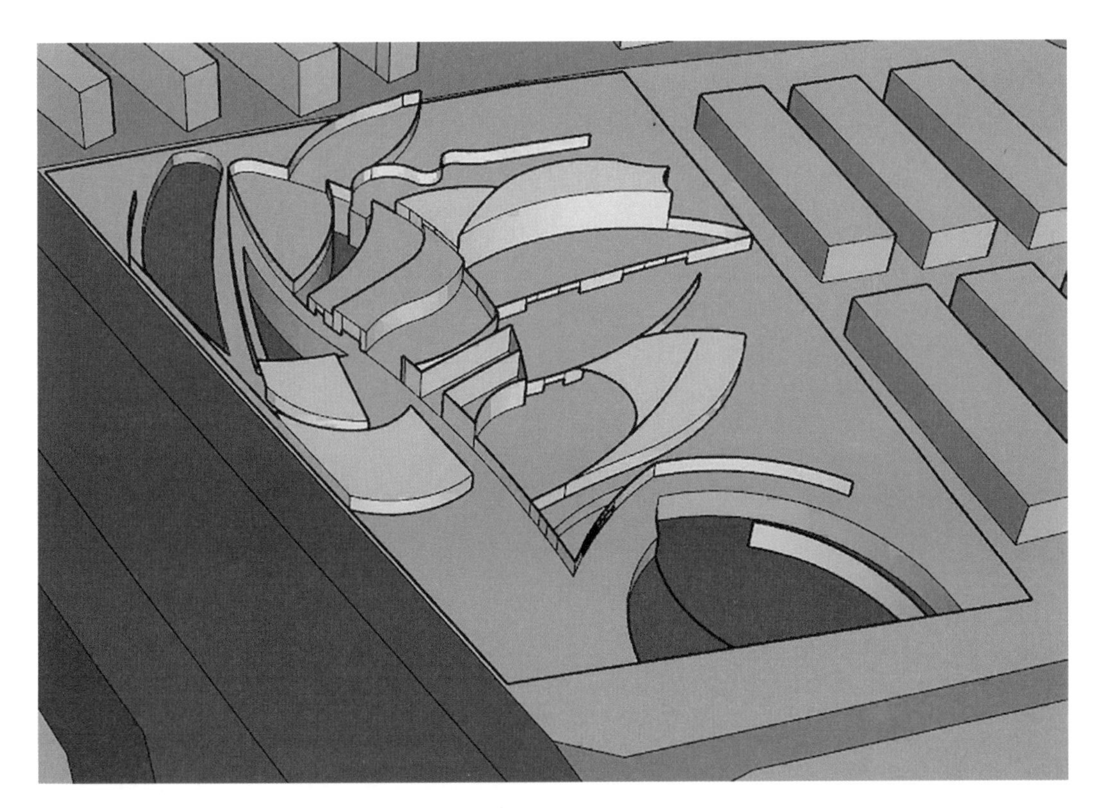

运用空间与观念赋予设计法设计的综合社区中心方案

模型讲评：运用空间与观念赋予设计法将场地与建筑体块按照统一的图形肌理进行设计，具有较好的整体性，但建筑未退让出足够的建筑红线距离，此外，建筑高度与场地比例不协调，需要进一步深化

课后练习

1. 根据课上讲评修改空间形态模型。

2. 制作每个方案的展示动画。

练习成果要求

1. 每个方案动画以展示建筑外部形态的组合关系为主。

2. 每个方案动画时长为 1 ~ 2 分钟。

注意事项

1. 老师讲评时需要注意建筑尺度与场地的协调关系。

2. 4 种设计法的操作步骤要严格按照之前每种方法的训练要求完成。

第 11 周
11-1

动画讲评，课后在空间形态内赋予建筑功能

教学目标

通过方案动画讲评，进一步优化模型的空间形态，尤其是建筑、地面广场、下沉广场的尺度，以及建筑形态之间的比例关系。

授课内容

讲评 4 个城市设计方案动画。

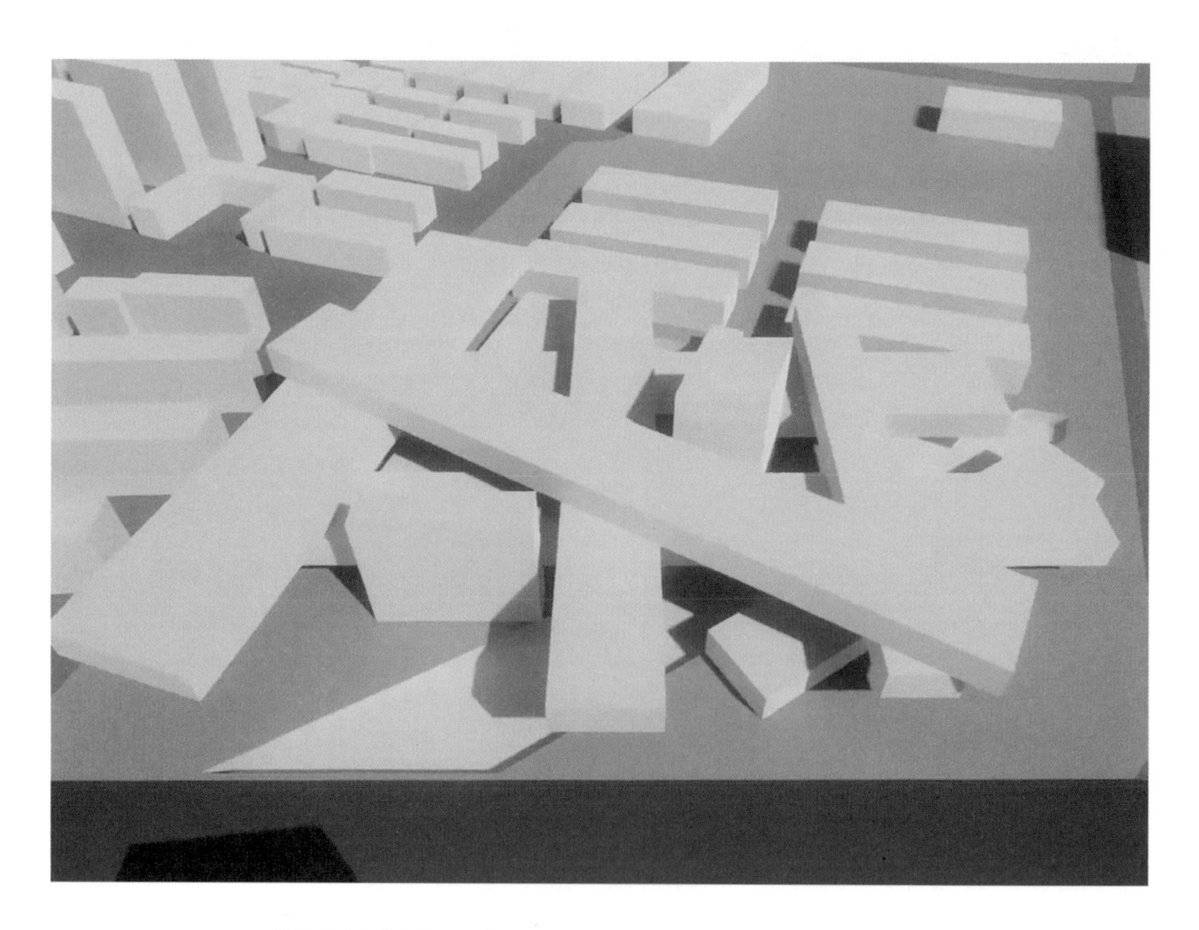

运用自由空间体块辩证组合与观念赋予设计法设计的综合社区中心方案

动画讲评：在上节课的建筑模型讲评中，同学们容易出现的问题是对建筑与场地尺度的把握不够准确。在这位同学的方案中，突出的问题是建筑尺度过大，导致建筑与场地比例失衡，建筑过于臃肿，场地内部没能形成适宜的交流活动空间，因此建筑的尺度问题是这一训练环节的难点

运用空间与观念赋予设计法设计的综合社区中心方案

动画讲评：通过动画展示可以看出，运用空间与观念赋予设计法设计的这一建筑群体，在形态的比例、尺度方面与场地及周边建筑较为协调。但是，在处理建筑与场地边界方面仍然存在没有退红线的问题，此外，场地设计也不够深入

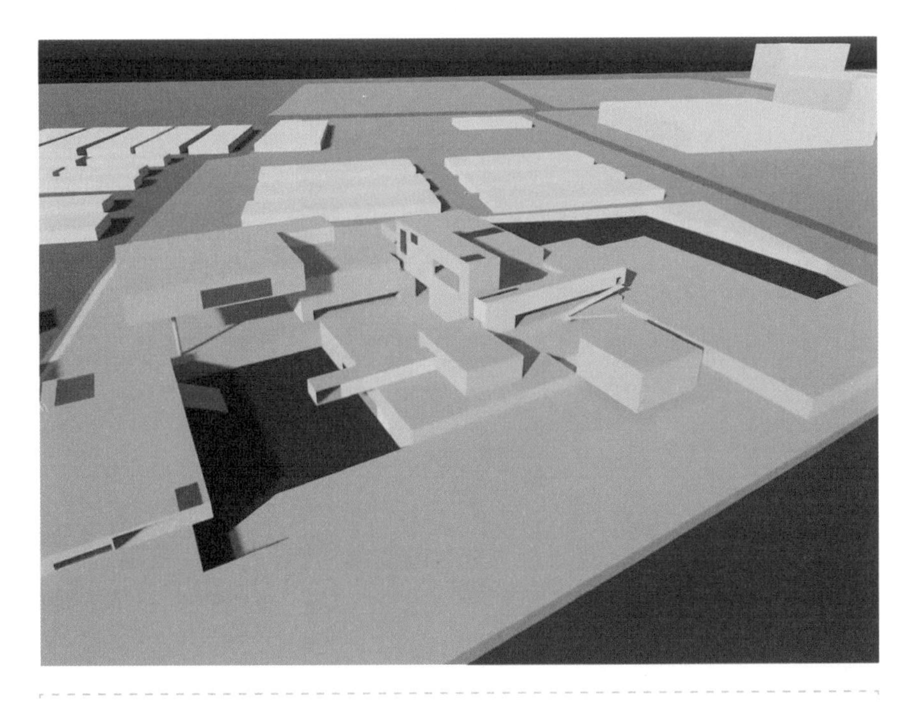

运用几何与观念赋予设计法设计的综合社区中心方案

动画讲评：在这一方案中，通过几何与观念赋予设计法，这位同学较好地完成了建筑与场地在尺度、比例及协调周边建筑等方面的问题，尤其是下沉广场的设计得到了深化练习

运用形态与观念赋予设计法设计的城市艺术文化中心方案

动画讲评：经过上节课的讲评和课后修改，运用形态与观念赋予设计法完成的城市艺术文化中心的建筑形态的尺度和比例与场地逐步协调，同时，场地设计在这节课中更为丰富，下沉广场形式与建筑相统一

运用自由空间体块辩证组合与观念赋予设计法设计的城市艺术文化中心方案

动画讲评：城市艺术文化中心的建筑与场地设计经过修改后具有较好的整体性，高层建筑形态的地标性得以凸显，广场设计具有了一定的丰富性

运用几何与观念赋予设计法设计的城市艺术文化中心方案

动画讲评：该方案中的建筑形态与场地的形式设计较为统一，建筑高度与场地的比例较协调，但图中场地内左侧建筑宽度过窄，在功能布置时可能受到限制，因此需要进一步优化这一建筑的宽度

课后练习

参照两个基地的设计任务书以及《建筑设计资料集》，在 4 个设计方案模型空间中进行建筑功能赋予。

练习成果要求

1. 剧场部分需要将内部空间设施在模型中体现出来。

2. 高层建筑要有完整的交通核。

3. 建筑功能赋予需要基本符合相关建筑规范。

4. 地下空间与下沉广场应具有空间连续性。

第 11 周
11-2

讲评建筑模型，课后对建筑功能及内部空间进行修改

教学目标

检验模型中建筑功能的赋予情况，并提出相关修改、完善建议。

授课内容

1. 同学们介绍模型空间中的功能布置。

2. 老师对方案中的功能布置进行讲评。

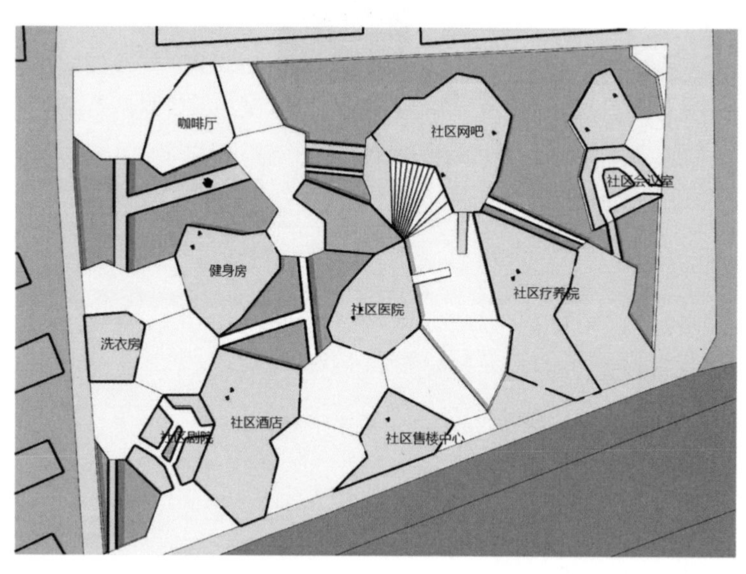

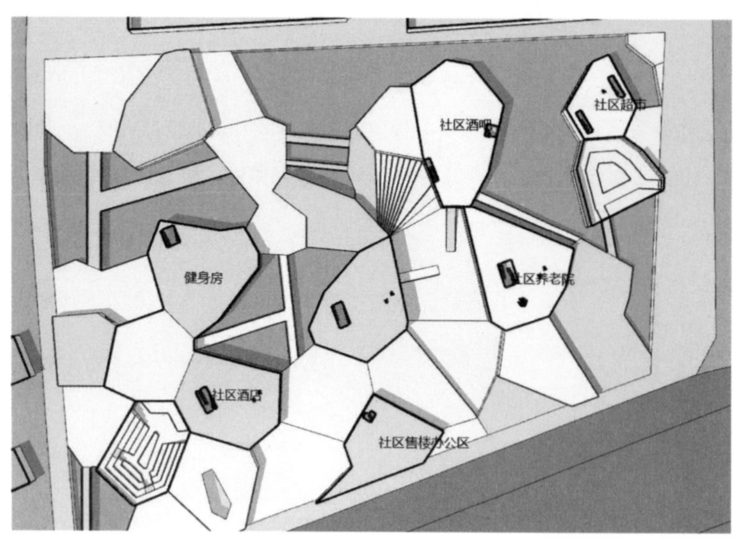

运用空间与观念赋予设计法设计的综合社区中心方案

功能赋予讲评：该社区中心方案内的建筑功能参考了《建筑设计资料集》中的社区中心建筑功能，所赋予的功能类型较为丰富，但存在的问题是建筑内部空间没有根据功能赋予进行相应的细化

功能赋予讲评：该方案的建筑功能较简单，应参照《建筑设计资料集》中的相关类型建筑对其进行详细的功能赋予，在功能赋予的同时，一方面要将内部空间进行相应的优化，另一方面，要利用交通设施将各个空间连通起来

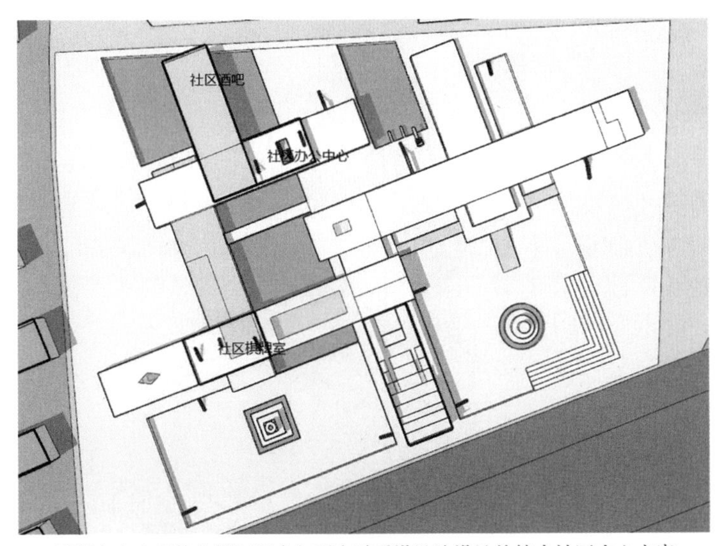

运用自由空间体块辩证组合与观念赋予设计法设计的综合社区中心方案

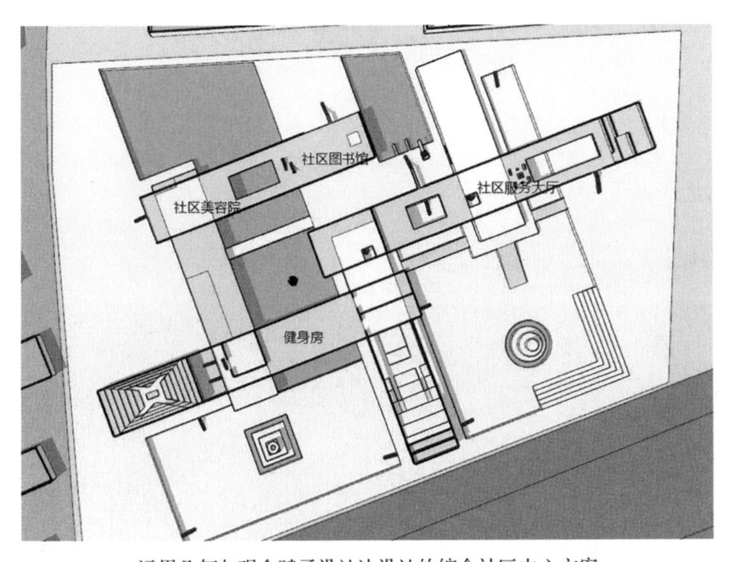

运用几何与观念赋予设计法设计的综合社区中心方案

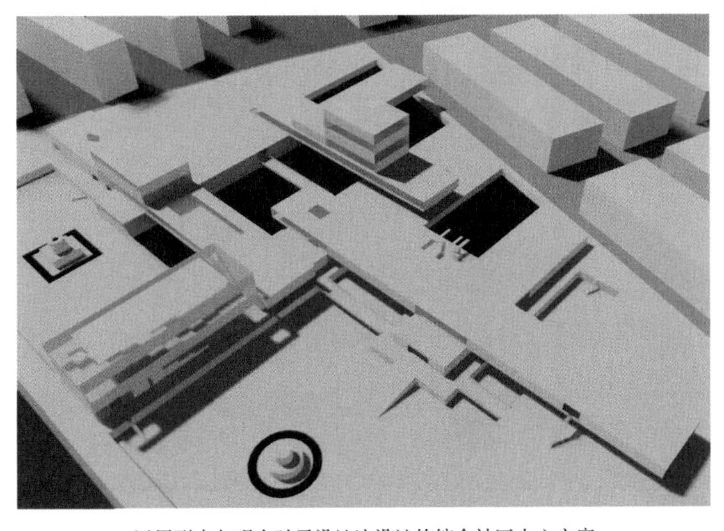

运用形态与观念赋予设计法设计的综合社区中心方案

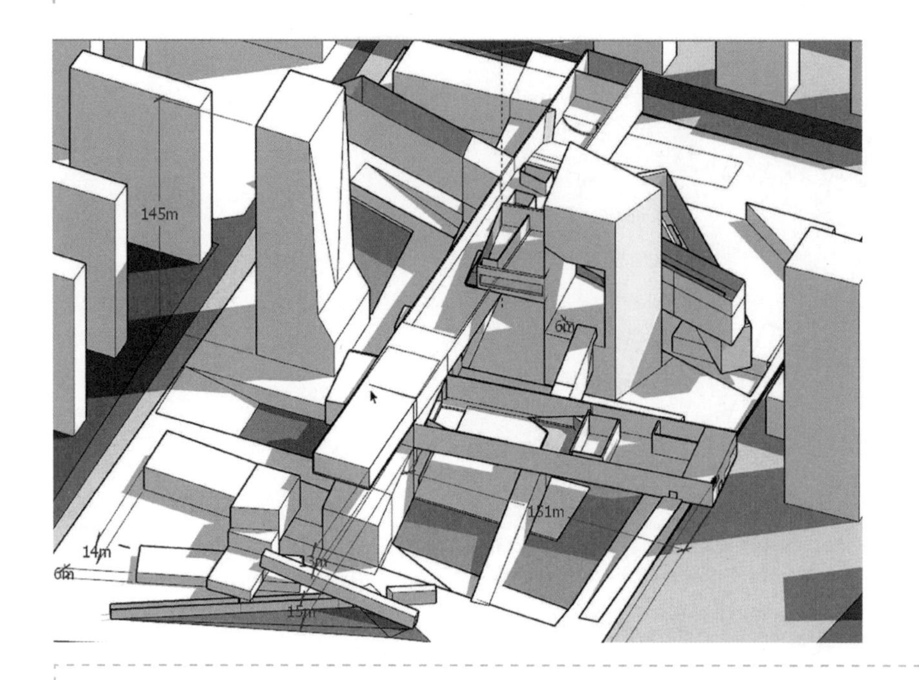

功能赋予讲评： 虽然建筑中的不同空间体块被赋予了一定的使用功能，但这些空间并未按照用途和空间序列联系起来，目前，这些功能体块依然是各自独立的状态。另外，每个空间的功能赋予较为简单，其内部空间并未根据功能要求进行相应的深化

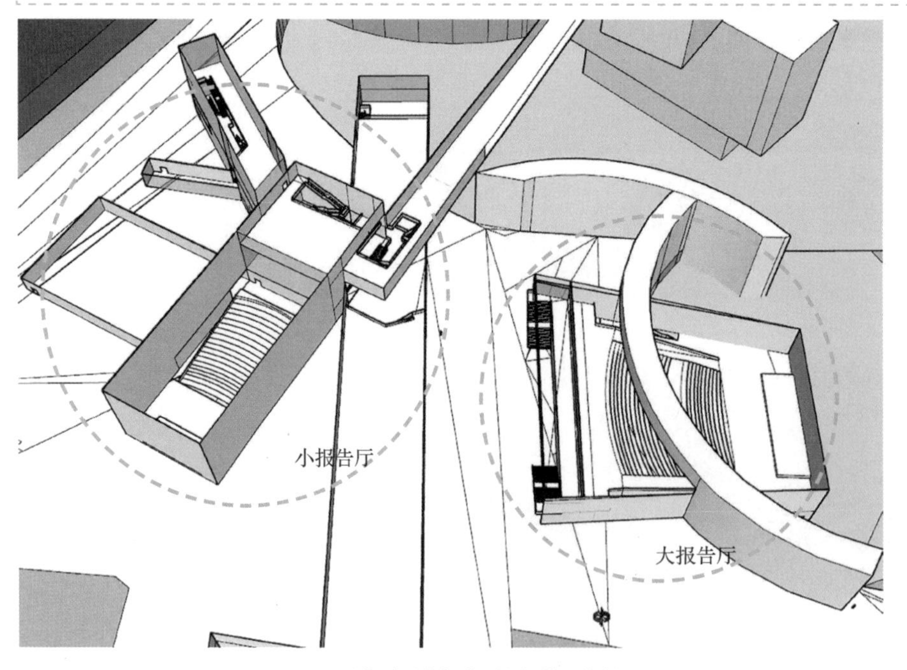

功能赋予的报告厅空间模型案例

功能赋予讲评： 在功能赋予练习过程中，要求剧院、会议厅、报告厅的内部空间形式按照《建筑设计资料集》中的相关功能空间的设计要求进行绘制，包括这些大空间的相关服务空间都需要在模型中表达出来。在绘制这些空间时，建议直接从《建筑设计资料集》中的现有图例中按照比例进行描绘、建模，然后将模型置入方案模型进行修改、完善

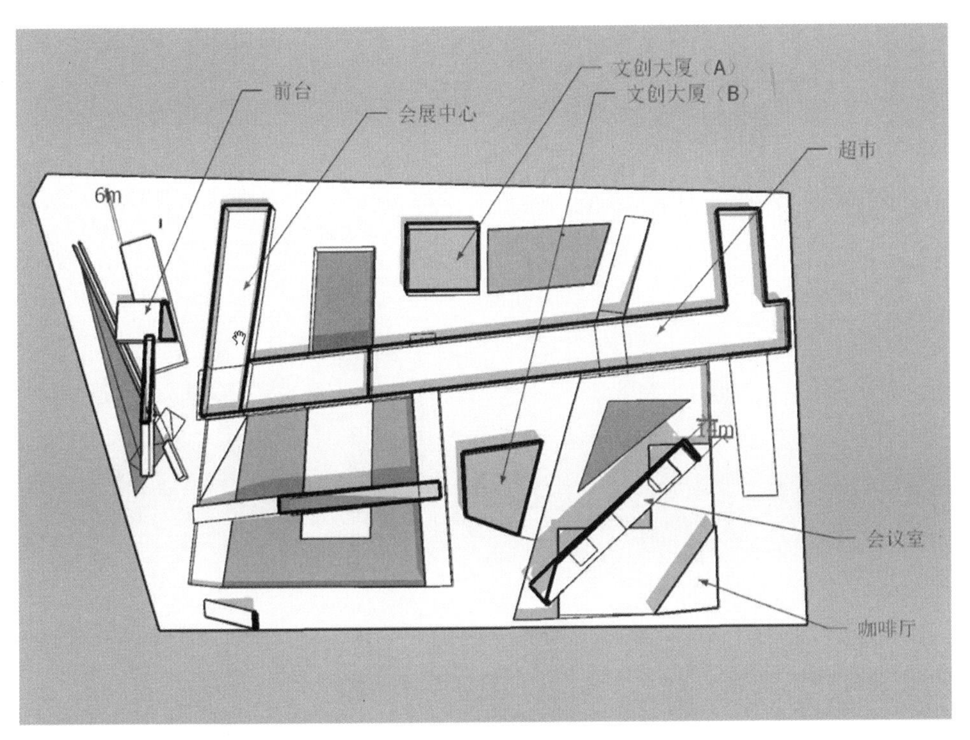

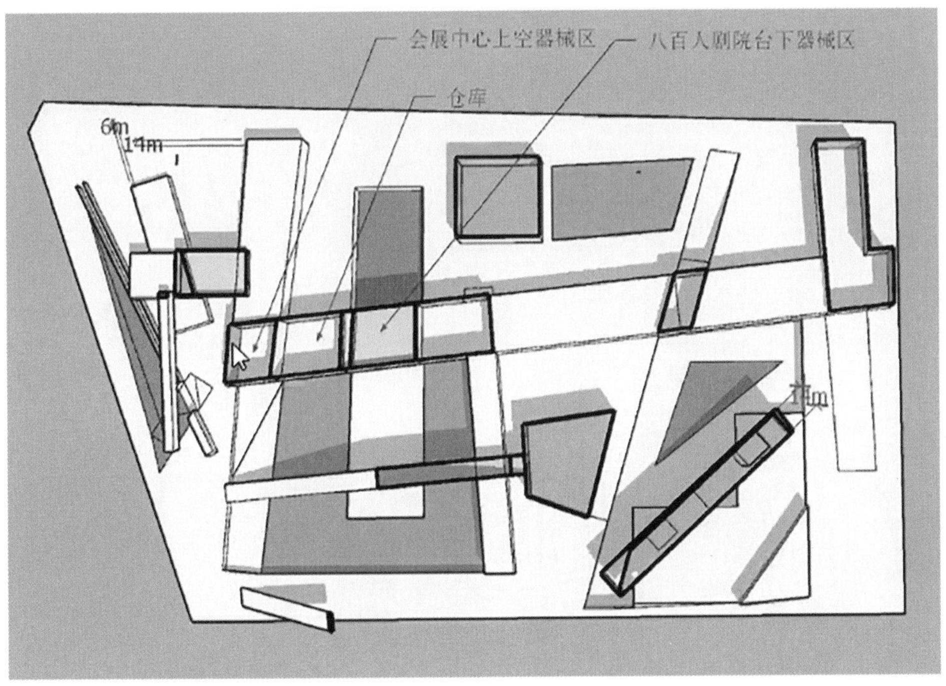

运用自由空间体块辩证组合与观念赋予设计法设计的城市艺术文化中心方案

课后练习

1. 同学们根据课上讲评对功能布置进行修改，并对相应内部功能空间进行完善。

2. 在空间形态内设置增加空间丰富性的楼梯、坡道、上下层共享空间。

第 12 周

12-1

讲评建筑模型，课后制作建筑动画

教学目标

一方面检验建筑模型的修改情况，另一方面检验建筑内部空间的丰富性，并提出修改建议。

授课内容

1. 同学们介绍模型内部空间的修改和完善情况。

2. 老师对模型进行讲评。

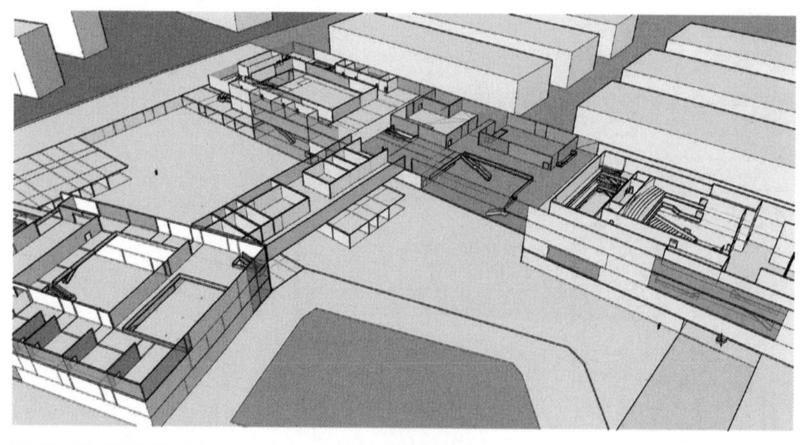

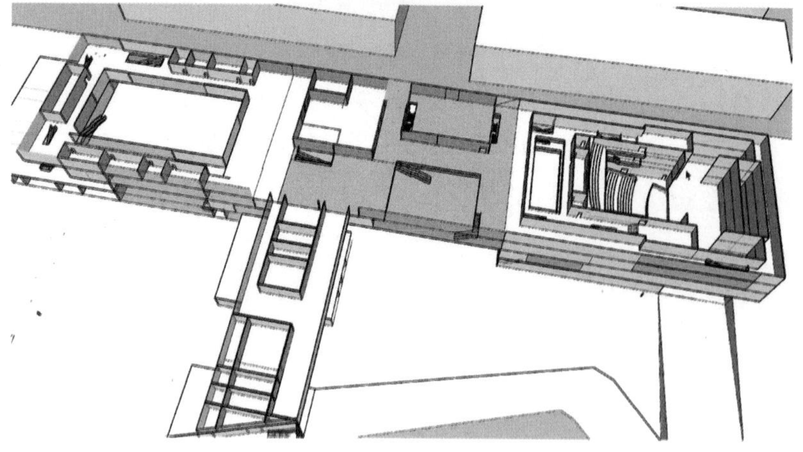

功能赋予讲评：该社区中心方案内的建筑功能参照了《建筑设计资料集》中的社区中心建筑功能，所赋予功能类型较为丰富，但存在的问题是建筑内部空间没有根据功能赋予进行相应细化

功能赋予讲评：该方案设计模型中对各个空间体块内部进行了空间划分，使得内部空间在水平、竖直方向具有了流通性，进而使设计者利用坡道、直跑楼梯将各空间进行了连通

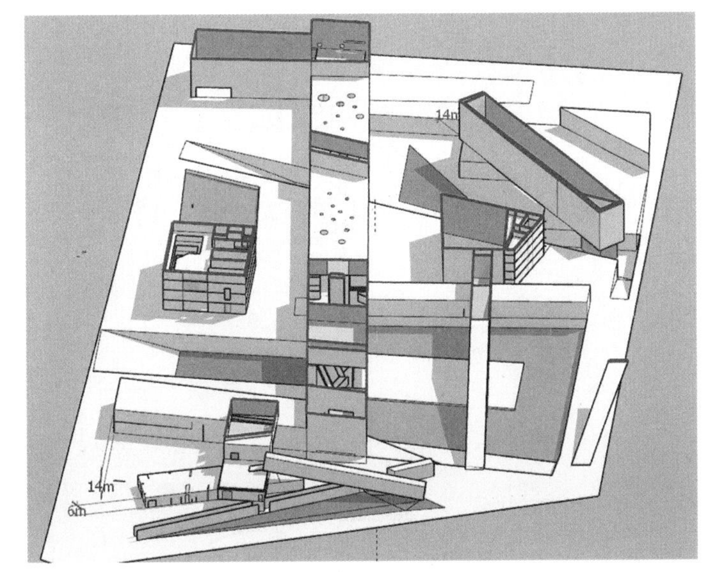

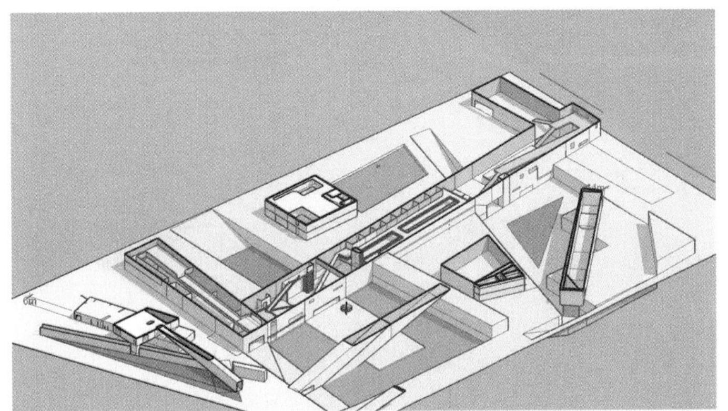

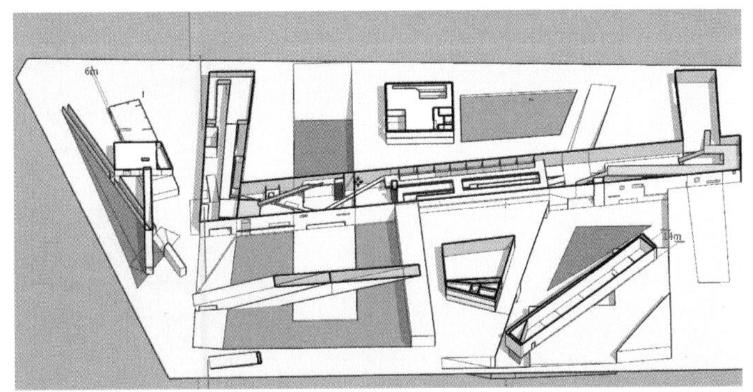

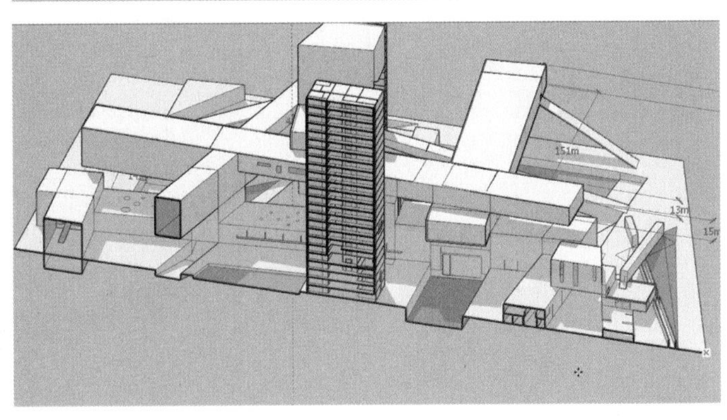

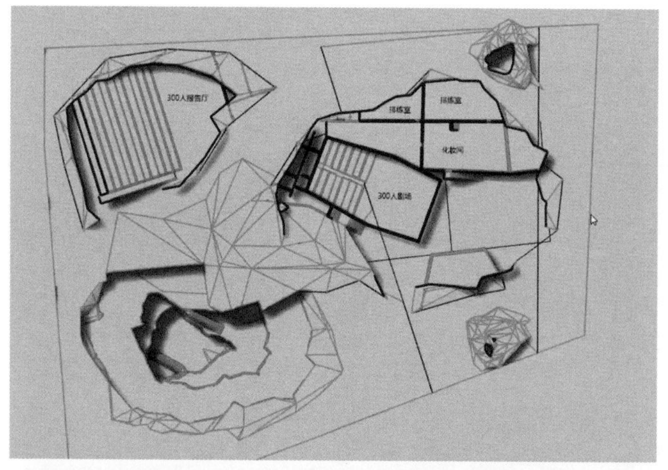

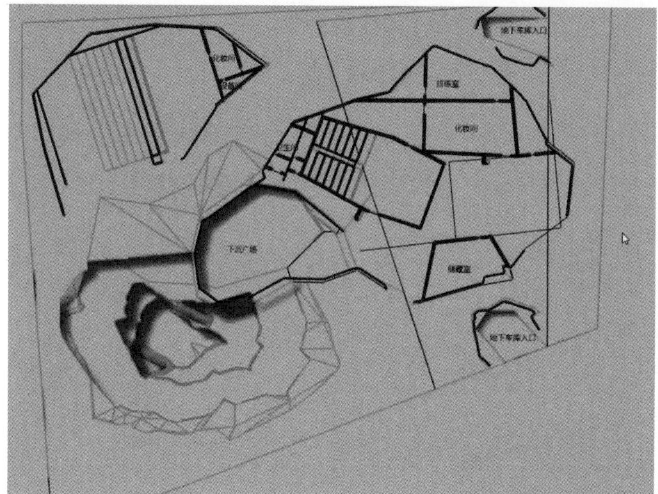

功能赋予讲评：该方案设计模型在内部置入了功能空间，但是这些功能空间的组织系统不够详细，空间划分显得粗糙，需要进一步修改、完善

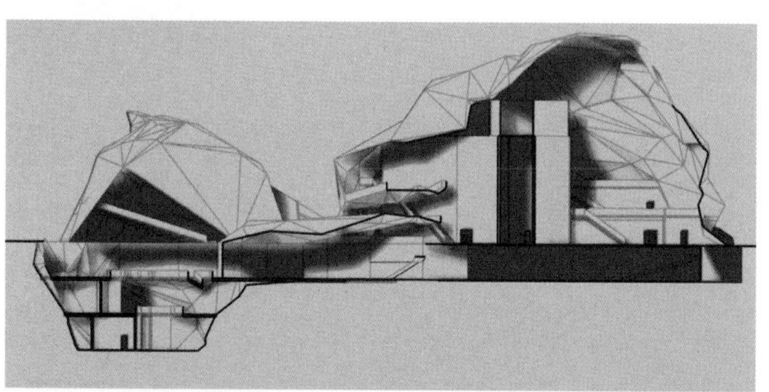

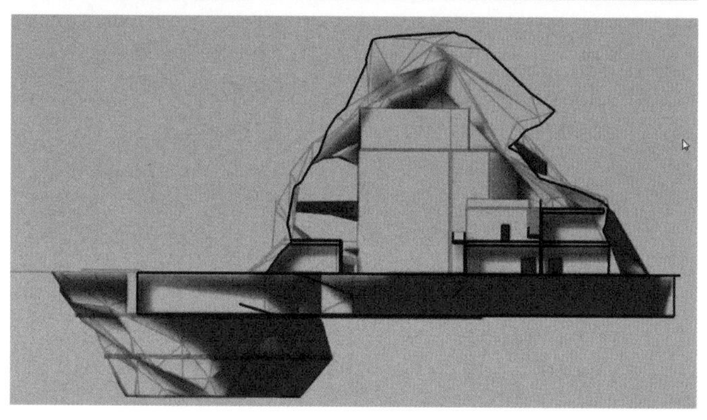

功能赋予讲评： 在这一方案设计模型中，由于空间体块较为分散，设计者利用连廊、坡道、直跑楼梯、共享空间等元素将各空间连通，使得原先封闭的独立空间有了连续性

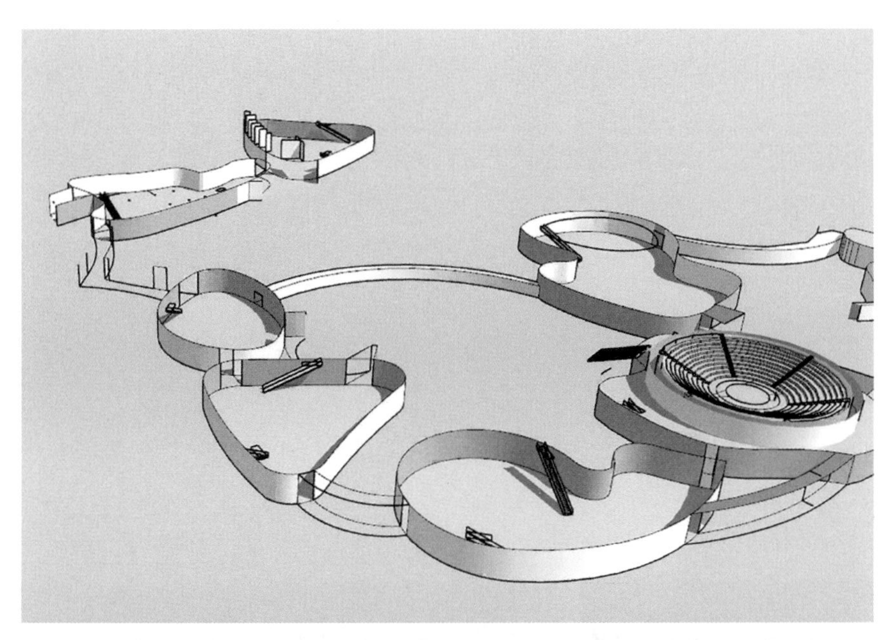

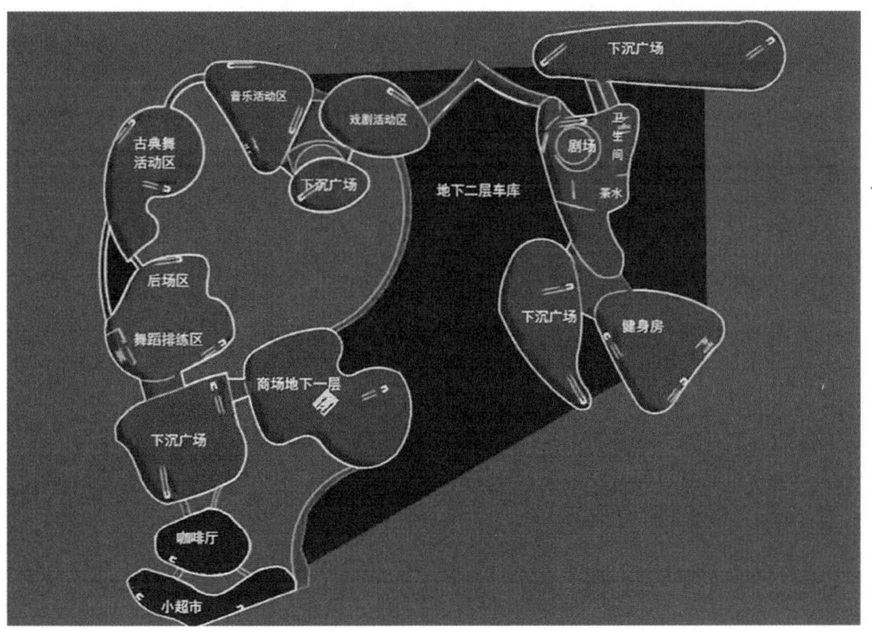

课后练习

1. 根据课后讲评进一步完善建筑模型。

2. 完善功能流线。

3. 每位同学制作 4 个方案的建筑动画。

练习成果要求

1. 每个方案的动画时长为 1 ～ 2 分钟。

2. 动画不仅要能够展示整体建筑组群的外部形态，还要能展示内部空间的丰富性及光影

第 12 周
12-2

动画讲评，课后绘制建筑图并排版

教学目标

通过动画制作和展示，使同学们对其设计的各部分空间产生较为直观的体验和感受，并检验方案中空间设计的丰富性。

授课内容

讲评同学们的设计方案动画。

建筑动画讲评：这一阶段的建筑动画展示不仅要从宏观视角展现光影下建筑的整体形态关系，而且要展示人视角下的建筑空间场景

建筑动画讲评：在做建筑场景表现时，需要有主要光影对空间的塑造，因此建筑立面及屋顶的采光尤为重要，它们能对建筑空间的氛围起到烘托作用

建筑动画讲评：对于不规则的自由建筑形态的展示，一方面需要将其组群建筑形态展示清楚，另一方面，需要将其自由形态内部空间中的使用空间展现出来，以避免给人空洞的雕塑感

课后练习

1. 根据课上讲评，对建筑空间中暴露出来的问题做进一步修改、完善。

2. 进行 4 个方案的图纸排版和建筑图的绘制。

练习成果要求

1. 图纸排版需要设置网格比例作为辅助线。

2. 图纸大小为 A1 图幅。

3. 建筑图包括建筑总平面图、平面图、立面图、剖面图、剖透视图、分层轴测图、鸟瞰图、室内效果图。

4. 建筑图可以不用全部完成，但应在图纸排版时留出相应的位置。

第 13 周 13-1

图纸讲评，课后图纸修改和完善

教学目标

初步检验图纸排版和建筑图的绘制情况，针对图纸表达出现的问题提出修改建议。

授课内容

讲评图纸排版和建筑图绘制。

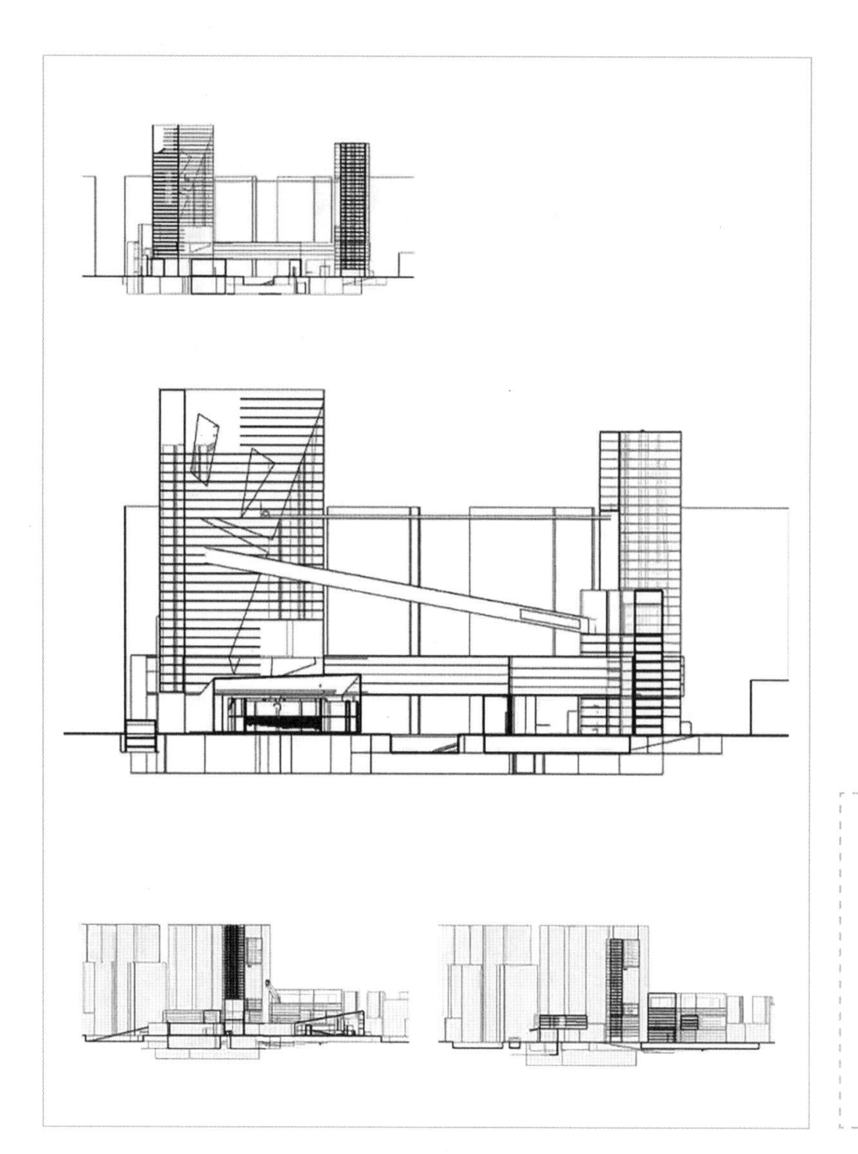

图纸讲评：第一次图纸排版练习不要求图纸一次性达到出图深度，训练重点在于以二维建筑图的表达形式增进同学们对建筑空间理解的深度和完整性，因此在讲评时，老师应注意指出设计中的问题

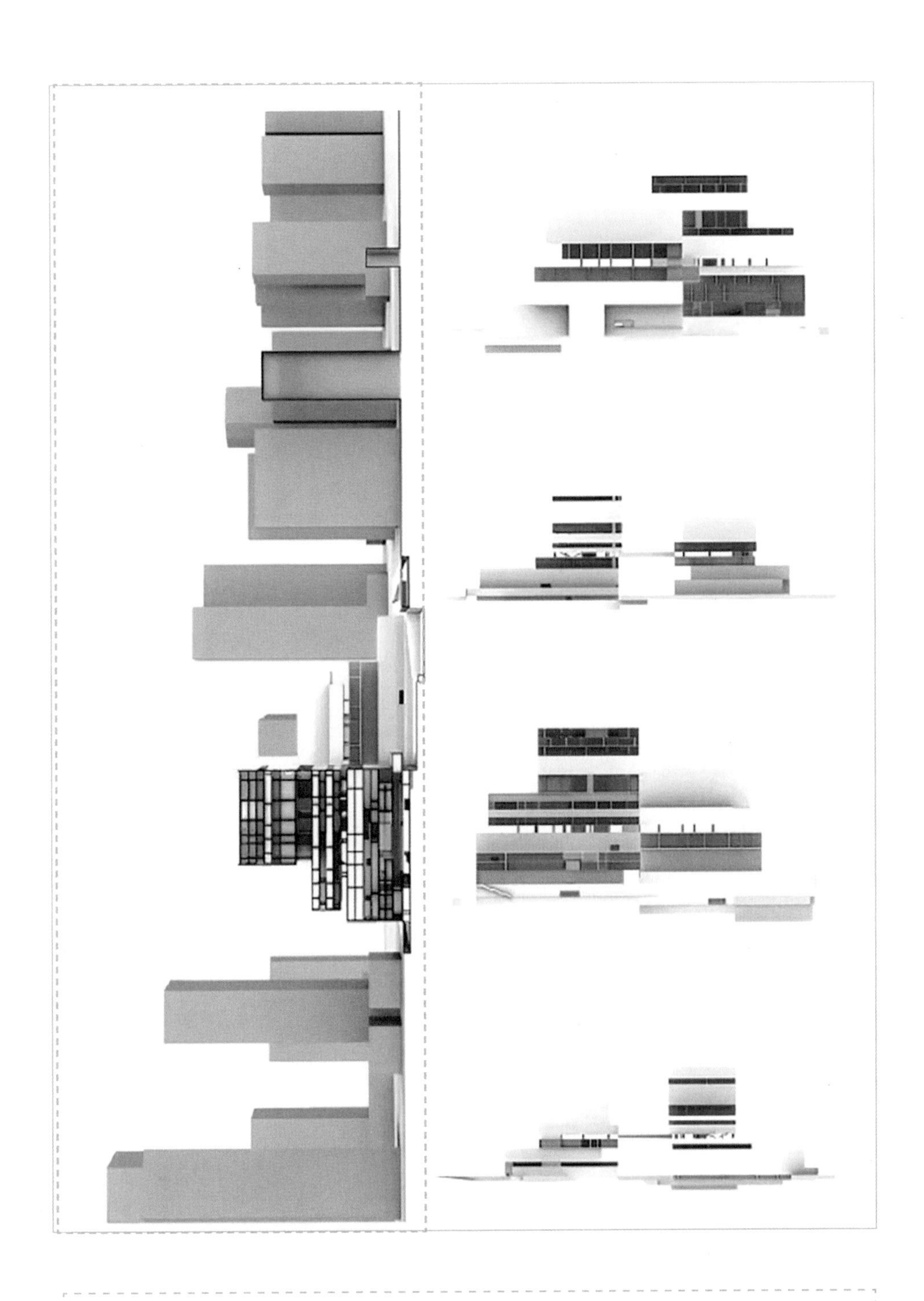

图纸讲评：图纸左侧，将建筑剖面图置于城市环境的背景中，一方面表达出了城市设计环境，另一方面较好地表达了建筑在城市环境中的尺度关系，但是城市背景环境图面效果过于突出，建议适当削弱

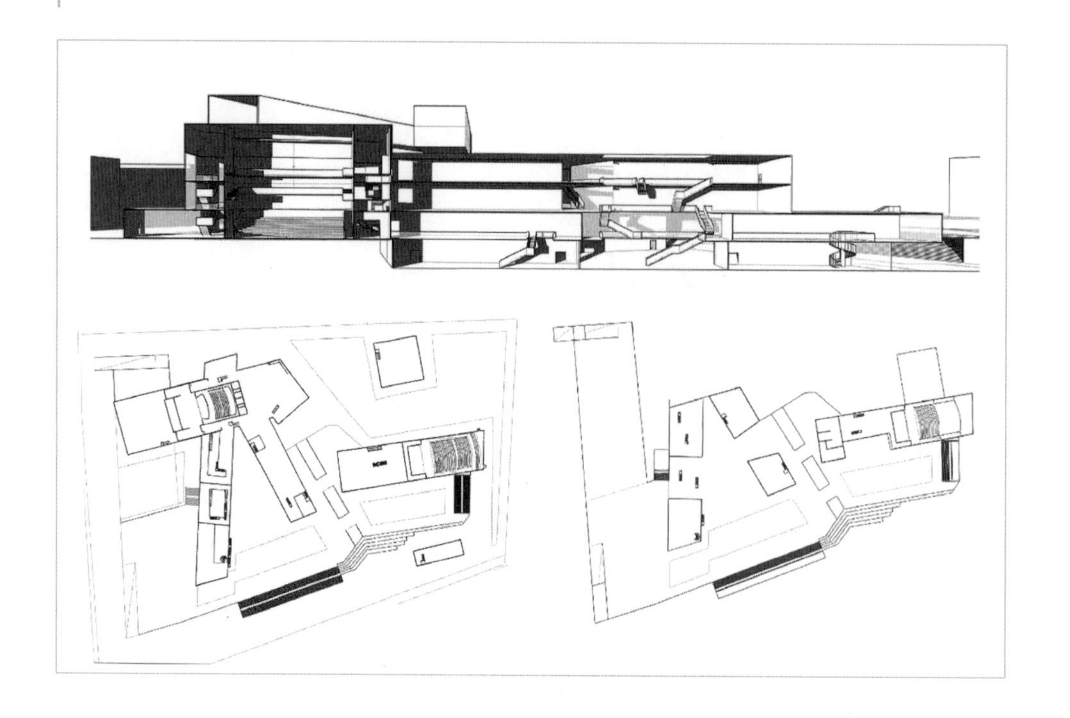

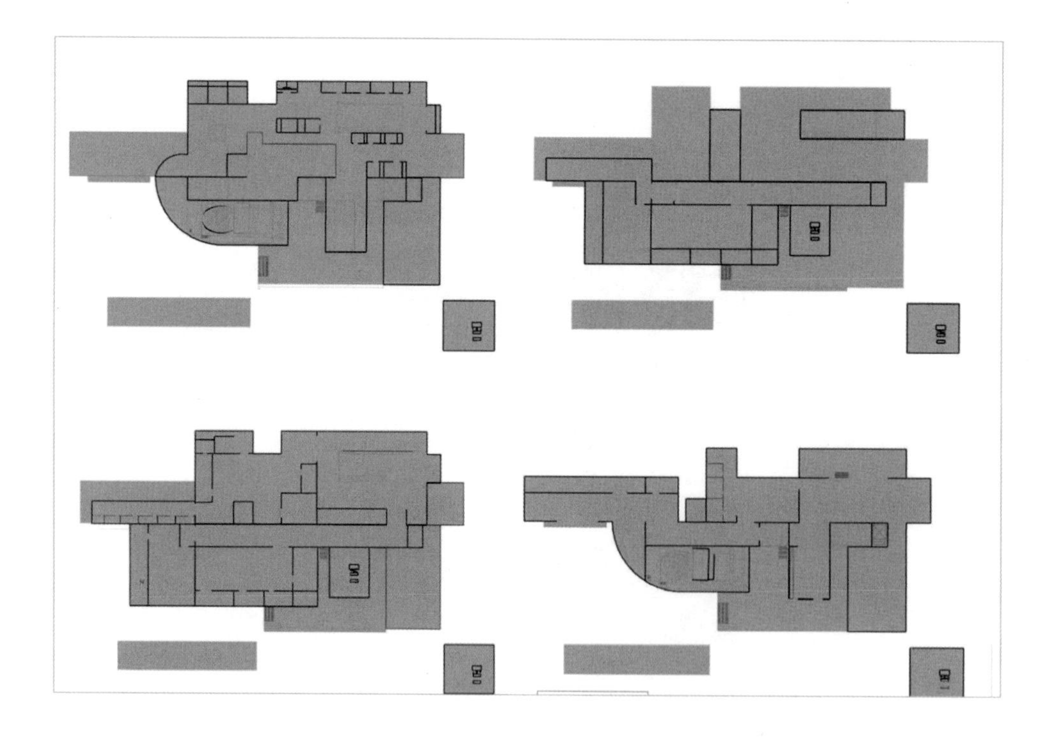

图纸讲评：建筑平面图的表达需要有建筑门、窗、楼梯、坡道，在以上两张图片中，上面图片中的建筑平面图相较于下面图片中的建筑平面图更为细致，因此，建筑的空间感表现得更好

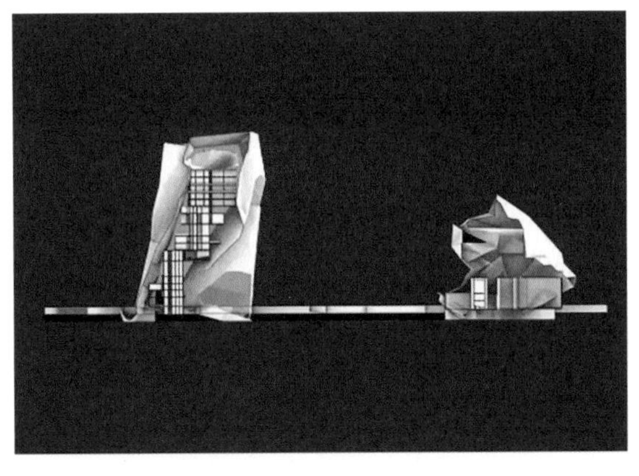

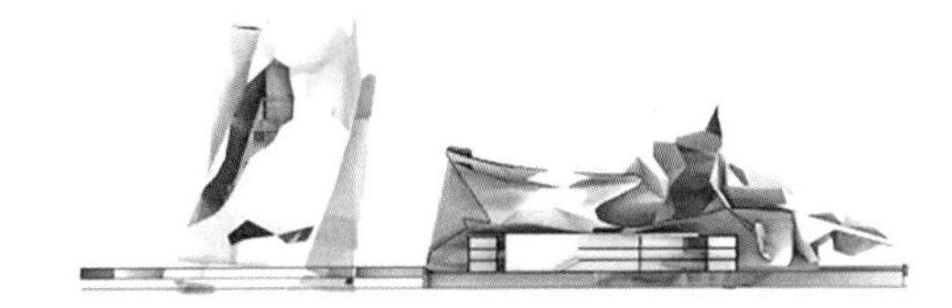

建筑动画讲评：以上建筑方案的两张图纸通过图面色彩明暗、对比度等技法较好地实现了动画与建筑形态相匹配的表现效果，但建筑光影、建筑图的表达在细节方面（线型、线宽）仍需要继续深化

课后练习

图纸排版修改，继续绘制建筑图。

练习成果要求

1. 每个方案的图纸应用不同的表现风格。

2. 图纸表现应以表达建筑与场所设计为主要目标，避免不必要的图纸装饰。

第 13 周 13-2

图纸讲评，课后图纸修改与动画制作

教学目标

进一步检验图纸排版和建筑图的修改、完善情况，优化图纸表达。

授课内容

进一步讲评图纸排版和建筑图的绘制情况。

图纸讲评： 图纸整体表达效果不错，黑灰色城市背景既能够表现出城市环境，又能衬托出白色主体建筑。但是，由于主体建筑渲染曝光过度，目前建筑各个面的空间效果区分不够，造成建筑立体感不够

图纸讲评： 图纸表现中所有文字的表达内容需要与设计主题相关，目前，一方面“魁”字与建筑设计内容不相关；另一方面，其字体与现代性较强的建筑设计风格不匹配

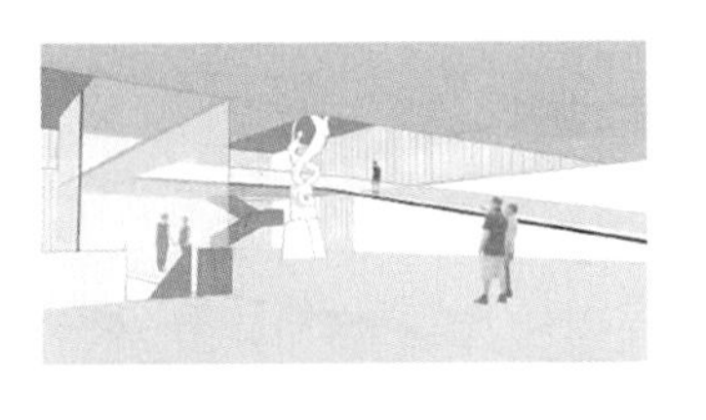

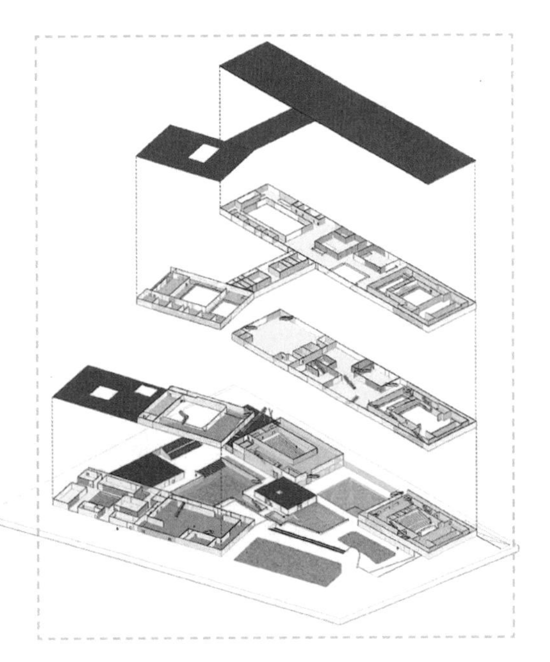

图纸讲评：在图纸右侧的分层轴测图中，需要对每层空间进行标注

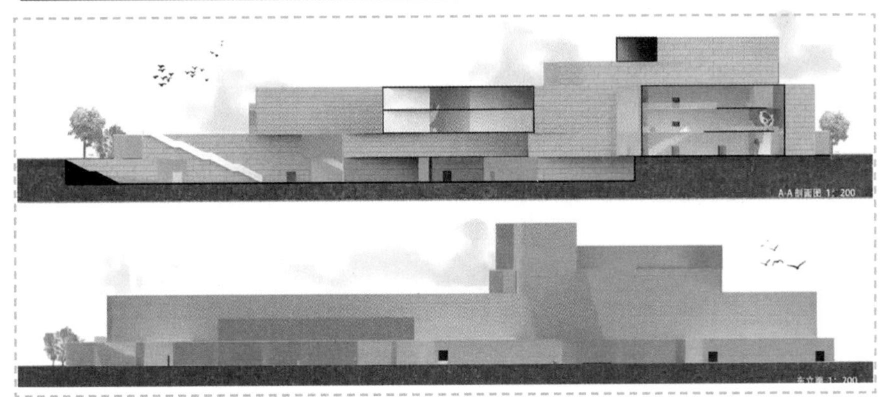

图纸讲评: 图纸中的建筑立面图墙体进行了砖材质贴图，但本阶段不进行建筑材质的训练。从图中可以看出，由于砖材质图面比例过大，导致整体建筑尺度偏小，与应有的建筑尺度不符

图纸讲评： 三张建筑平面图的绘制较为细致，但图的比例应当一致，目前，这三张比例不统一的平面图容易造成建筑尺度的混乱

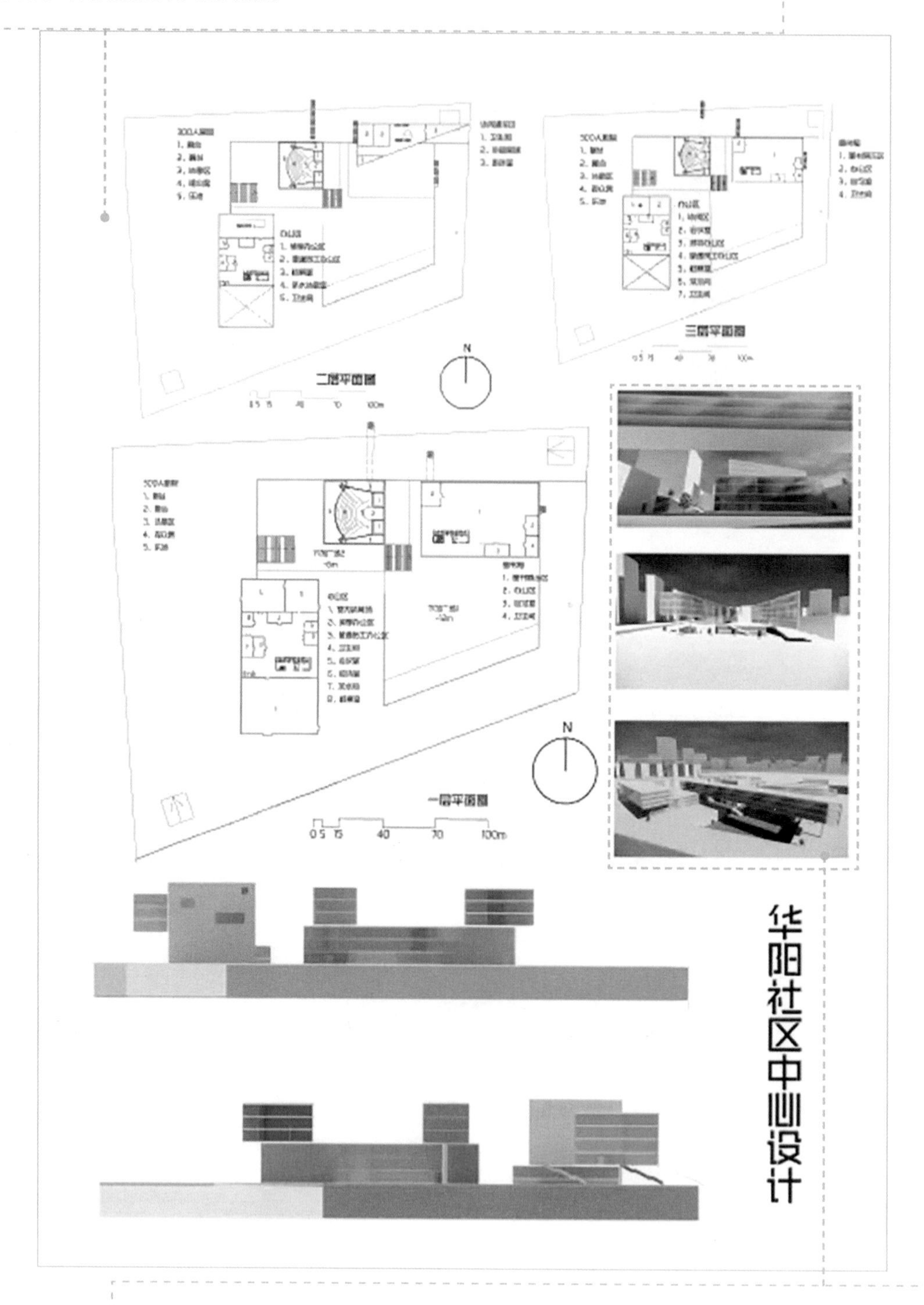

图纸讲评： 三张建筑透视图采用了较为现实的表现风格，其与建筑平面图、立面图的线性风格不够一致，且表现范围与其图幅相冲突，不能在透视图中表现建筑应有的空间效果

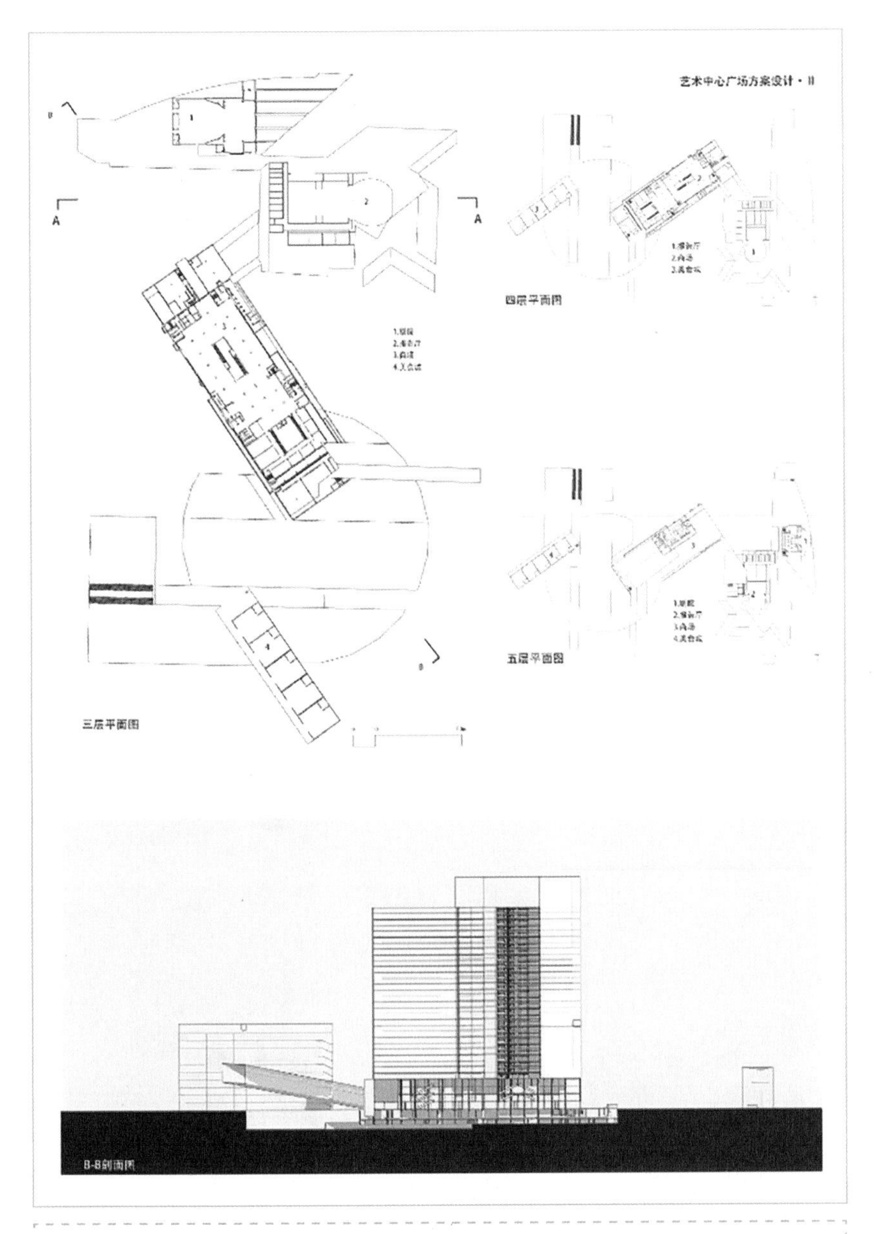

图纸讲评：整张图纸采用了线描的表达方式，建筑平面图和剖面图风格较为统一，建筑图的细部表达较为充分，版面效果较为清晰

课后练习

1. 根据课上讲评，修改、完善图纸。

2. 根据建筑图的修改，修改建筑模型，并在建筑动画中表现。

练习成果要求

1. 确定图纸排版。

2. 建筑动画应以表现建筑方案中的空间序列与光影效果为主。

注意事项

下节课围绕建筑动画进行讲评。

第 14 周
14-1

动画讲评，课后最终图纸修订，制作模型

教学目标

通过动画讲评，最终确定建筑细部表达和空间序列的表现深度，进而增进同学们对建筑空间理解的完整性。

授课内容

建筑动画讲评。

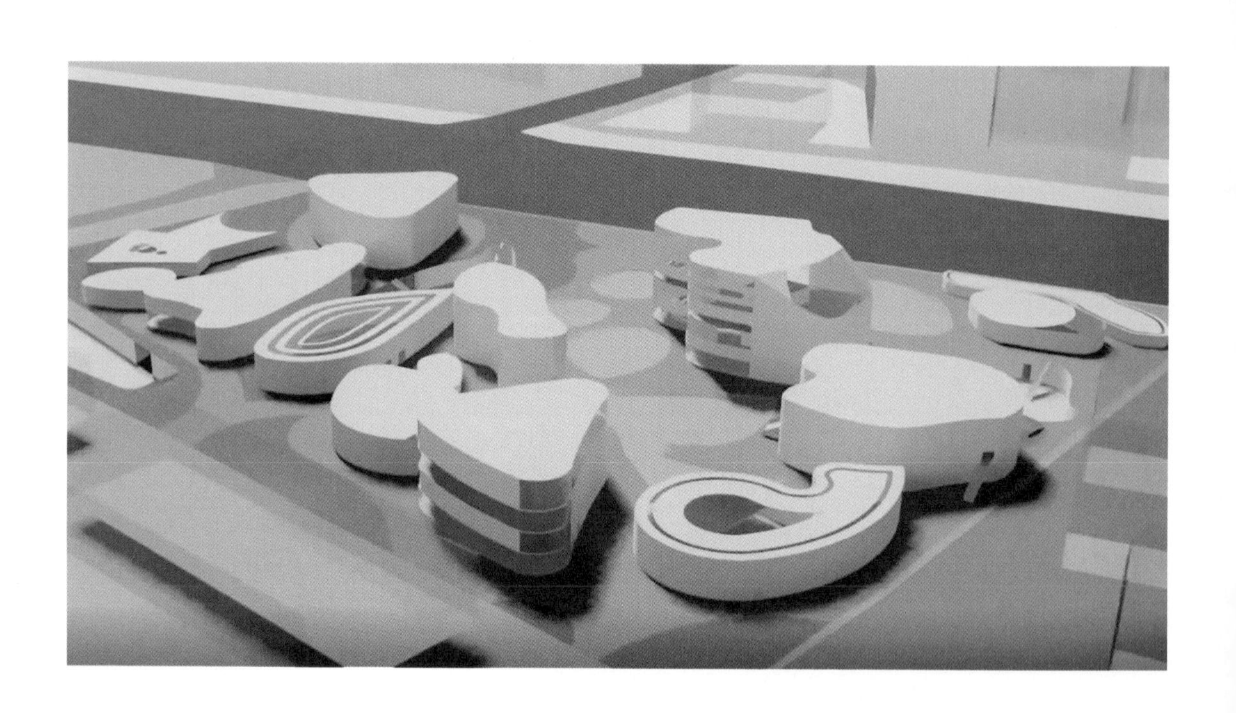

动画讲评： 在建筑外立面及屋顶的开窗形式中，不能出现图案化太强的形式，这些形式自成一体，破坏了整体建筑形态的统一性

动画讲评：在表现建筑整体外部形态时，一定要将建筑放在整体城市环境中表现。另外，这一阶段建筑动画反映出来的建筑形态要更加透明，更趋向于公共性

动画讲评：建筑动画空间场景的展示要有表现室外广场及下沉广场的视角。这些展示广场的视角同样应该以城市环境为背景，以营造对应城市环境下的空间感受

动画讲评：通过动画中不同光影对同一建筑形态的塑造，训练同学们对光影的运用，尤其是在同一建筑形态下光影变化对建筑形态的塑造

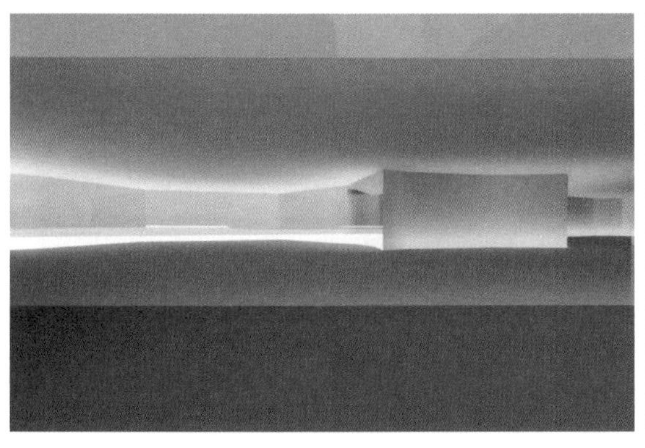

动画讲评：通过光影和雕塑布置，对室内布景进行训练，鼓励同学们尝试在室内空间中营造出自己想要的空间氛围。

动画讲评：通过动画，训练同学们在人视角下对室内外空间的连续性的感受，同时，结合光影变化，可以塑造出不同的空间氛围

课后练习

1. 根据建筑模型、动画，最终完善、确定图纸表达。

2. 从 4 个方案中选取 2 个制作建筑模型（包括建筑单体模型、局部区域城市环境总体模型）。

练习成果要求

1. 在每个模型制作完成后拍照，并在 A1 图纸上完成排版。

2. 图纸最终修改、完善。

第 14 周

14-2

最终图纸讲评，本单元结课

教学目标

通过最终图纸和模型讲评，检验同学们本单元的训练成果。

授课内容

图纸和模型讲评，并对本单元进行总结。

注意事项

在做单元总结时，应包括训练重点、难点、目标等主要内容。

华阳社区中心广场设计方案

设计：李凡

华阳社区中心设计

地理位置：

位于济南市经十路段，东邻山东省博物馆。

建筑高度：42.6m

建筑概况：

社区中心，为满足城市人们的文化需求。包括办公区、室内体育馆、300人小剧院、图书馆、休闲区、展览区等功能。

建筑层数：9层

建筑占地面积：49 638m^2

1

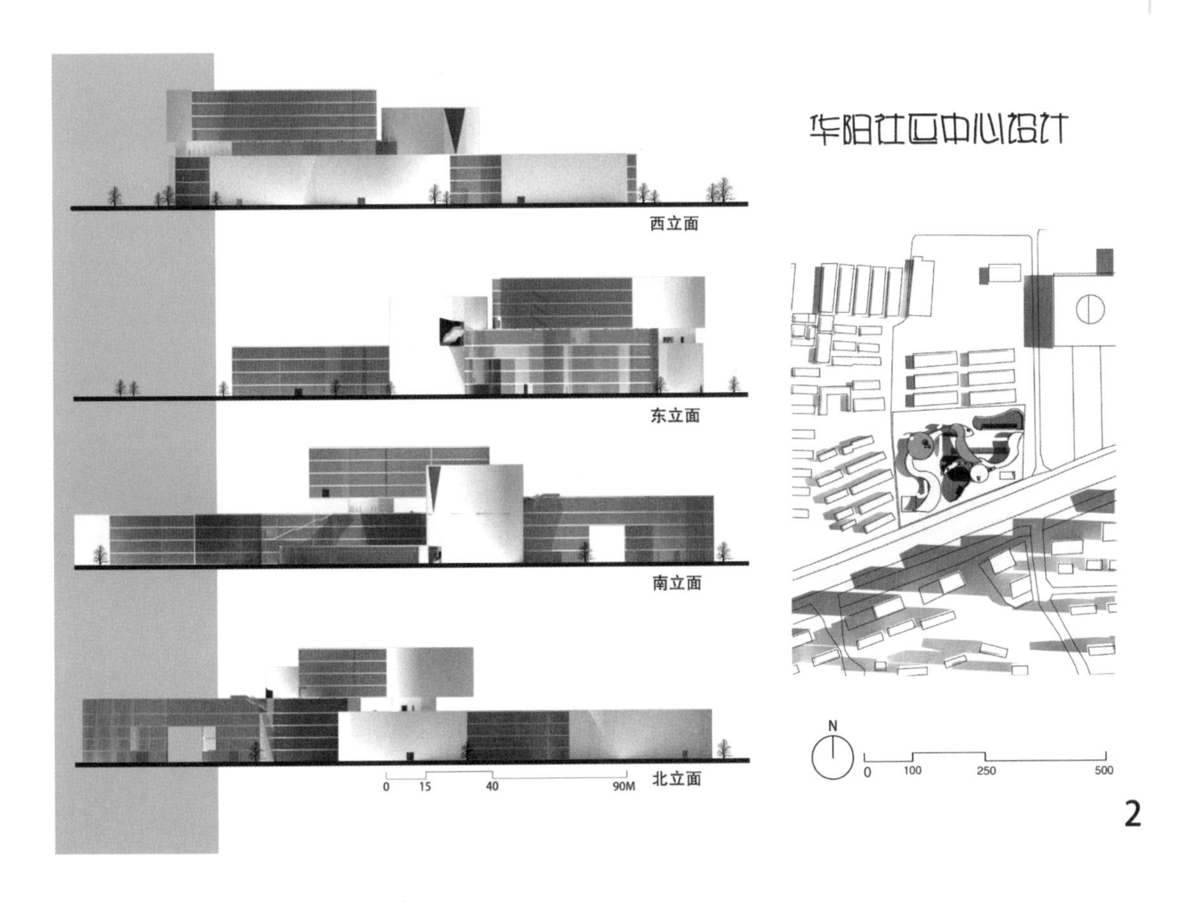

2

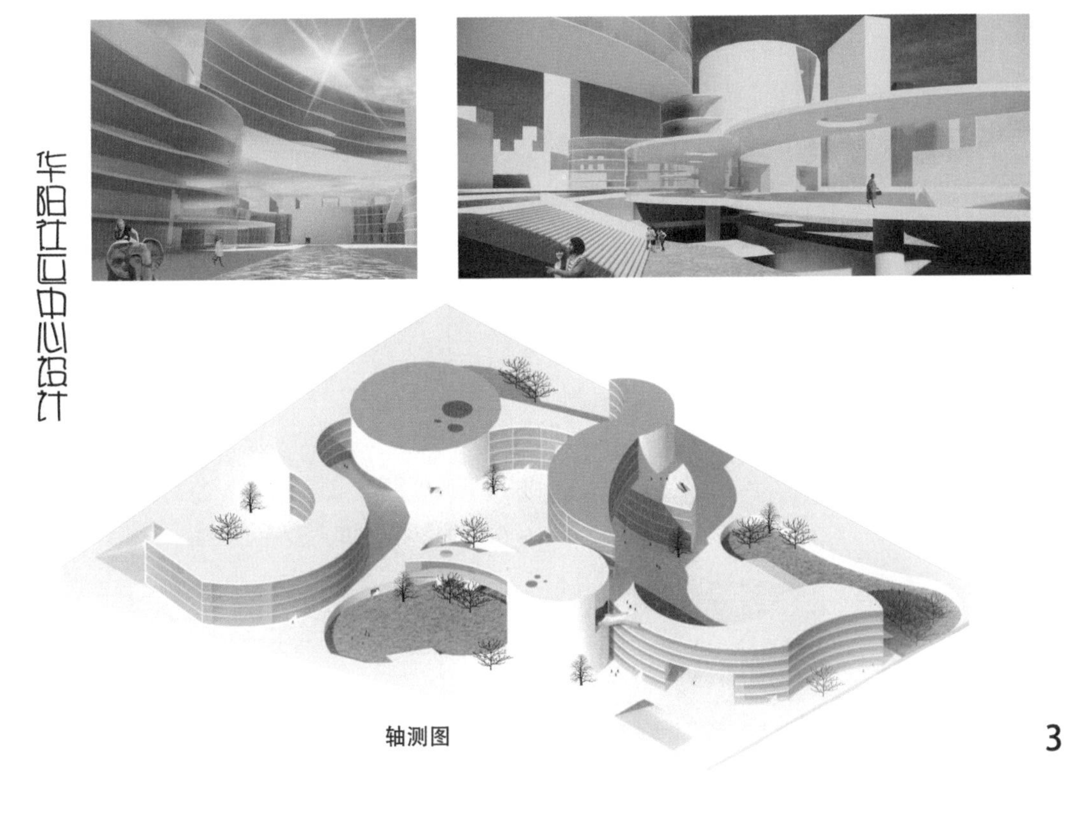

轴测图

3

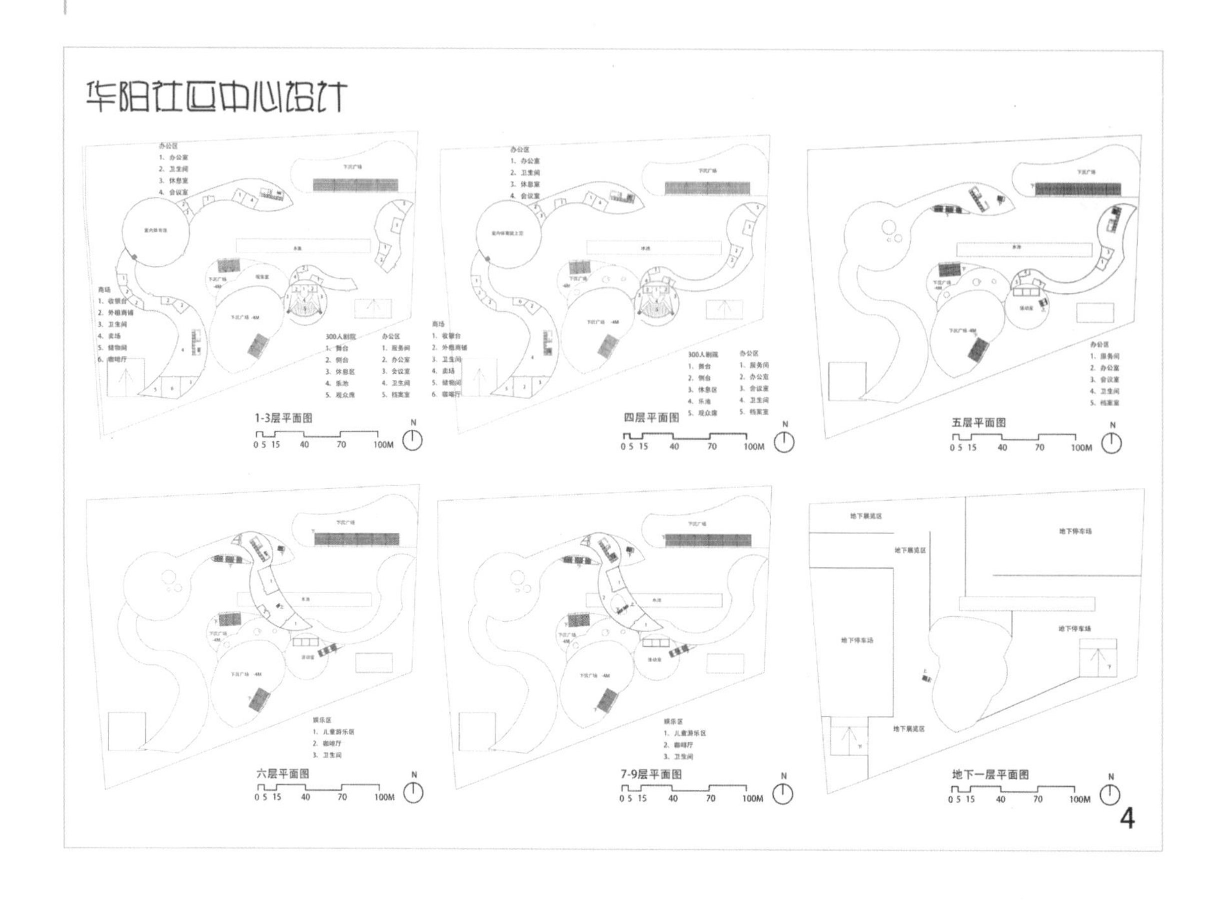
华阳社区中心设计
1-3层平面图
四层平面图
五层平面图
六层平面图
7-9层平面图
地下一层平面图
0 5 15 40 70 100M
N

4

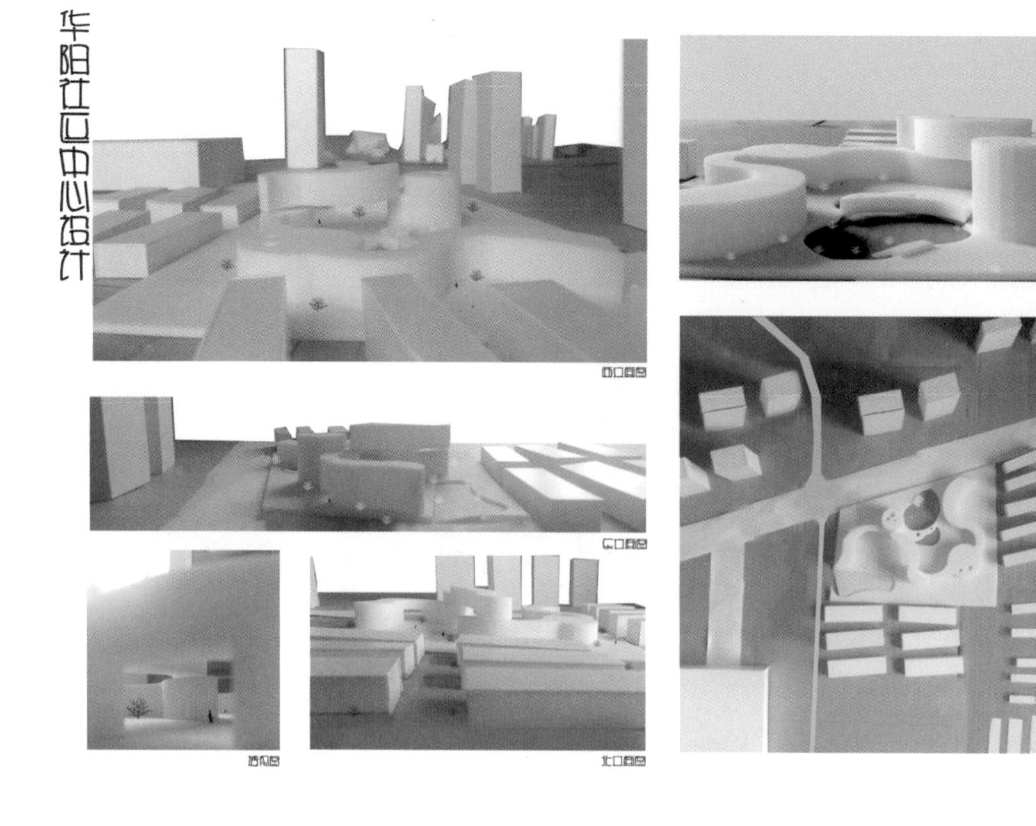
华阳社区中心设计

5

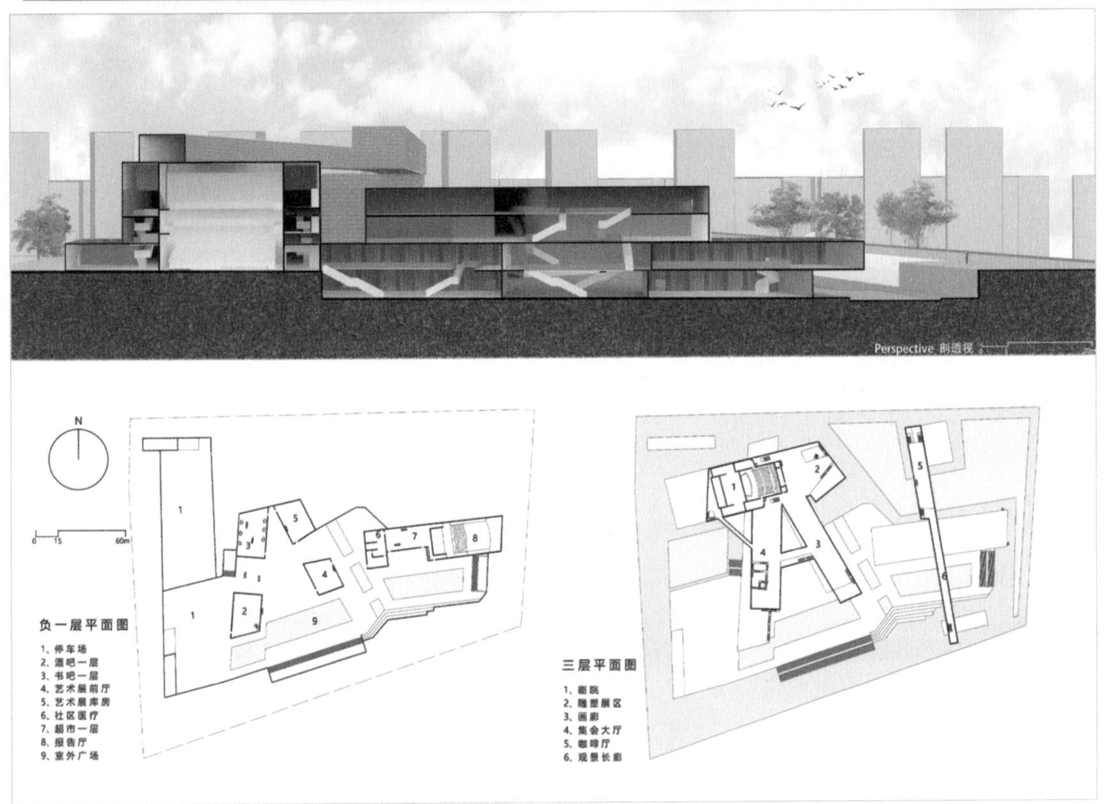

华阳社区中心广场设计方案

设计：刘昱廷

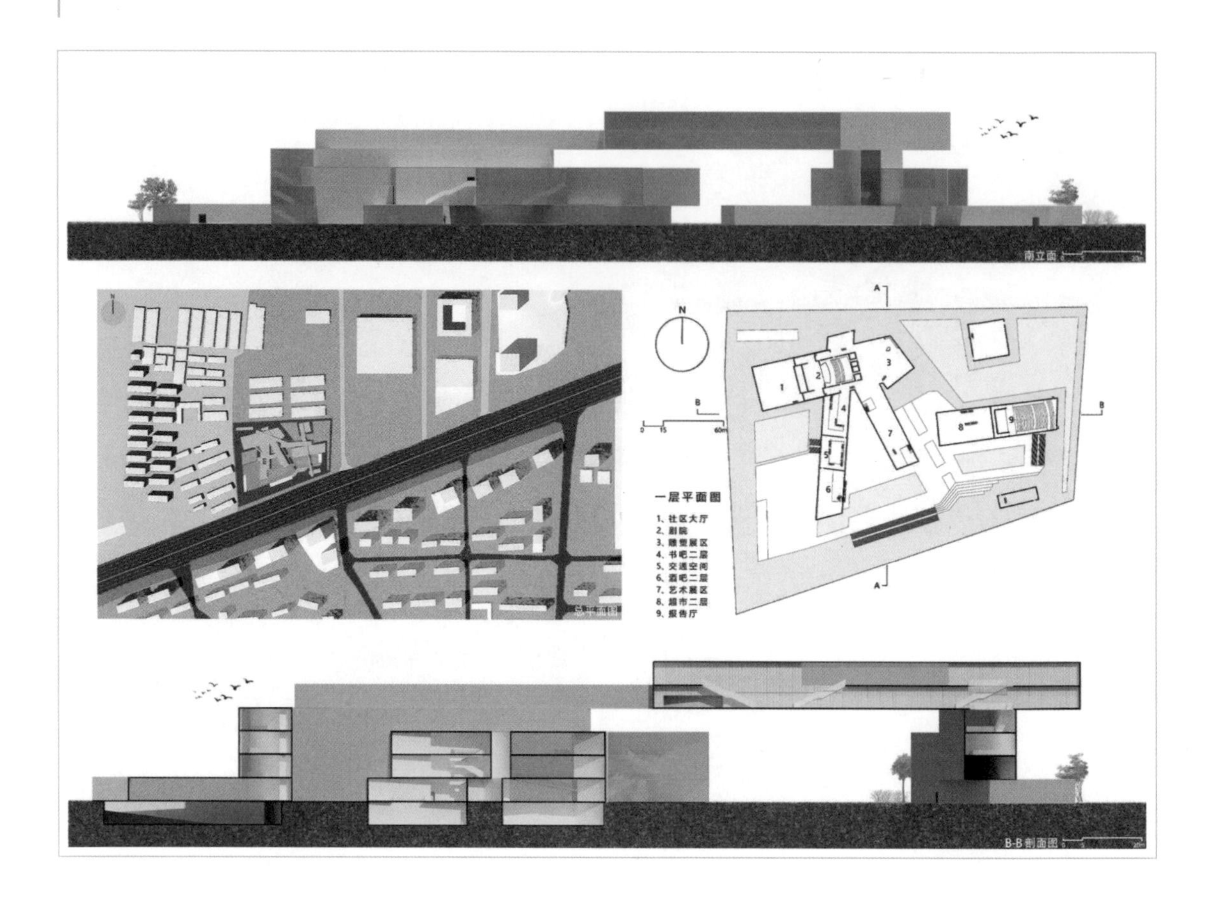
南立面
0
5
20m
N
B
0
15
60m
A
A
B
B
1
2
3
4
5
6
7
8
9
一层平面图
1、社区大厅
2、剧院
3、雕塑展区
4、书吧二层
5、交通空间
6、酒吧二层
7、艺术展区
8、超市二层
9、报告厅
总平面图
B-B 剖面图
0
5
20m

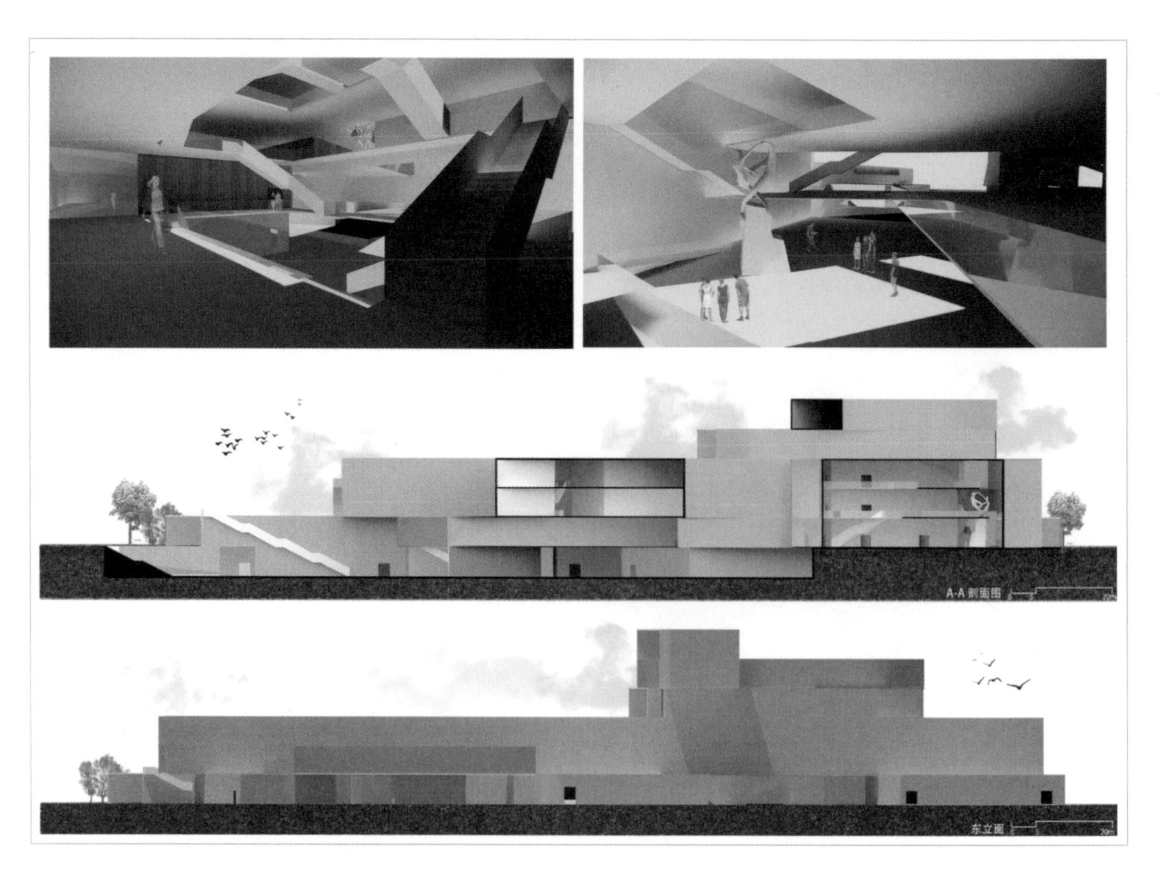
A-A 剖面图
0
5
20m
东立面
0
5
20m

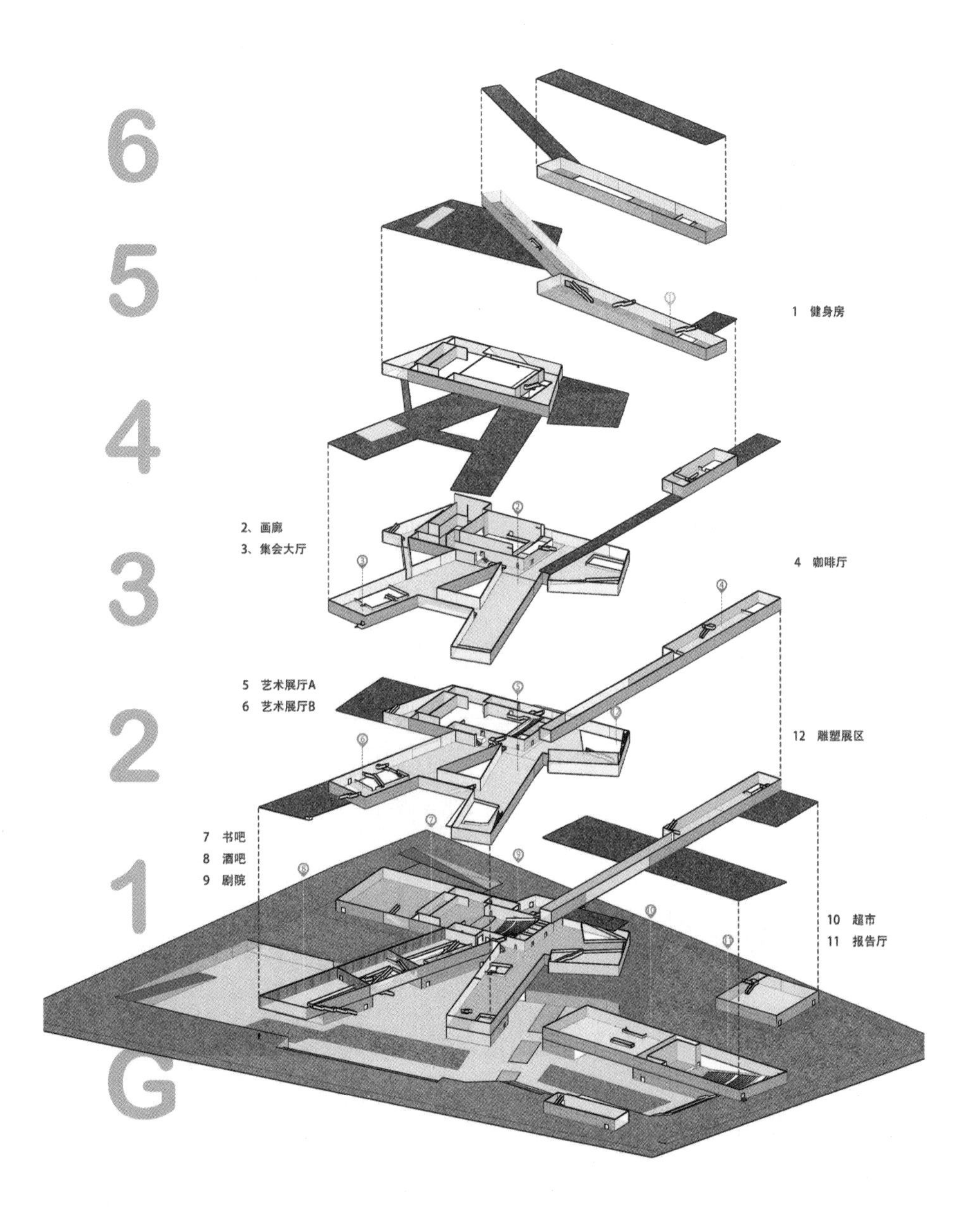
6
5
4
3
2
1
G
1 健身房
2、画廊
3、集会大厅
4 咖啡厅
5 艺术展厅A
6 艺术展厅B
12 雕塑展区
7 书吧
8 酒吧
9 剧院
10 超市
11 报告厅

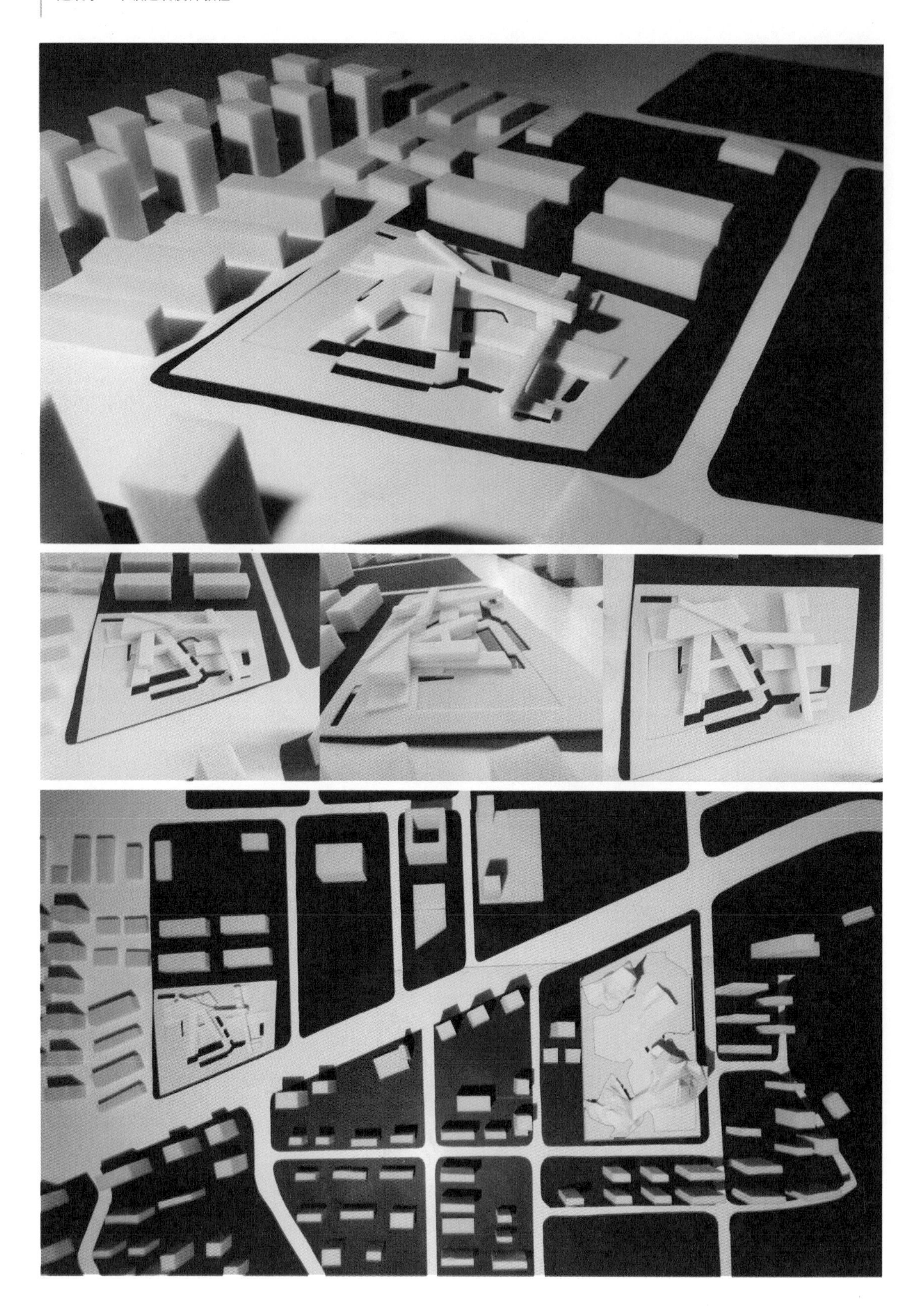

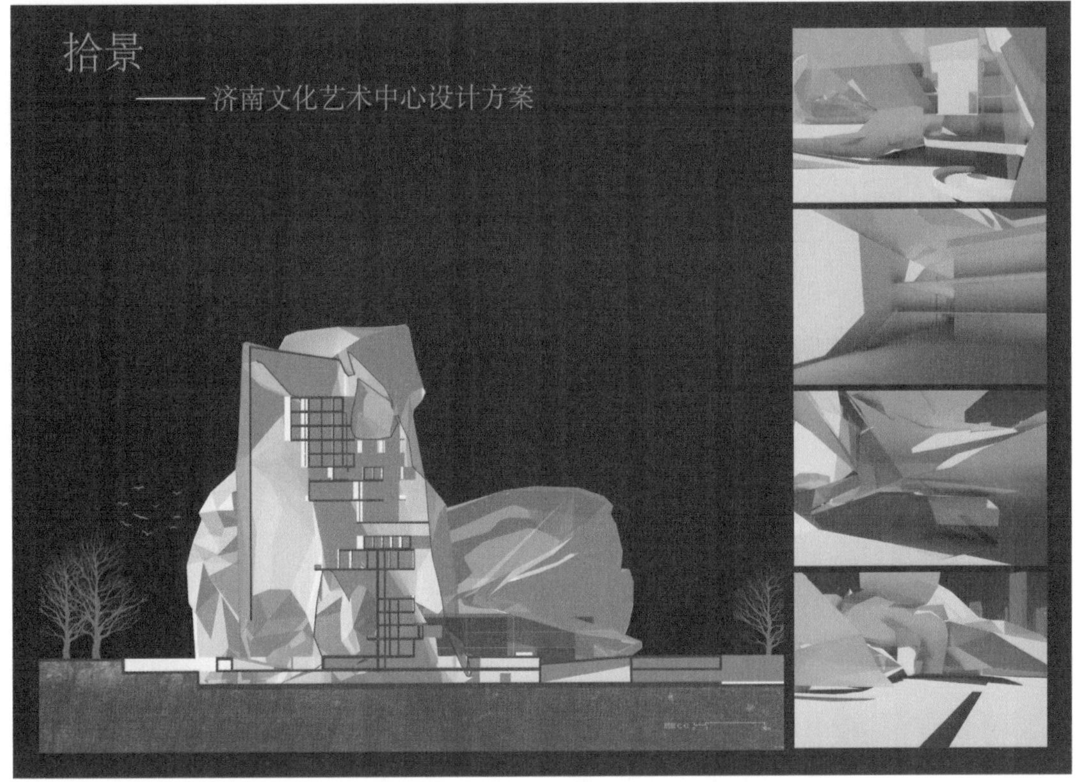

艺术中心广场设计方案

设计：张皓月

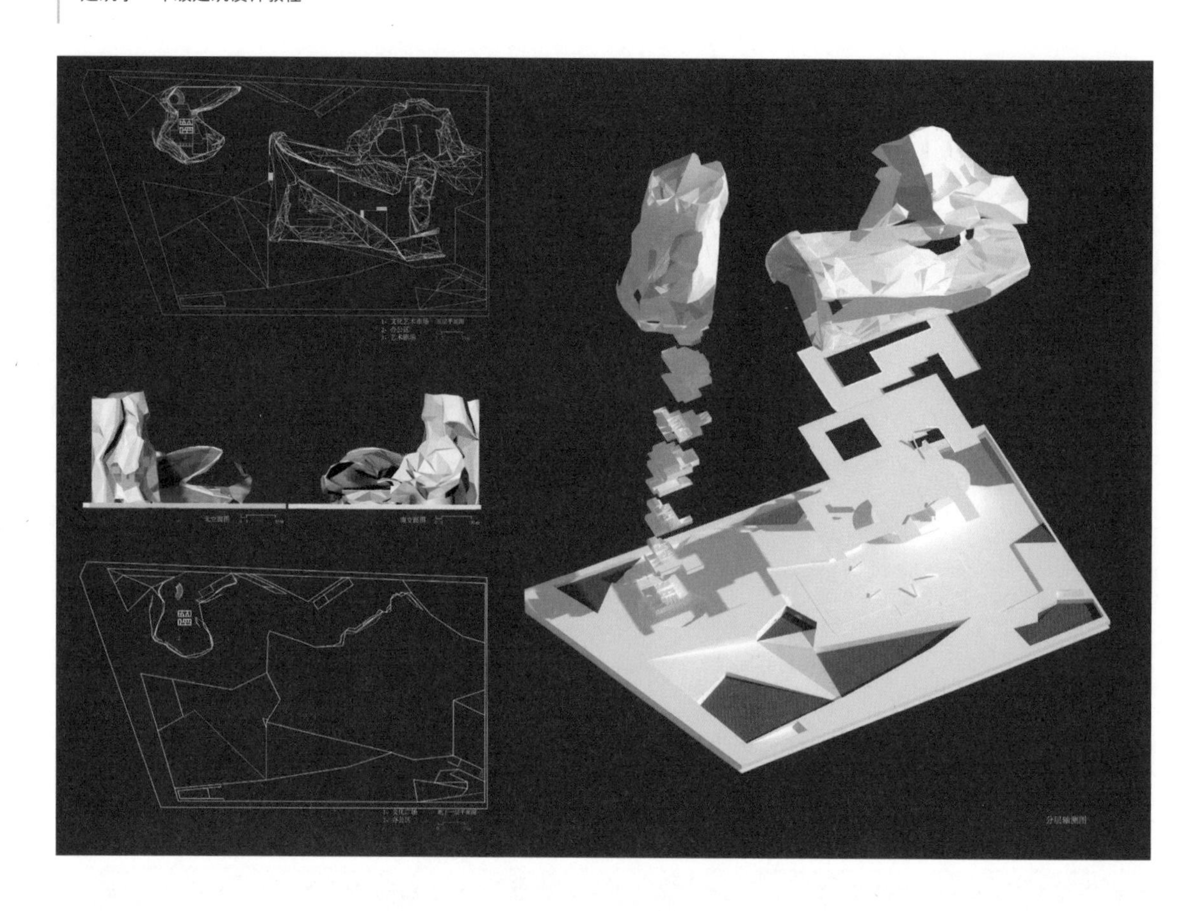

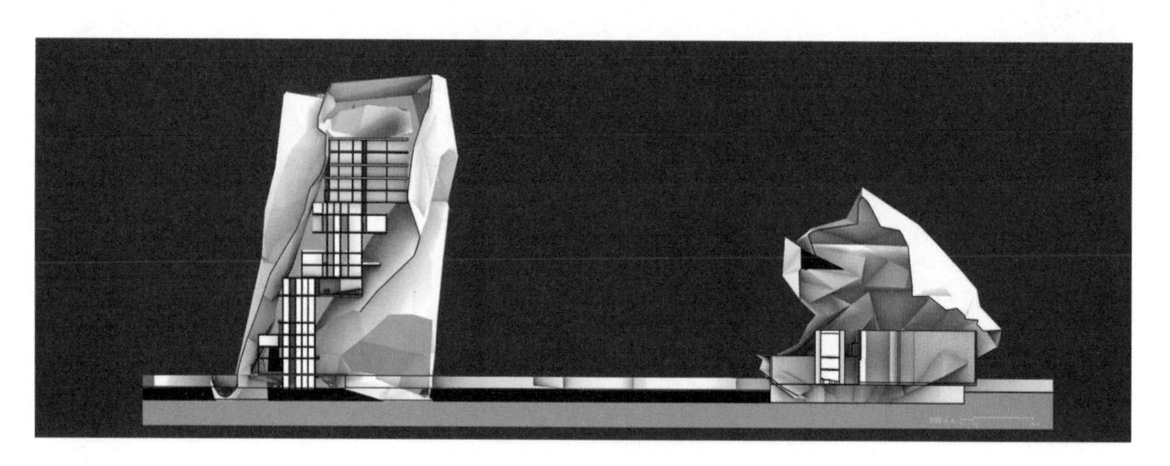

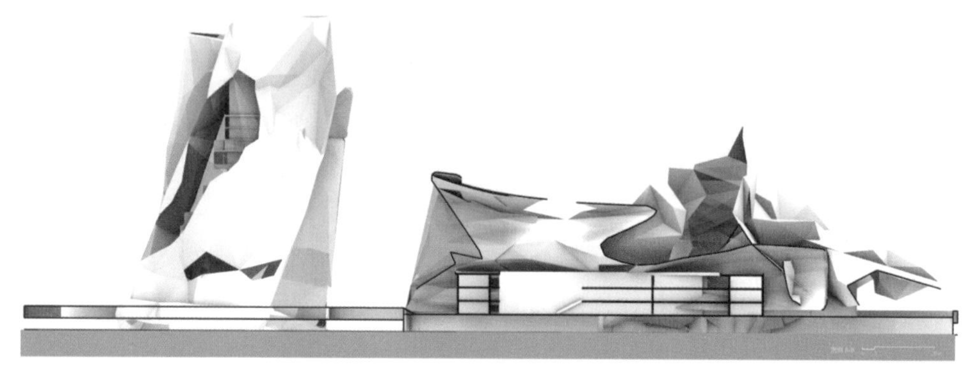

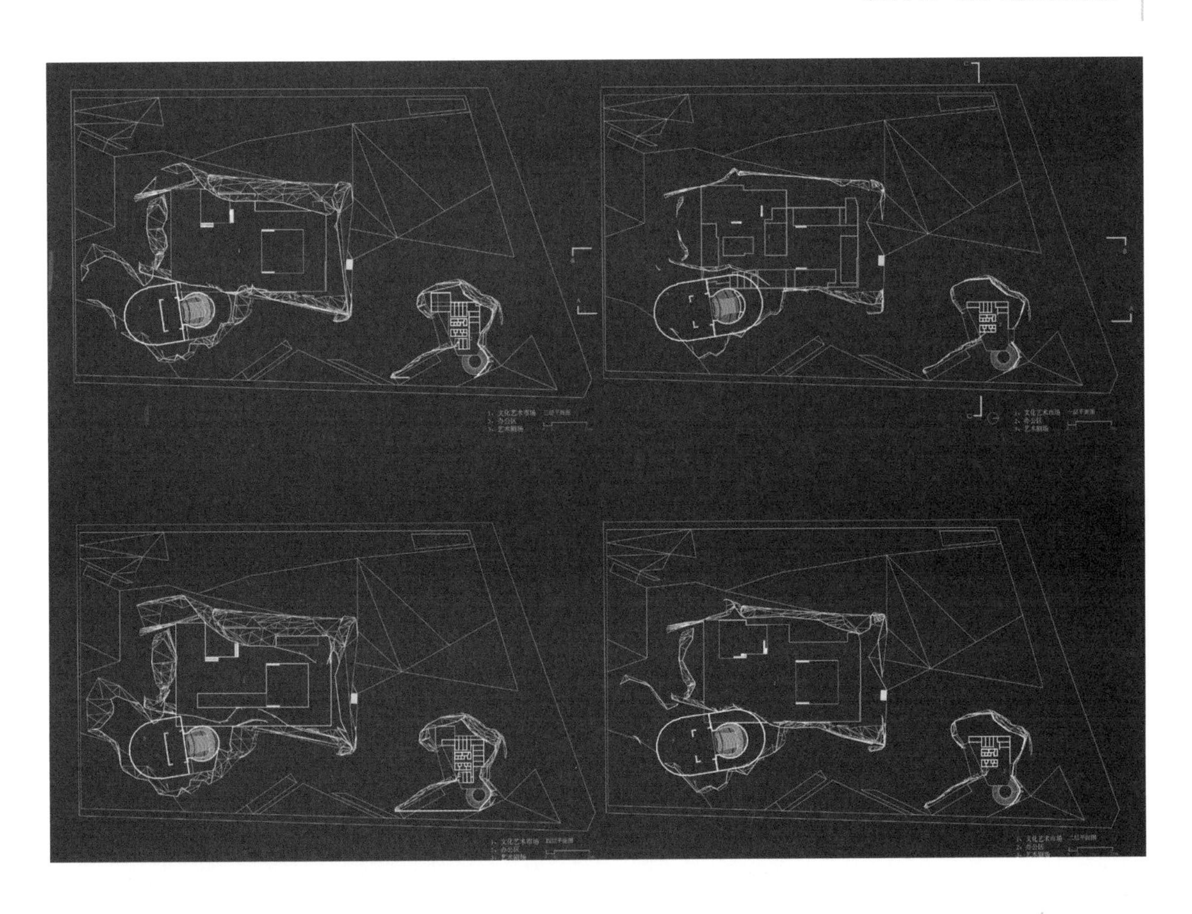

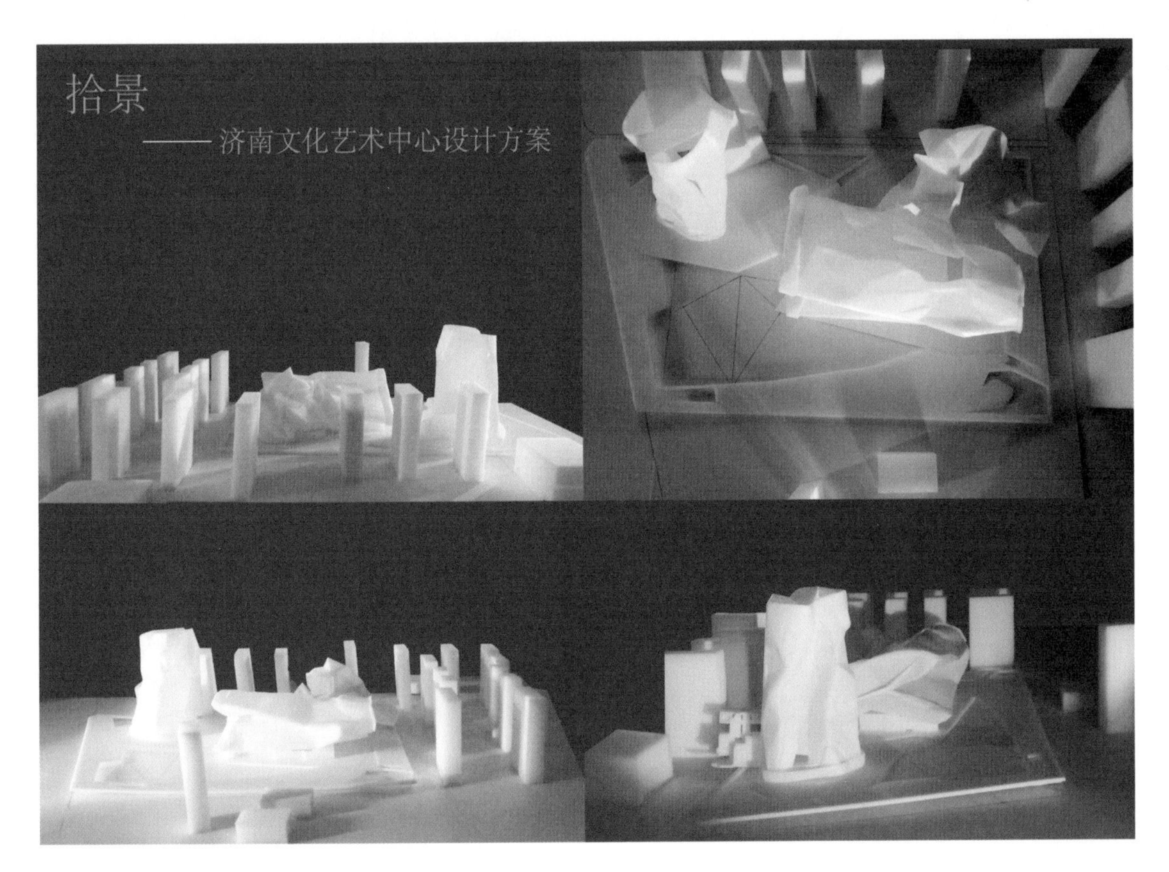
拾景
——济南文化艺术中心设计方案

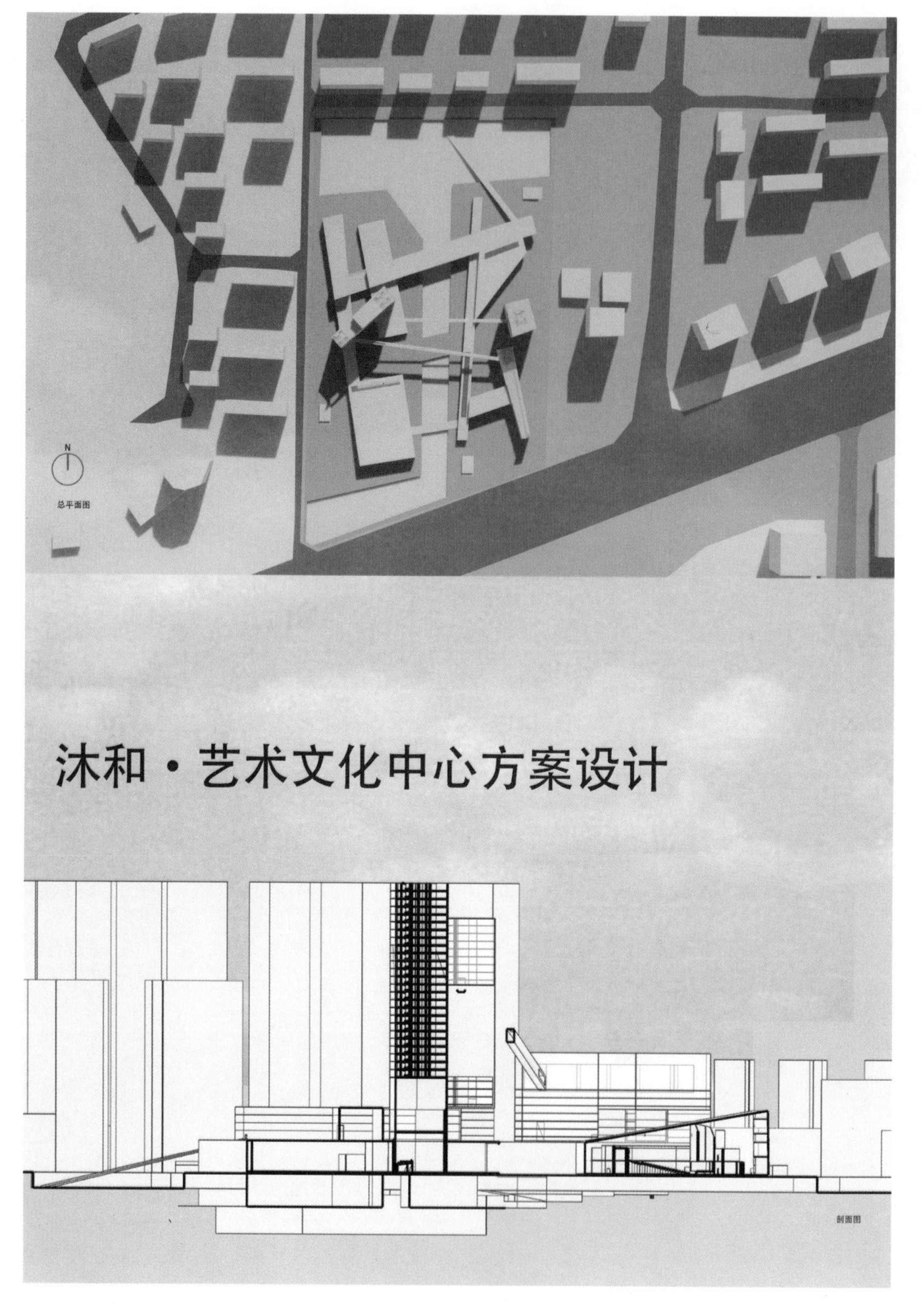

艺术中心广场设计方案

设计：董嘉琪

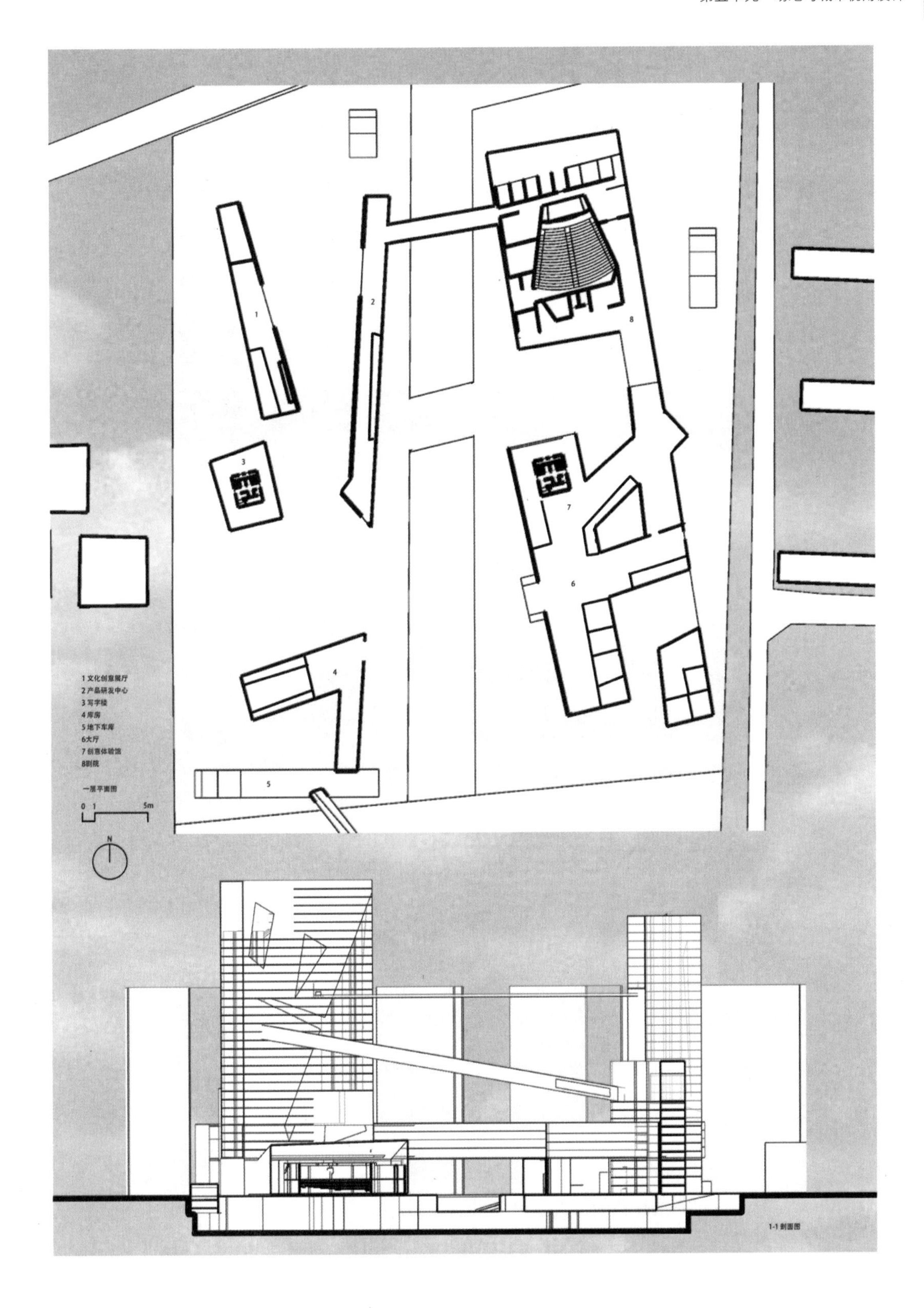
1
2
3
4
5
6
7
8
1 文化创意展厅
2 产品研发中心
3 写字楼
4 库房
5 地下车库
6大厅
7 创意体验馆
8剧院
一层平面图
0 1 5m
N
1-1 剖面图

沐和艺术文化广场设计方案

模型照片

第六单元

图纸与实际尺寸之间的尺度确认

图纸与实际尺寸之间的尺度确认是让同学们将图纸表达的建筑空间在真实环境中进行绘制，其绘制对象为几何形态与观念赋予设计法训练中设计的住宅平面。该阶段的训练目的是让同学们通过 1：1 的建筑平面图的绘制，进一步以身体感知所设计的建筑空间的尺度及空间情景，进而优化同学们对建筑空间认知的完整性。

第 15 周

15-1

课上讲授场地放线方法，课后在室外绘制建筑平面图，并将绘制过程制作成视频

教学目标

通过让同学们在大地上绘制自己设计的住宅方案平面图，使他们更直观地认识建筑空间相关尺度，体验空间感受，进而提高对这两者认知的真实性、全面性。

授课内容

1. 布置本单元训练任务，每位同学选取第三单元中地块 A 上的住宅设计方案的一层建筑平面图，在现实环境场地中绘制。

2. 老师演示在地面上放线方法。

课后练习

1. 每位同学在现实环境中选取合适的场地，然后绘制一层住宅平面图。

2. 结合绘制住宅平面图的视频、住宅模型或动画，剪辑成完整视频。

练习成果要求

1. 在场地上绘制平面图时，应用石灰粉或石膏粉在地面上完成放线。

2. 绘制平面图时应做好视频影像记录，包括人视角、鸟瞰视角。

练习步骤

1. 选择合适的平整场地。

2. 在场地上用工地尼龙绳按照 1：1 的比例进行住宅平面图放线。

3. 沿着事先放好的线，用石灰粉在地面上进行平面图的绘制，同时用视频记录绘制过程及成果。

4. 每位同学在自己绘制的平面图中行走，介绍每个房间的功能，并录制视频。

5. 剪辑录制的视频与对应的模型或动画。

1. 须提前准备工地尼龙绳、石灰粉或石膏粉

2. 利用勾股定理确定相交两边 AB、AC 互相垂直

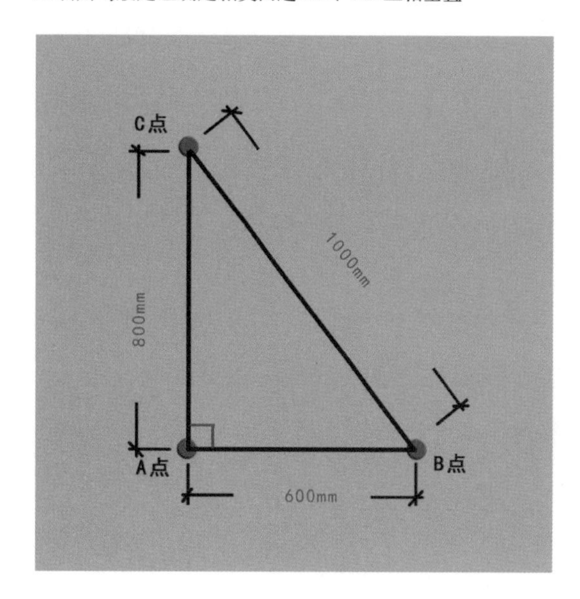

3. 根据勾股定理调整工地尼龙绳方向

4. 利用相同方法确定矩形的其他相交边线

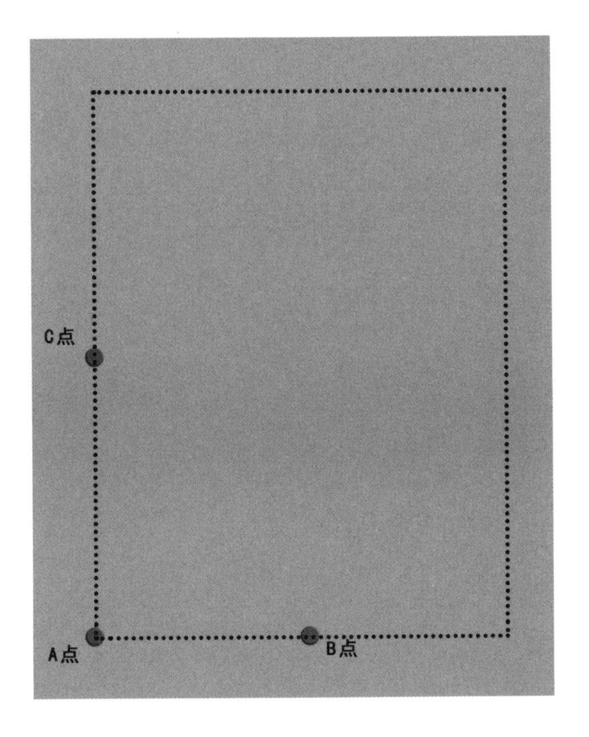

5. 沿工地尼龙绳撒石灰粉

注意事项

1. 须提前准备工地尼龙绳、石灰粉或石膏粉、防腐手套、纸质平面图。

2. 须选择平整的场地。

3. 注意操作安全，避免石灰粉接触皮肤或眼睛。

第 15 周
15-2

讲评绘制成果，本单元结课

教学目标

通过对平面图绘制成果的讲评，让同学们发现真实建筑尺度与图上表达的建筑尺度的差距，帮助同学们建立较为准确的建筑尺度观念。

授课内容

1. 每位同学播放制作完成的视频。

2. 老师与同学们交流，并就建筑平面图中的尺度问题提问。

3. 单元总结。

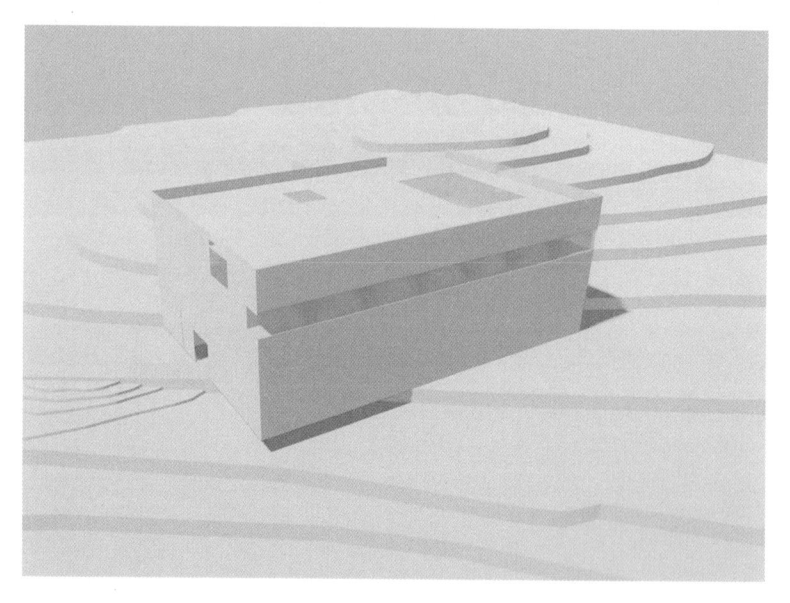

视频制作时须结合之前所设计的住宅模型

在平整地面上完成 1：1 住宅平面的绘制

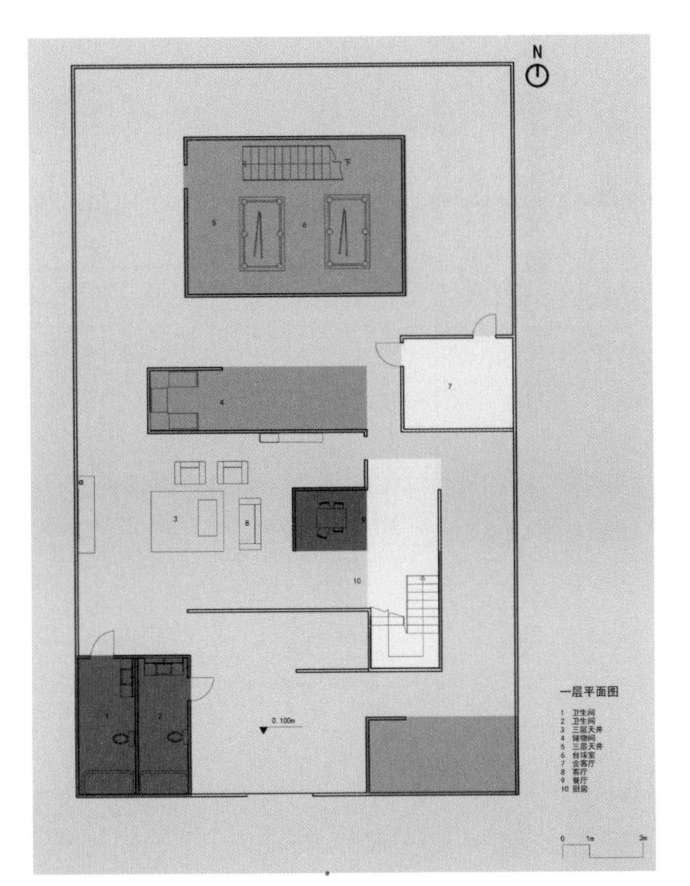

视频制作中需要显示所绘制住宅平面图纸

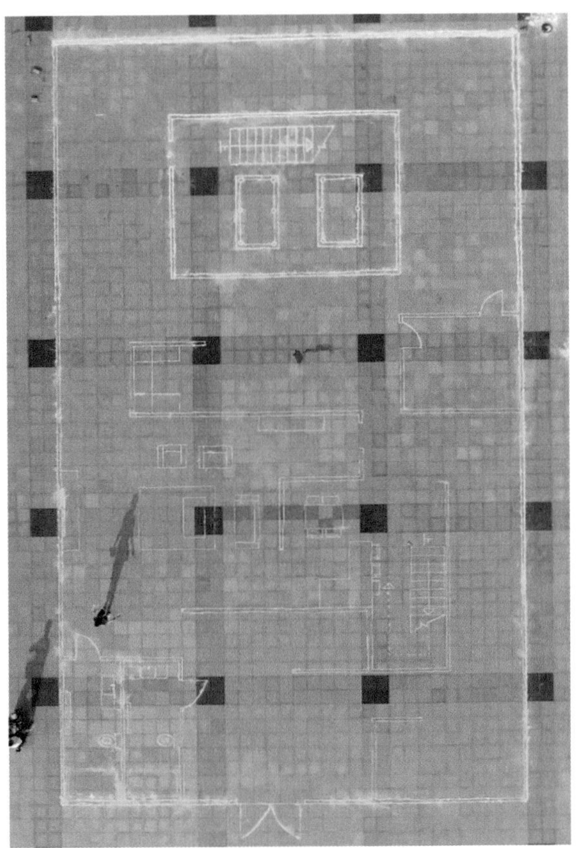

在地面上绘制平面图需要与平面图纸并置比较

通过行走，在地面绘制的空间中用脚步丈量并感受空间的平面尺度和内部空间关系

以动画模型为参照，通过情景模拟感受客厅空间的尺度

以动画模型为参照，通过情景模拟感受台球室空间的尺度

以动画模型为参照，通过情景模拟
感受楼梯空间的尺度

注意事项

老师在与同学交流时，应围绕真实环境中平面图的建筑尺度与设计尺寸的差距进行讨论。

训练过程中的相关术语解释

第一学期

第 2 周 2-1

空间口袋： 笔者认为，由于“空间”简单地被解读为“粒子”，因此获得这些“粒子”的过程就是获得空间的过程。在此用了空间口袋的比喻，也就是将空间口袋作为“捕捉”的工具（或称为容器）。如果人们想获得一定的空间形式，那么首先要有一个口袋，用这个口袋把空间装进去，口袋的边界形式决定了空间的形式。与此同时，口袋与口袋之间的缝隙中的“粒子”便形成了公共空间，这一口袋被赋予了人的尺度和使用需求后，便成了建筑空间。

第 2 周 2-1

捕捉： 空间是客观存在、无处不在、形态变化无穷的，那么我们在“空间捕捉”时，只需捕捉到其一瞬间的形式便可以凝固出瞬息变化着的具有具体形式的空间口袋。虽然空间形态是瞬息变化的，但是人类（范畴可以推广到生物界）先天具有捕捉具体空间形式的能力，如通过划痕、堆砌、开凿、借用等行为[1]呈现客观空间。认识到人类这种长期进化而来的处理空间的能力后，我们便找到了空间口袋的素材库。

第 4 周 4-1

建筑功能赋予： 指在空间口袋模型被赋予了建筑尺度后，学习者对这些空间填充相应的使用功能。在这一训练过程中，老师不能对建筑功能流线、技术指标进行严格的技术性要求，而要让学生意识到这些丰富的空间具有不同的建筑使用功能的可能性。因此，建筑功能在此作为自由空间形态的训练媒介，而非训练目标。

第 5 周 5-1

家具平行布置法： 指在建筑空间中布置家具时，将所有家具按照统一方向布置。这一布置方法能够避免家具与丰富的空间形态冲突，以一种稳定的视觉秩序将空间形态的丰富性凸显出来。

第 5 周 5-2

竖向建筑空间的“三要素”： 指丰富垂直向度建筑空间形态及使用体验的三种手段，主要目的是打破建筑空间在水平向度上的单一性，使建筑空间同时具备水平、垂直向度空间的连续性，进而创造更为丰富的空间感受。这里的空间三要素主要包括连通垂直向度空间的楼梯（直跑楼梯、旋转楼梯）、坡道和连通上下层的共享空间。

第 9 周 9-1

形态与观念赋予： 形态不是根据观念直接获得的，在更多情况下，是在对形态进行观念赋予的过程

1. 划痕是指人类在物体表面所做的对客观空间的描绘行为，包括雕塑、绘画等；堆砌主要是指人类利用客观物件的搭建行为；开凿对应人类的开挖、凿洞行为；借用是人类寻找庇护场所的行为。

中抽取而来的。建筑造型活动过程的本质是在客观世界中选取并制作出形态。空间与观念赋予和形态与观念赋予两种训练都是从客观世界中去获取“形式”的，不同的是，前者的训练重点在于从客观世界抽取丰富的内部空间，而后者重在抽取具有内部空间的“雕塑”形态。

第 9 周 9-2

建筑功能空间模型： 指在 3D 扫描获取的空间形态内部置入建筑功能后获得的模型，这一模型具备了建筑的尺度和功能属性。

碰撞： 在功能置入自由空间形态的训练环节，同学们往往会遇到建筑功能空间与形态空间融合的问题。解决这一问题的方法是让两者直接进行碰撞。碰撞的结果有两种：一种是让功能空间的局部撞出形态之外，在外观上形成偶然碰撞出的复合形态；另一种是在形态空间内侧与功能空间碰撞后，去掉超出形态之外的部分。这两种结果需要同学们在犀牛软件中操作、尝试，并在进一步的练习中掌握。

第 12 周 12-1

切削法： 在对建筑形态进行功能赋予的过程中，同学们可能会经常遇到场地的限制问题，如果建筑形态的平面范围超出了建筑场地的红线范围，可以直接将建筑红线范围之外的建筑形态切除。这个让建筑形态适应建筑红线的方法便是切削法。这一方法解决了建筑形态超出建筑红线的问题，最重要的是较好地保持了建筑形态的原始状态。同时，随着切削动作的发生，建筑形态的不同边界位置也会演绎出更加生动的状态，这也算是再创作的偶然所得。

第二学期

第 1 周 1-1

几何形态与观念赋予： 几何形态与观念赋予设计法是关于几何形式美在建筑学中的应用教学过程。该设计教学法的主旨是让学生认识到形式美存在的规律，并将其熟练应用到建筑设计的平面图、立面图、剖面图中。如果说空间与观念赋予、形态与观念赋予这两个设计教学法的目的是激发学生对建筑自由空间与形态的美学形式的发掘与创造，那么几何与观念设计法则要求同学们在严格的几何数理下进行空间的设计应用，这一教学法不同于平面构成、立体构成等单一的形式训练课程，是结合了建筑方案设计的几何建筑空间形态的训练。

宇宙法则： 宇宙中物质的形式美暗含着宇宙法则，这一法则体现在由力维持平衡下的形式美之中。该法则在力的演绎下呈现出无穷无尽的形态。随着数学、力学等学科的进步，人类对这种宇宙法则下的几何秩序的形式美进行了测量、统计、计算、推理，发掘出了宇宙中的这种符合数学规律的几何形式美。在东西方建筑学领域中，都存在着符合几何形式美的数字规律，这些规律不受国家地域的限制，也不局限于人类文化的边界，而是客观存在于人类各个时期的经典建筑中。这些符合几何形式美的数学规律存在于宇宙的一切物质形式中，不只在建筑中应用广泛，一切自然物中都暗含着这种几何秩序美。但这种几何秩序并非是具象存在物，而是以数字逻辑存在于形式之中。当然，这种几何秩序在人类创作物中的应用不仅体现在建筑中，同样也体现在绘画、音乐、雕塑等艺术领域不计其数的优秀作品中。一批西方现代主义建筑从欧洲古代建筑中汲取经验、智慧，将几何秩序的形式美法则发掘并重新运用，使得机器时代的建筑生产规则与几何秩序美学有机融合，赋予建筑美学价值。确切地说，现代主义建筑是一次重新找回被工业技术遗弃的承载几何秩序美学的建筑革命。

第 1 周 1-2

扁平方体几何建筑形态：C 地块上的住宅建筑设计要求建筑具有地上一层、地下一层，且平面为矩形，就建筑形态而言呈现出了较为扁平的方体，在此称为扁平方体几何建筑形态。

体块穿插几何建筑形态：B 地块上的住宅建筑设计要求各层空间体块相互穿插，在形态上打破了方体几何形态的束缚，呈正交交错的视觉效果，在此称为体块穿插几何建筑形态。

方体几何建筑形态：A 地块上的住宅建筑设计要求平面形式为矩形，建筑高度尺寸要至少超过平面短边的长度尺寸，建筑外形呈近似立方体的形态，在此称为方体几何建筑形态。

完形性：A、C 地块上的住宅建筑的完形性是指建筑造型需要呈现方体几何形态；B 地块上的住宅建筑的完形性是指建筑中的各空间体块呈现方体几何形态。

第 5 周 5-2

空间体块辩证构成组合与观念赋予：是将一组具有各自形态的空间体块以自由的方式组合而呈现出符合形式美要求的设计训练。在该训练中，各空间体块同样从二维平面中抽取空间形态原型，生成三维空间形态，在保证平面投影位置及大小不变的前提下，在竖向上进行自由组合。

第 7 周 7-2

功能性和艺术性：在这一环节的空间形态训练中，建筑的功能性依然作为空间尺度和使用需求的参照，但是仅作为训练媒介，不能完全遵照建筑工程设计标准，因此，空间形态的艺术性成为这一教学环节中的主要考量内容。